普通高等学校“十四五”规划力学类专业精品教材

工程力学基础

（第二版）

杨新华　魏俊红　编著

华中科技大学出版社

中国·武汉

内容简介

本书包括静力学和材料力学两部分，除了引言以外，共有9章。第1～3章为静力学部分，包括力和受力分析、平面力系的简化和平衡，以及空间力系的简化与平衡。第4～9章为材料力学部分，包括内力分析、轴向拉压杆的强度和刚度、扭转圆轴的强度和刚度、弯曲梁的强度和刚度、强度理论与组合变形，以及压杆的稳定性。为了便于学习，针对每个重要的知识点，本书都安排了若干典型例题，并在每章末尾安排了一定量的习题。最后，在书末附有配套课件和习题参考答案两个二维码，可以通过微信扫二维码获取相应资源。

本书适合于需要掌握一定理论力学、材料力学基础理论和知识，且力学基础课教学课时总数限制在72学时及以下的高等学校工科类本科专业选用。本书可选作力学基础课教材，也可供高等职业技术学校工科类相关专业学生以及有关工程技术人员参考。

图书在版编目(CIP)数据

工程力学基础/杨新华，魏俊红编著. —2版. —武汉：华中科技大学出版社，2023.1
ISBN 978-7-5680-8957-9

Ⅰ.①工…　Ⅱ.①杨…　②魏…　Ⅲ.①工程力学　Ⅳ.①TB12

中国版本图书馆CIP数据核字(2022)第238947号

工程力学基础(第二版)　　杨新华　魏俊红　编著
Gongcheng Lixue Jichu(Di-er Ban)

策划编辑：张少奇
责任编辑：李梦阳
封面设计：刘　婷　廖亚萍
责任监印：周治超
出版发行：华中科技大学出版社(中国·武汉)　　电话：(027)81321913
武汉市东湖新技术开发区华工科技园　　邮编：430223
录　　排：武汉市洪山区佳年华文印部
印　　刷：武汉市洪林印务有限公司
开　　本：710mm×1000mm　1/16
印　　张：14
字　　数：285千字
版　　次：2023年1月第2版第1次印刷
定　　价：42.80元

前　言

陈传尧教授于1999年主编的《工程力学基础》入选了教育部“面向21世纪课程教材”。该教材突出基本概念、基本原理、基本方法及应用，注重培养、锻炼学生的归纳思维，激发创造性思维。本书作者承担工程力学课程的教学工作近20年，对课程知识体系、内在知识逻辑，以及面向新时代工科各专业对课程教学内容提出的新要求，都有比较深入的认识和了解。正是这些认识和了解，促使作者对上述教材进行改编，并把它们体现在新的教材之中。

本书以“力—内力—应力—应变—变形”作为知识主线，以截面法（包括分析约束力的分离体方法）作为选取研究对象的基础，利用平衡方程、物理（或本构）方程、变形协调方程，建立力、内力、应力、应变和变形等之间的定量关系，从而形成工程力学问题求解的基本模式。全书包括静力学和材料力学两部分。除了引言以外，共有9章。静力学部分包括力和受力分析、平面力系的简化与平衡（包括含摩擦力的力系平衡问题），以及空间力系的简化与平衡（含重心问题）三章；材料力学部分包括内力分析（含轴向拉压直杆、平面桁架、扭转轴、弯曲梁、复杂受力结构的内力分析）、轴向拉压杆的强度和刚度、扭转圆轴的强度和刚度、弯曲梁的强度和刚度、强度理论与组合变形，以及压杆的稳定性六章。在重要的知识点之后，本书都安排了若干典型例题，每章结束时都附有一定量的习题，并在书末给出了参考答案（扫二维码获取），以便通过反复的问题实践、讲练结合等方式，强化学生对基本概念、理论和方法的理解。

例题和习题的选择和编排，参考了国内外同类教材，特别是书末所列的参考文献。在此谨向参考文献的著作者们致以诚挚的谢意！本书的另一编者魏俊红博士承担了教材中所有例题和习题的编制与解答、插图的绘制，以及电子课件的开发等工作。

力学是工科之母。高等学校本科的很多工科专业，都要求学生掌握一定的理论力学、材料力学基础理论和知识，从而为学习本专业课程打下基础。但是，由于总学时数的紧张，很难给力学基础课的教学提供太多学时，因此，对于这些专业来说，将理论力学的静力学和材料力学结合到一起的工程力学，是课程设置的最佳选择。本书适合作为这些专业工程力学课程的教材。

最后衷心感谢为本书改编、出版和使用提供便利和支持的所有同志！

杨新华　于仙溪园

2022年7月31日

目　　录

引言……………………………………………………………………………………（1）

第 1 章　力和受力分析……………………………………………………………（2）

1.1　基本概念 …………………………………………………………………………（2）

1.1.1　刚体……………………………………………………………………（2）

1.1.2　力………………………………………………………………………（2）

1.1.3　力系……………………………………………………………………（3）

1.1.4　平衡……………………………………………………………………（3）

1.1.5　等效……………………………………………………………………（3）

1.2　静力学公理 ………………………………………………………………………（3）

1.2.1　公理一：二力平衡公理 ………………………………………………（4）

1.2.2　公理二：加减平衡力系公理 …………………………………………（4）

1.2.3　公理三：二力合成的平行四边形法则 ………………………………（5）

1.2.4　公理四：作用力与反作用力定律 ……………………………………（6）

1.2.5　公理五：变形体的刚化原理 …………………………………………（6）

1.3　力的投影和分解 …………………………………………………………………（7）

1.3.1　力在轴上的投影………………………………………………………（7）

1.3.2　力的分解………………………………………………………………（7）

1.4　力偶 ………………………………………………………………………………（9）

1.4.1　力偶和力偶矩矢………………………………………………………（9）

1.4.2　平面力偶系的合成 ……………………………………………………（10）

1.4.3　空间力偶系的合成 ……………………………………………………（11）

1.5　约束与约束力……………………………………………………………………（11）

1.5.1　柔性约束 ………………………………………………………………（12）

1.5.2　光滑面约束 ……………………………………………………………（12）

1.5.3　滚动支座 ………………………………………………………………（13）

1.5.4　固定铰链 ………………………………………………………………（13）

1.5.5　链杆约束 ………………………………………………………………（14）

1.5.6　固定端约束 ……………………………………………………………（15）

1.6　受力分析和受力图………………………………………………………………（15）

习题 ………………………………………………………………………………………（20）

第 2 章　平面力系的简化和平衡 …… (23)
2.1　平面汇交力系的合成 …… (23)
2.1.1　几何法 …… (23)
2.1.2　解析法 …… (24)
2.2　力的平移 …… (25)
2.2.1　力的平移定理 …… (25)
2.2.2　力对点之矩 …… (25)
2.2.3　合力矩定理 …… (26)
2.3　平面任意力系的简化 …… (27)
2.4　平面平行力系的简化 …… (29)
2.4.1　同向平面平行力系的合力 …… (29)
2.4.2　复杂平面平行力系的合力 …… (30)
2.5　平面力系的平衡 …… (31)
2.5.1　平衡条件 …… (31)
2.5.2　平衡分析 …… (33)
2.6　含摩擦力的平衡问题 …… (37)
2.6.1　摩擦力的基本概念 …… (37)
2.6.2　摩擦角和自锁 …… (39)
2.6.3　含摩擦力的平衡分析 …… (40)
2.7　静定和静不定问题 …… (43)
习题 …… (44)
第 3 章　空间力系的简化与平衡 …… (47)
3.1　空间汇交力系的合成 …… (47)
3.2　力对点之矩与力对轴之矩 …… (48)
3.2.1　力对点之矩 …… (48)
3.2.2　力对轴之矩 …… (48)
3.3　空间任意力系的简化 …… (50)
3.4　空间力系的平衡 …… (52)
3.5　重心 …… (56)
3.5.1　试验法 …… (57)
3.5.2　计算法 …… (57)
习题 …… (60)
第 4 章　内力分析 …… (63)
4.1　基本假设 …… (63)
4.2　截面法 …… (64)

4.3　轴向拉压直杆的内力……………………………………………………………（66）
4.4　平面桁架的内力………………………………………………………………（69）
4.4.1　基本假设 ……………………………………………………………（70）
4.4.2　计算方法 ……………………………………………………………（70）
4.5　扭转轴的内力…………………………………………………………………（74）
4.6　弯曲梁的内力…………………………………………………………………（78）
4.6.1　梁的外力、约束和类型……………………………………………（78）
4.6.2　梁的内力分析 ………………………………………………………（79）
4.6.3　梁的平衡微分方程 …………………………………………………（85）
4.6.4　剪力图和弯矩图的特征 ……………………………………………（86）
4.7　复杂受力结构的内力……………………………………………………………（89）
习题 …………………………………………………………………………………（92）
第5章　轴向拉压杆的强度和刚度 ………………………………………………（95）
5.1　应力和应变……………………………………………………………………（95）
5.1.1　应力 ……………………………………………………………………（95）
5.1.2　应变 ……………………………………………………………………（97）
5.2　低碳钢的拉伸应力-应变曲线 ……………………………………………（98）
5.3　几种典型材料的拉伸和压缩力学性能 …………………………………（100）
5.3.1　拉伸力学性能…………………………………………………………（100）
5.3.2　压缩力学性能…………………………………………………………（101）
5.3.3　泊松效应和泊松比……………………………………………………（102）
5.4　拉压杆件的强度条件 ……………………………………………………（103）
5.5　拉压杆件的变形 …………………………………………………………（106）
5.6　拉压静不定问题 …………………………………………………………（109）
5.7　连接件的强度 ……………………………………………………………（114）
5.7.1　剪切强度………………………………………………………………（114）
5.7.2　挤压强度………………………………………………………………（115）
习题…………………………………………………………………………………（120）
第6章　扭转圆轴的强度和刚度……………………………………………………（125）
6.1　薄壁圆管扭转时的应力 …………………………………………………（125）
6.1.1　横截面上的切应力……………………………………………………（126）
6.1.2　纵截面上的切应力……………………………………………………（126）
6.2　剪切胡克定律 ……………………………………………………………（127）
6.3　圆轴扭转时的应力 ………………………………………………………（127）
6.3.1　几何关系………………………………………………………………（128）

6.3.2 物理关系…………………………………………………………………………… (128)
6.3.3 静力平衡关系………………………………………………………………………… (129)
6.4 极惯性矩和抗扭截面系数 ……………………………………………………………… (131)
6.5 圆轴扭转时的变形 …………………………………………………………………… (132)
6.6 圆轴扭转时的强度和刚度条件 ……………………………………………………… (134)
6.6.1 强度条件…………………………………………………………………………… (134)
6.6.2 刚度条件…………………………………………………………………………… (135)
6.7 扭转静不定问题 ……………………………………………………………………… (138)
习题…………………………………………………………………………………………… (139)
第 7 章 弯曲梁的强度和刚度……………………………………………………………… (143)
7.1 弯曲正应力 …………………………………………………………………………… (143)
7.1.1 变形的几何分析…………………………………………………………………… (143)
7.1.2 物理关系…………………………………………………………………………… (145)
7.1.3 静力学关系………………………………………………………………………… (145)
7.2 惯性矩的计算 ………………………………………………………………………… (146)
7.2.1 矩形和圆形截面的惯性矩………………………………………………………… (147)
7.2.2 组合截面的惯性矩………………………………………………………………… (148)
7.2.3 平行移轴定理……………………………………………………………………… (148)
7.3 弯曲切应力 …………………………………………………………………………… (149)
7.4 梁的强度条件 ………………………………………………………………………… (152)
7.4.1 弯曲正应力的强度条件…………………………………………………………… (152)
7.4.2 弯曲切应力的强度条件…………………………………………………………… (155)
7.5 提高梁弯曲强度的主要措施 ………………………………………………………… (157)
7.5.1 改善梁的受力情况………………………………………………………………… (157)
7.5.2 选择合理的截面形状……………………………………………………………… (158)
7.5.3 采用变截面梁或等强度梁………………………………………………………… (159)
7.6 梁的挠曲线微分方程 ………………………………………………………………… (160)
7.7 梁的变形和刚度 ……………………………………………………………………… (160)
习题…………………………………………………………………………………………… (167)
第 8 章 强度理论与组合变形……………………………………………………………… (170)
8.1 一点的应力状态 ……………………………………………………………………… (170)
8.2 平面应力状态分析 …………………………………………………………………… (171)
8.3 广义胡克定律与应变能 ……………………………………………………………… (175)
8.3.1 广义胡克定律……………………………………………………………………… (175)
8.3.2 应变能……………………………………………………………………………… (176)

8.4　强度理论 …… (177)
8.4.1　最大拉应力理论(第一强度理论) …… (178)
8.4.2　最大拉应变理论(第二强度理论) …… (178)
8.4.3　最大切应力理论(第三强度理论) …… (178)
8.4.4　畸变能密度理论(第四强度理论) …… (179)
8.5　组合变形的强度分析 …… (181)
8.5.1　轴向拉压与弯曲的组合 …… (181)
8.5.2　扭转与弯曲的组合 …… (185)
8.5.3　斜弯曲 …… (186)
习题 …… (188)
第9章　压杆的稳定性 …… (192)
9.1　两端铰支的细长压杆 …… (192)
9.2　其他约束情况下的细长压杆 …… (195)
9.3　压杆的柔度 …… (198)
9.4　压杆的稳定性条件与稳定性设计 …… (202)
9.4.1　稳定性条件 …… (202)
9.4.2　稳定性设计 …… (203)
习题 …… (208)
参考文献 …… (211)

引　言

随着社会和科技的不断发展，人类建设了大量的工程系统，这些工程系统提供各种功能，以服务于不同的工程。按照工程系统相对于惯性参照系（通常以固定于地面的参照系作为惯性参照系）是否能够发生运动，一般将其分为机械系统和结构系统。我们把构成机械系统的单元称为零件，而把构成结构系统的单元称为构件。

零件、构件及其构成的工程系统可以笼统地称为物体和物体系统。它们在服役过程中总是要受到来自外部的和它们之间相互施加的各种力的作用，由此发生运动和变形。运动是物体或物体系统整体空间位置的变化，反映力作用于物体以后产生的外部效应，而变形则是物体或物体系统局部空间位置的相对变化，反映力作用于物体以后产生的内部效应。

在力学课程体系中，**理论力学**（theoretical mechanics）**研究物体和物体系统受力以后产生的外部效应**，它由静力学（statics）、运动学（kinematics）和动力学（kinetics）三部分构成；**材料力学**（mechanics of materials）**研究物体和物体系统受力以后产生的内部效应**。静力学研究物体和物体系统的受力及简化、力的平衡关系和方程（或者平衡条件下力与力之间的相互关系）；运动学研究物体和物体系统的运动轨迹，以及几何参量（位移、速度和加速度）之间的相互关系；动力学则研究物体和物体系统的受力与运动之间的联系。因此，理论力学的核心是要建立三类方程：力系的简化或平衡方程（力与力之间的关系）、几何方程（运动的几何关系）和动力学方程（力与运动之间的关系）。类似地，材料力学也要建立三类方程：平衡方程、几何方程（变形的几何关系）和本构方程。本构方程又称为物理方程，反映力和变形之间的关系。材料力学以理论力学为基础，因此它的重点在于研究几何方程和本构方程的建立，分析材料或结构的受力变形规律。

一些工程学科更多地关注材料或结构的受力变形及其服役安全，而不涉及它们的运动和动力学问题，因此采用工程力学（engineering mechanics）课程来代替理论力学课程和材料力学课程。**工程力学是缩减版的理论力学和材料力学，它包括理论力学的静力学部分和材料力学的主要内容。**

工程力学是工科类大学生的一门重要的专业基础课。它为工科类各专业一系列后续专业课的学习打下基础，因此非常重要。

第1章　力和受力分析

工程力学是研究工程中材料或结构的受力及其受力以后发生变形和破坏的规律的科学。因此，学习工程力学，首先必须了解作用在材料或结构上的力及其特点，掌握受力分析的基本方法。

1.1　基本概念

静力学研究刚体在力系作用下的平衡问题，是力学问题研究和分析的基础。静力学也称为刚体静力学。在学习静力学之前，首先需要掌握以下几个基本概念。

1.1.1　刚体

我们**把受力后形状和大小保持不变，而且内部各点的相对位置也不改变的物体**，称为**刚体**(rigid body)。在力的作用下，任何物体都会发生变形，只是变形量不同而已。因此，绝对不发生变形的刚体实际上是不存在的。刚体只是一种理想的物理模型。对于受力后变形量很小的物体，或者暂时不需要考虑物体变形的情况，采用刚体模型可以大大简化受力分析。在静力学中，不考虑变形，因此物体和物体系统都被抽象为刚体。

1.1.2　力

力(force)**是物体与物体之间的相互作用**。它的作用效果是使受其作用的物体改变运动状态或产生变形。如果力的作用对象是刚体，那么它的作用效果就只是改变刚体的运动状态。力是矢量，不仅有大小，还有方向，另外还有作用点。因此，力是一种定位矢量。采用图形表示时，可以用带方向的箭头表示作用在物体上的力。箭头指示力的方向，箭尾代表力的作用点。通过力的作用点，而且与力矢量重合的直线，称为力的作用线。作用于 A 点的力和它的作用线 AB 如图 1.1 所示。力的大小、方向和作用点，称为力的三个要素，它们决定着力对物体的作用效果。力的矢量通常用黑斜体字母 $\boldsymbol{F}$ 表示，而它的大小则用普通斜体字母 F 表示。力的常用单位是 N 或 kN。

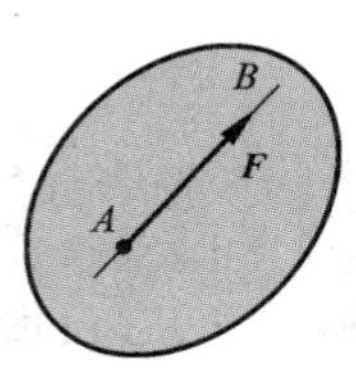

图 1.1　力的图形表示

1.1.3　力系

力系(system of forces)**是指由作用在同一个物体或者物体系统上的两个或多个力组成的系统**。汇交力系、平行力系、平面力系等是几种特殊的力系。如果一个力系中所有力的作用线都通过同一点,那么这个力系就是汇交力系或者共点力系,如图 1.2(a)所示。如果一个力系中所有力的作用线相互平行,那么这个力系就是平行力系,如图 1.2(b)所示。如果一个力系中所有力的作用线都位于同一个平面内,那么这个力系就是平面力系,如图 1.2(c)所示。

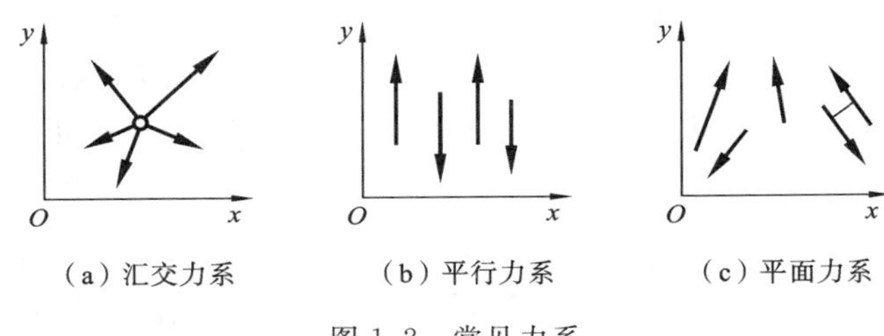

(a) 汇交力系　(b) 平行力系　(c) 平面力系

图 1.2　常见力系

1.1.4　平衡

平衡(equilibrium)**是指物体或物体系统相对于地面保持静止或做匀速直线运动的状态**。此时,物体或物体系统的加速度为零。如果物体或物体系统保持平衡,就说明由作用在其上的所有力构成的力系,没有产生使其运动状态发生变化的作用效果。一般来说,为了使物体或物体系统保持平衡,作用在其上的力系必须满足一定的条件。我们将这样的条件称为力系的平衡条件,并将由此建立的力与力之间的数学关系,称为平衡方程。满足平衡条件的力系,称为平衡力系。

1.1.5　等效

如果两个力系分别作用在同一个刚体上,产生相同的作用效果,那么这两个力系就是等效的(equivalent)。值得指出的是,力系等效的概念是针对刚体提出的,因此力系的作用效果在这里仅指改变物体的运动状态。由于力系作用在变形体上还会产生变形的效果,因此一般来说,作用在刚体上等效的两个力系,作用在变形体上并不等效。

1.2　静力学公理

人们很早就对力有所认识。《墨经·经上》有一名句"力,形之所以奋也",指出了力是物体运动或形状改变的原因。在长期的生产、生活实践中,人们不断深化对力的基本性质和规律的理解和认识,逐步总结形成了现在的静力学公理。这些公理构成了静力学的理论基础。

1.2.1　公理一:二力平衡公理

作用在刚体上的两个力,如果大小相等、方向相反,而且作用在同一直线上(即拥有相同的作用线),**则这两个力平衡**。二力平衡公理揭示了作用在刚体上的由两个力组成的最简单力系平衡所需要满足的条件。

在工程实际中,只有两个力作用并且保持平衡的构件非常常见。例如,在图 1.3(a)中,三铰拱在力 $\boldsymbol{F}$ 的作用下平衡,组成三铰拱的杆件 AB 和 BC 也各自处于平衡状态。如果不考虑杆件自重,则杆件 BC 只在 B、C 点处各受 $\boldsymbol{F}_B$ 和 $\boldsymbol{F}_C$ 的作用。根据二力平衡公理,这两个力必定作用在 B 点和 C 点的连线上,且大小相等、方向相反,如图 1.3(b)所示。

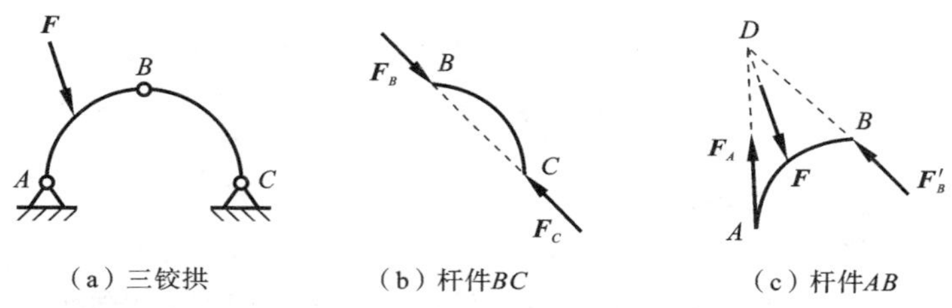

图 1.3　三铰拱中的二力平衡和三力平衡问题

1.2.2　公理二:加减平衡力系公理

在作用于刚体的力系上,加上或减去任意的平衡力系,不会改变原有力系对刚体的作用效果。

推论一　力的可传性原理:作用于刚体上的力可以沿其作用线任意移动,而不改变它对刚体的作用效果。

假设在某刚体 A 点处作用一力 $\boldsymbol{F}$,如图 1.4(a)所示。在其作用线上 B 点处施加两个相互平衡的力 $\boldsymbol{F}_1$ 和 $\boldsymbol{F}_2$,它们构成一个平衡力系,并使 $\boldsymbol{F}_1=-\boldsymbol{F}_2=\boldsymbol{F}$,如图 1.4(b)所示。根据加减平衡力系公理,这不会改变刚体的运动状态。考虑到 $\boldsymbol{F}_2$ 和 $\boldsymbol{F}$ 也构成一个平衡力系,如果把它们同时移去,那么就只剩下力 $\boldsymbol{F}_1$,如图 1.4(c)所示。根据加减平衡力系公理,这也不会改变刚体的运动状态。这表明,将力 $\boldsymbol{F}$ 从作用点 A 沿其作用线移到任意一点 B,不会改变它对刚体的作用效果。

由此可见,作用在刚体上的力是滑移矢量,可以沿其作用线任意移动而不会改变作用效果。因此,对于刚体,构成力的三个要素变为力的大小、方向和作用线。

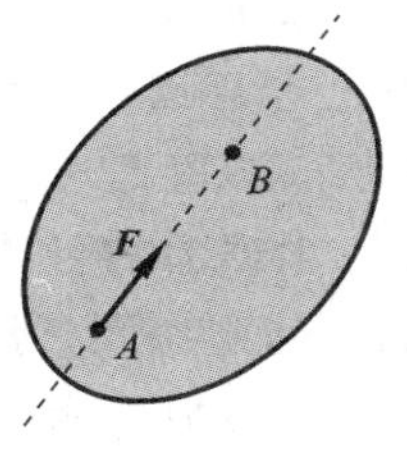

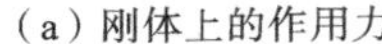

(a) 刚体上的作用力

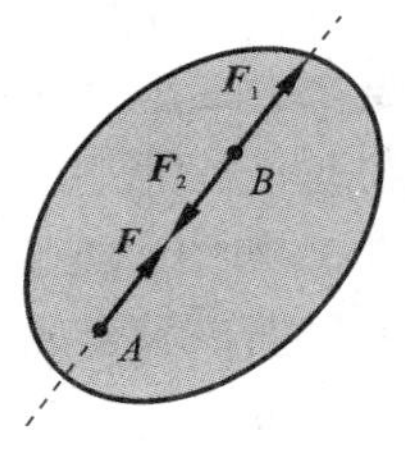

(b) 增加一个平衡力系

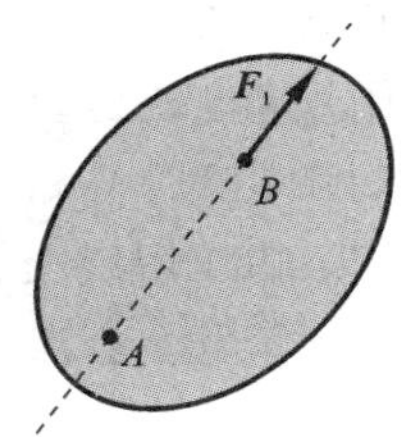

(c) 减去一个平衡力系

图 1.4　力的可传性

1.2.3　公理三：二力合成的平行四边形法则

作用在物体上同一点 A 的两个力 $\boldsymbol{F}_1$ 和 $\boldsymbol{F}_2$，可以合成一个合力 $\boldsymbol{F}_R$。合力 $\boldsymbol{F}_R$ 的作用点也在 $\boldsymbol{F}_1$ 和 $\boldsymbol{F}_2$ 的作用点 A 上，合力 $\boldsymbol{F}_R$ 的大小和方向则由以 $\boldsymbol{F}_1$ 和 $\boldsymbol{F}_2$ 为边构成的平行四边形的对角线来确定，如图 1.5(a)所示。这就是**二力合成的平行四边形法则**。它是采用几何法求合力的理论基础。

在平行四边形法则的基础上，通过保持力 $\boldsymbol{F}_1$ 和 $\boldsymbol{F}_2$ 中的一个力不动，同时平移另一个力，并使两个力首尾相接，从而形成三角形的两条边，然后画出三角形的另一条边，并由此确定它们的合力，如图 1.5(b)和图 1.5(c)所示。这就是二力合成的三角形法则。

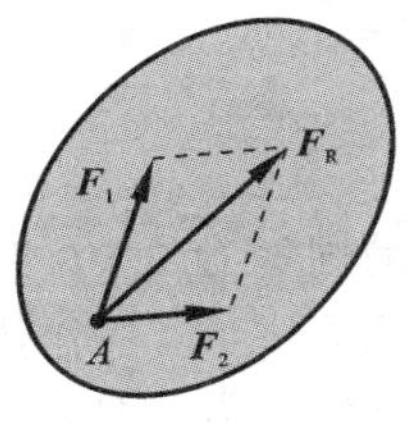

(a) 平行四边形法则

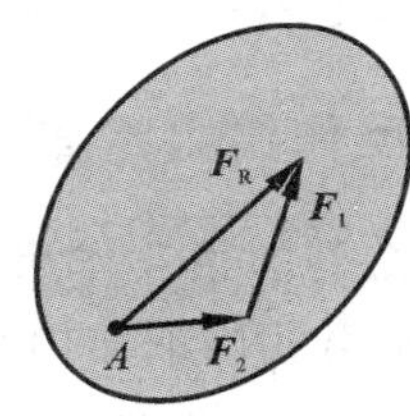

(b) 三角形法则一

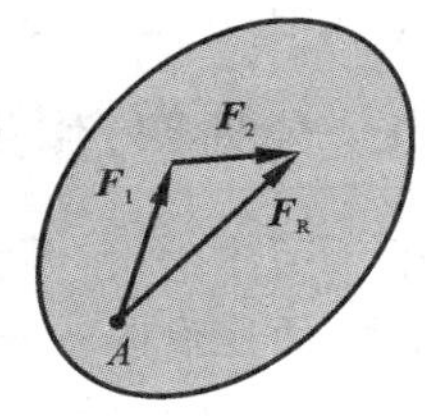

(c) 三角形法则二

图 1.5　二力合成

对于作用在刚体上的两个力，如果它们的作用线相交于一点，那么根据力的可传性原理，也可以将它们先移至作用线的交点，然后利用平行四边形法则或三角形法则将它们合成一个合力。

二力的合成是指将作用在物体上同一点或作用线相交于一点的两个力合成一个合力(resultant force)。**这是对力系的简化**。合力与由这两个力构成的力系，对物体的运动状态具有相同的作用效果。

推论二　三力平衡汇交原理：当刚体受到三个力的作用而平衡时，如果其中两个力的作用线相交于某一点，那么第三个力的作用线也必然通过此交点，而且三个力位于同一平面内。这也就是说，**处于平衡的三个力必然构成一个平面汇交力系**。

假设在某刚体 A_1、A_2 和 A_3 三点上，分别作用三个力 $\boldsymbol{F}_1$、$\boldsymbol{F}_2$ 和 $\boldsymbol{F}_3$，它们使刚体平衡。力 $\boldsymbol{F}_1$ 和 $\boldsymbol{F}_2$ 的作用线交会于点 A，如图 1.6(a)所示。根据力的可传性原理，可以将力 $\boldsymbol{F}_1$ 和 $\boldsymbol{F}_2$ 移至交会点 A，然后根据二力合成的平行四边形法则，得到它们的合力 $\boldsymbol{F}_{12}$，如图 1.6(b)所示。很显然，$\boldsymbol{F}_{12}$ 和 $\boldsymbol{F}_3$ 应该平衡。根据二力平衡公理，两者必定共线。因此，可以推知，力 $\boldsymbol{F}_3$ 必定与力 $\boldsymbol{F}_1$ 和 $\boldsymbol{F}_2$ 共面，并通过它们的交会点 A，从而形成一个平面汇交力系。

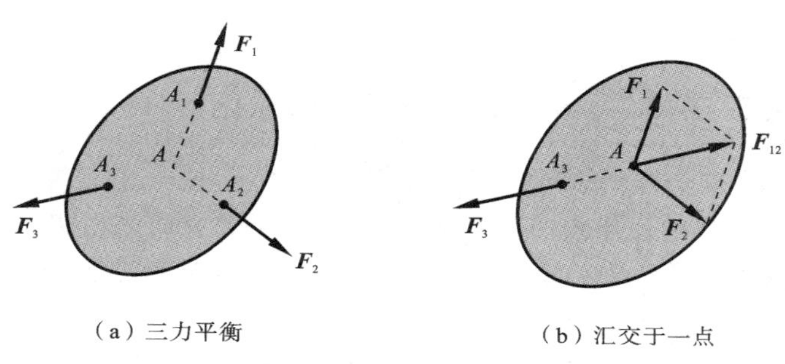

(a) 三力平衡　　(b) 汇交于一点

图 1.6　三力平衡汇交

在图 1.3(a)中，如果不考虑杆件自重，那么杆件 AB 受到三个力 $\boldsymbol{F}$、$\boldsymbol{F}_A$ 和 $\boldsymbol{F}'_B$ 的作用。根据三力平衡汇交原理，力 $\boldsymbol{F}_A$ 必定通过力 $\boldsymbol{F}$ 和 $\boldsymbol{F}'_B$ 的交会点 D，如图 1.3(c)所示。在工程中，由三个力构成的平衡力系是比较常见的。

1.2.4　公理四：作用力与反作用力定律

牛顿第三定律指出，**两个物体之间的相互作用力总是同时存在的，它们大小相等、方向相反，而且沿同一直线**(即拥有相同的作用线)。必须指出，在作用力与反作用力之间，施力物体和受力物体正好相反，因此作用力与反作用力总是分别作用在不同的物体上，不可能构成一个力系。这一点是它们与作用在同一物体或物体系统上相互平衡的两个力所构成的平衡力系的根本区别。

在图 1.3(b)和图 1.3(c)中，杆件 AB 对杆件 BC 的作用力 $\boldsymbol{F}_B$ 和杆件 BC 对杆件 AB 的作用力 $\boldsymbol{F}'_B$，构成一对作用力与反作用力。根据作用力与反作用力定律，它们大小相等、方向相反，而且在同一直线上。

1.2.5　公理五：变形体的刚化原理

变形体在某一力系作用下处于平衡状态，如果将其刚化为一个刚体，那么它的平衡状态会保持不变。刚化原理为在静力学分析中将变形体看作刚体提供了基础。必须指出，将处于平衡力系作用下的刚体替换成变形体时，平衡状态不一定能够继续保持。例如，刚体在两个等值反向的压力作用下处于平衡状态，如果将刚体换成绳索，则平衡状态就不再能保持。

1.3　力的投影和分解

力的分解是力的合成的反问题。力在轴上的投影是力的分解的基础。

1.3.1　力在轴上的投影

在图1.7(a)中，假设力 $\boldsymbol{F}$ 与 x 轴共面，那么可以从力的箭头 B 和箭尾 A 各引一条垂直于 x 轴的垂线。在 x 轴上两垂足 a 和 b 之间的线段就是力 $\boldsymbol{F}$ 在 x 轴上的投影，用 F_x 表示。力在轴上的投影是一个标量，它要么指向 x 轴的正向，要么指向 x 轴的反向。当与 x 轴的正向一致时，它是正的，反之是负的。$\boldsymbol{F}$ 在 x 轴上的投影可以由下式计算：

$$F_x = F\cos\alpha \tag{1.1}$$

式中：α 为力 $\boldsymbol{F}$ 与 x 轴之间的夹角。推而广之，力在任一轴上的投影，等于力的大小乘以力与轴所夹角度的余弦，其正负根据投影指向与轴的正向是否一致确定。

如果力 $\boldsymbol{F}$ 与 x 轴不共面，则可以从箭头 B 和箭尾 A 各作一个垂直于 x 轴的平面。它们与 x 轴的交点 a 和 b 之间的线段就是力 $\boldsymbol{F}$ 在 x 轴上的投影，如图1.7(b)所示。过 A 点作 x' 轴平行于 x 轴。此时，力 $\boldsymbol{F}$ 在 x 轴上的投影仍然可以采用式(1.1)计算。不过，式中的 α 应为力 $\boldsymbol{F}$ 与 x' 轴之间的夹角。

接下来，讨论合力的投影与其分力的投影之间的关系。在图1.8中，力 $\boldsymbol{F}_{\mathrm{R}}$ 是两个分力 $\boldsymbol{F}_1$ 和 $\boldsymbol{F}_2$ 的合力。很明显，合力 $\boldsymbol{F}_{\mathrm{R}}$ 在 x 轴上的投影等于两个分力 $\boldsymbol{F}_1$ 和 $\boldsymbol{F}_2$ 在 x 轴上的投影的代数和。推而广之，**对于任意的坐标轴，合力在轴上的投影都等于各分力在该轴上的投影的代数和，这就是合力的投影定理。**

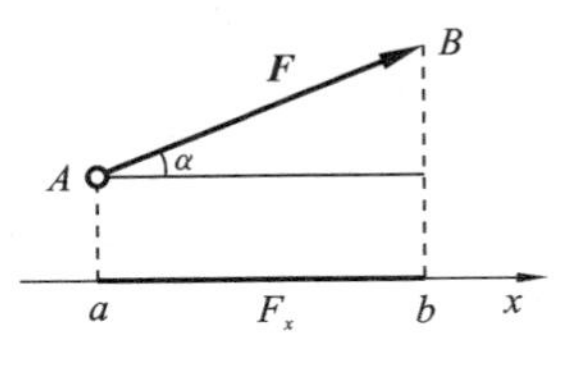

(a) 力与轴共面

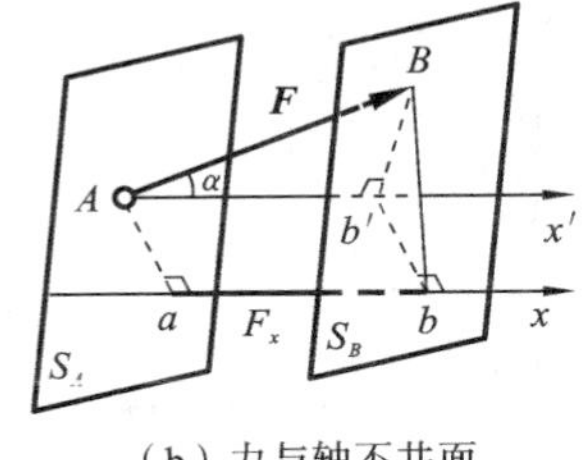

(b) 力与轴不共面

图1.7　力在轴上的投影

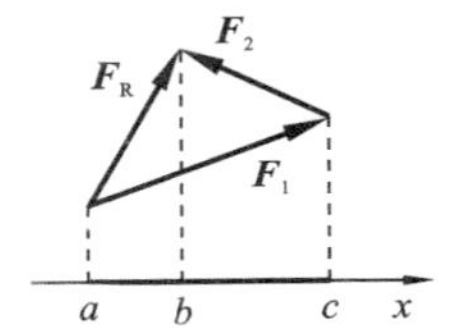

图1.8　合力的投影与其分力的投影之间的关系

1.3.2　力的分解

在与力 $\boldsymbol{F}$ 共面的坐标系 Oxy 中，将力 $\boldsymbol{F}$ 分解为沿 x 轴和 y 轴的两个分力 $\boldsymbol{F}_x$ 和

$\boldsymbol{F}_y$。力 $\boldsymbol{F}$ 与分力之间一定满足平行四边形法则或三角形法则。如果 x 轴和 y 轴不正交,则力 $\boldsymbol{F}$ 在 x 轴和 y 轴上的分力就与其相应的投影不相等,如图 1.9(a)和图 1.9(b)所示。然而,如果 x 轴和 y 轴正交,则力 $\boldsymbol{F}$ 在 x 轴和 y 轴上的分力就与其相应的投影相等,如图 1.9(c)所示。因此,可以用投影法求力在平面直角坐标系中沿 x 轴和 y 轴的分力 $\boldsymbol{F}_x$ 和 $\boldsymbol{F}_y$。

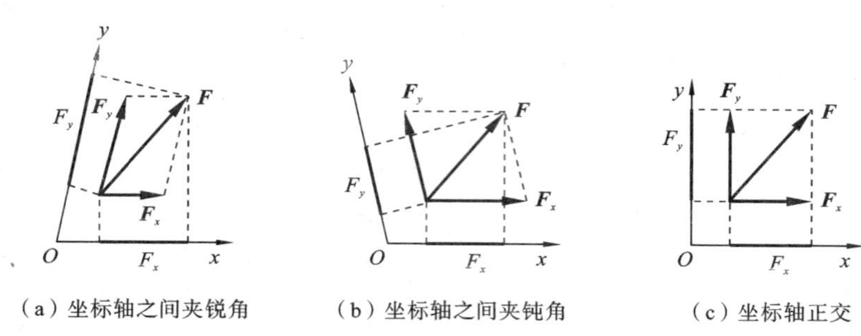

图 1.9　力在与其共面的平面坐标系中的分解

在平面直角坐标系 Oxy 中,假设沿 x 轴和 y 轴方向的单位矢量分别为 $\boldsymbol{i}$ 和 $\boldsymbol{j}$,则有 $\boldsymbol{F}_x=F_x\boldsymbol{i}$ 和 $\boldsymbol{F}_y=F_y\boldsymbol{j}$。力 $\boldsymbol{F}$ 可以表示为

$$\boldsymbol{F}=\boldsymbol{F}_x+\boldsymbol{F}_y=F_x\boldsymbol{i}+F_y\boldsymbol{j} \tag{1.2}$$

在三维空间中,也可以用投影法求力在空间直角坐标系中沿三个坐标轴的分力。设在直角坐标系 $Oxyz$ 中某一点 $A(x,\ y,\ z)$处的作用力 $\boldsymbol{F}$,它与 z 轴间的夹角为 γ,与平面 Oxy 间的夹角为 α,如图 1.10 所示。过力 $\boldsymbol{F}$ 的箭尾 A 和箭头 B 分别作平行于平面 Oxy、Oyz 和 Oxz 的六个平面,它们相交形成一个六面体。可以看到,力 $\boldsymbol{F}$ 在 z 轴和平面 Oxy 上分别有投影 F_z 和 F_{xy},$\boldsymbol{F}_{xy}$ 与 x 轴间的夹角为 β,进一步,$\boldsymbol{F}_{xy}$ 又可以在 x 轴和 y 轴上得到投影 F_x 和 F_y。显然,从 $\boldsymbol{F}_x$ 和 $\boldsymbol{F}_y$ 到 $\boldsymbol{F}_{xy}$,满足平行四边形法则或三角形法则,再从 $\boldsymbol{F}_z$ 和 $\boldsymbol{F}_{xy}$ 到 $\boldsymbol{F}$,也满足平行四边形法则或三角形法则。因此,力 $\boldsymbol{F}$ 在 x 轴、y 轴和 z 轴上的投影 F_x、F_y 和 F_z,就是它沿 x 轴、y 轴和 z 轴的三个

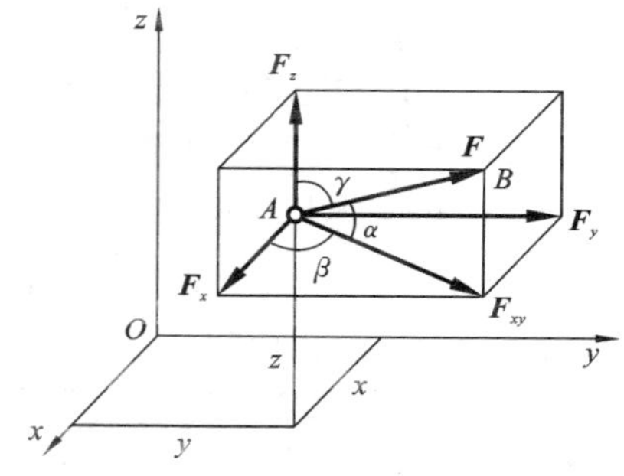

图 1.10　力在空间坐标系中的分解

分力。

分力 $\boldsymbol{F}_x$、$\boldsymbol{F}_y$ 和 $\boldsymbol{F}_z$ 与力 $\boldsymbol{F}$ 的大小之间满足下面的关系：

$$\begin{cases} F_x = F\cos\alpha\cos\beta = F\sin\gamma\cos\beta \\ F_y = F\cos\alpha\sin\beta = F\sin\gamma\sin\beta \\ F_z = F\sin\alpha = F\cos\gamma \end{cases} \tag{1.3}$$

类似地，在空间直角坐标系 $Oxyz$ 中，假设沿 x 轴、y 轴和 z 轴的单位矢量分别为 $\boldsymbol{i}$、$\boldsymbol{j}$ 和 $\boldsymbol{k}$，则有

$$\boldsymbol{F} = \boldsymbol{F}_x + \boldsymbol{F}_y + \boldsymbol{F}_z = F_x\boldsymbol{i} + F_y\boldsymbol{j} + F_z\boldsymbol{k} \tag{1.4}$$

1.4　力偶

1.4.1　力偶和力偶矩矢

作用在同一个物体或物体系统上，大小相等、方向相反、作用线相互平行但不重合的两个力，称为力偶(couple)。力的作用效果是使刚体的平动状态发生变化，而力偶的作用效果是使刚体的转动状态发生变化。我们不可能通过合成或简化，将一个力偶转变成一个力，因此可以把力偶看作一种广义的力。力偶是力系的一个基本元素。

在图1.11中，两个等值反向的力 $\boldsymbol{F}$ 和 $\boldsymbol{F}'$ 构成一个力偶。由它们的作用线所决定的平面，即平面 Oxy，称为力偶的作用面。两力作用线之间的距离 h，称为力偶臂。

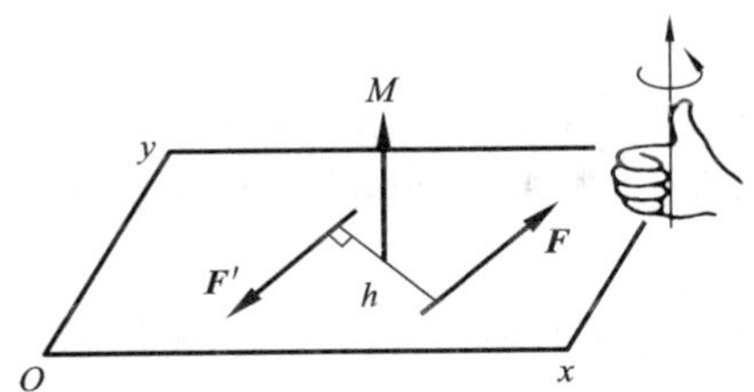

图1.11　力偶和力偶矩矢

力偶对刚体的作用效果，不仅与力的大小和力偶臂的长度有关，还与力偶的方向有关。将力 F 与力偶臂长度 h 之积定义为力偶矩，并记作

$$M = \pm Fh \tag{1.5}$$

力偶矩的大小决定力偶改变刚体转动状态的激烈程度，而力偶矩的方向决定力偶改变刚体转动状态的方向。因此，力偶矩是一个矢量，称为力偶矩矢，通常用黑斜体字母 $\boldsymbol{M}$ 表示。它的常用单位为 N·m 或 kN·m。力偶矩的大小、力偶的作用面和转向共同构成力偶的三个要素。力偶矩矢的指向按右手螺旋法则确定，如图1.11所示。当右手四指指向力偶的转动方向时，拇指指向就是力偶矩矢的方向。因此，力

偶矩矢的方向总是与力偶的作用面垂直。

根据力在轴上的投影的定义,对于空间中的任意一个轴,组成力偶的两个力在轴上的投影正好大小相等、方向相反,它们的代数和为零。因此,力偶在任一轴上的投影都为零。

1.4.2 平面力偶系的合成

对于处于某固定平面内的力偶,它的作用面始终保持不变,力偶矩矢的大小可以任意改变,但是力偶矩矢的指向只有正反之分。因此,用力偶矩就足以衡量力偶的作用效果。**如果位于同一平面内的两个力偶有相等的力偶矩,那么它们是等效的。这就是平面力偶的等效定理。**在图 1.12 中,对于处于同一平面内的三个力偶,力偶矩均为 24 N·m,因此它们是等效的。力偶矩是一个代数量,正负号由其转动方向或使刚体发生转动的方向确定。通常规定,使刚体发生逆时针转动的力偶矩为正。

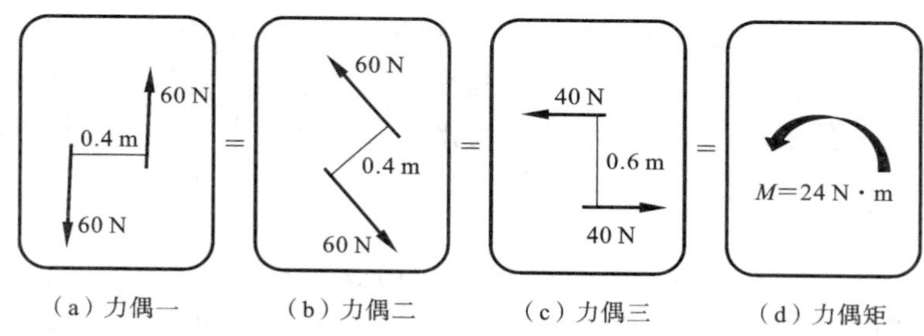

图 1.12 平面力偶的等效

根据平面力偶的等效定理,可以得到如下推论。

推论三 对于刚体而言,力偶矩矢可以在其作用面内任意移动,而不改变其作用效果。

推论四 只要保持力偶矩的大小和转向不变,无论怎样改变力和力偶臂的大小,都不会改变力偶的作用效果。

推论四可以给平面力偶系的合成带来非常大的便利。图 1.13 是由两个力偶组成的平面力偶系。只要将图 1.13(a)中力偶矩 $M_2(\boldsymbol{F}_2, \boldsymbol{F}'_2)$中力和力偶臂的大小同时改变,使其力偶臂等于力偶矩 $M_1(\boldsymbol{F}_1, \boldsymbol{F}'_1)$中的力偶臂 h_1,同时保持力偶矩 $M_2=F_2h_2$ 的大小不变,如图 1.13(b)所示,就可以得到将两个力偶合成后的合力偶(resultant couple)。合力偶的力偶矩等于两个力偶矩 M_1 和 M_2 的代数和,即 $M=M_1+M_2$。

依此类推,**对于由 n 个力偶组成的平面力偶系,可以将它们合成一个合力偶,它的力偶矩 M 等于该力偶系中各力偶矩 M_i 的代数和,**即

$$M=\sum_{i=1}^{n}M_i \tag{1.6}$$

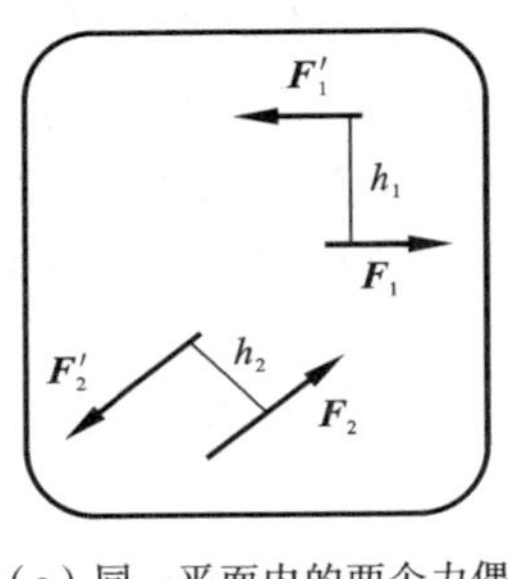

(a) 同一平面内的两个力偶

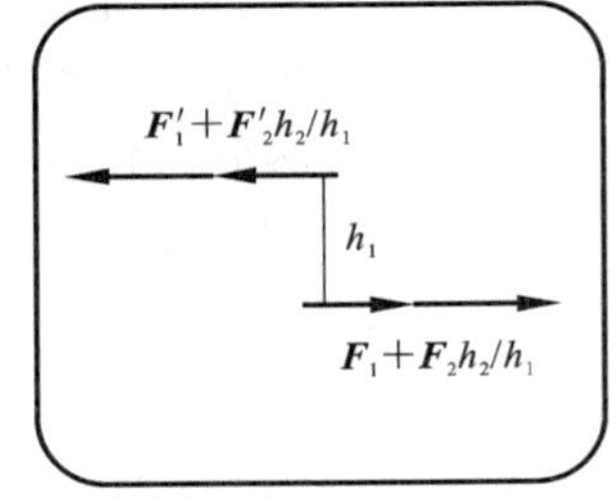

(b) 合成后的力偶

图 1.13　平面力偶系的合成

因此,平面力偶系的合成结果是一个合力偶。

1.4.3　空间力偶系的合成

空间力偶对刚体的作用效果完全取决于它的力偶矩矢。根据力偶的性质,对于两个空间力偶,无论其处于刚体的什么位置,也无论力偶中力的大小、力偶臂的大小是多少,只要它们的力偶矩矢相等,它们就是等效的。这表明,力偶矩矢可以在其作用面内以及在平行于其作用面的任意平面内移动。因此,力偶矩矢是自由矢。这给空间力偶系的合成带来很大便利。

容易证明,**空间力偶系的合成结果是一个合力偶,它的力偶矩矢是力偶系中所有力偶矩矢的矢量和**。因此,对于由 n 个力偶组成的空间力偶系,其合力偶矩矢可以由下式确定:

$$\boldsymbol{M}=\sum_{i=1}^{n}\boldsymbol{M}_i \tag{1.7}$$

空间力偶系的合成也可以采用平行四边形法则或三角形法则进行。

1.5　约束与约束力

在日常生活或工程实际中,总是存在这样的情况。一些物体在空间中的位移不受任何限制,如放飞的气球、飞行的飞机等,而另外一些物体会受到一定限制,如悬挂的重物、沿轨道运行的车辆等。我们把位移不受限制的物体称为自由体,而把位移受到限制的物体称为非自由体。工程力学研究的物体基本上都是非自由体。

非自由体的位移受到限制,是因为周围物体对其施加了约束。习惯上,人们将**限制物体移动的周围物体,称为约束体,也可以简称为约束**(constraint)。例如,绳索是所吊重物的约束,轨道是运行车辆的约束等。

约束作用于被约束物体上的力,称为约束力(constraint force)。约束力是被动力,通常未知,其大小取决于物体受到的主动力,工程中常称其为约束反力。约束是通过约束力的作用来限制被约束物体移动的,约束力的方向必定与被限制的位移方向相反。因此,可以通过被限制的位移来确定约束力的类型和方向。**如果限制平动位移,则一定存在与平动位移方向相反的约束力;如果限制转动位移,则一定存在与转动位移方向相反的约束力偶**。此外,约束力作用在约束与被约束物体间的接触处。

下面分类讨论几种常见约束的约束力。

1.5.1　柔性约束

由柔软的绳状体或带状体通过张拉构成的约束,如悬挂重物的绳索、传动的皮带、绕过滑轮的钢丝绳等,称为柔性约束,如图 1.14 所示。柔性约束的特点是只能承受拉力,而不能承受压力和抵抗弯曲,因此柔性约束只能限制物体远离它的位移。据此可以推断,约束力作用在柔性约束与被约束物体的连结点,其作用线沿柔性约束的中心线,其方向指向柔性约束或者背对被约束物体。柔性约束的约束力通常用 $\boldsymbol{F}_{\mathrm{T}}$ 表示。下标“T”表示拉力。

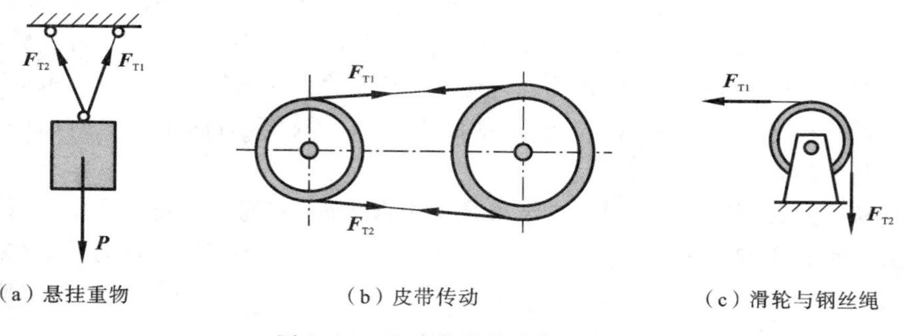

(a) 悬挂重物　　(b) 皮带传动　　(c) 滑轮与钢丝绳

图 1.14　几种常见的柔性约束

1.5.2　光滑面约束

在相互接触的约束和被约束物体之间,接触面可以是平面,也可以是曲面。如图 1.15 所示,如果不考虑接触面之间的摩擦,那么这类约束就属于光滑面约束。光滑面约束只限制物体沿接触面公法线方向而且指向约束的位移。据此可以推断,约束力作用在接触处,其作用线沿接触处的公法线,且方向指向被约束的物体。光滑面约

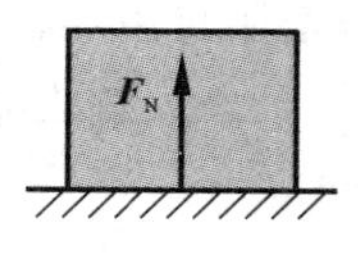

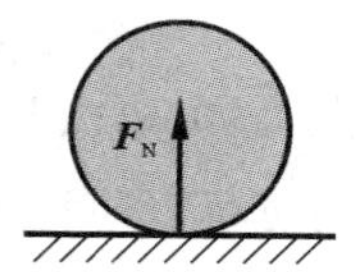

(a) 接触面都是平面　　(b) 接触面为平面和曲面　　(c) 接触面都是曲面

图 1.15　光滑面约束

束的约束力通常用 $\boldsymbol{F}_{\mathrm{N}}$ 表示。下标“N”表示接触面公法线方向。

1.5.3　滚动支座

滚动支座又称可动铰支座。它可以沿支承面滚动，因此只限制物体在支座处垂直于支承面且远离支承面的位移。据此可以推断，约束力 $\boldsymbol{F}_{A}$ 的作用线通过物体与支座的联结处，垂直于支承面，且指向支承面的外法线方向，如图 1.16 所示。

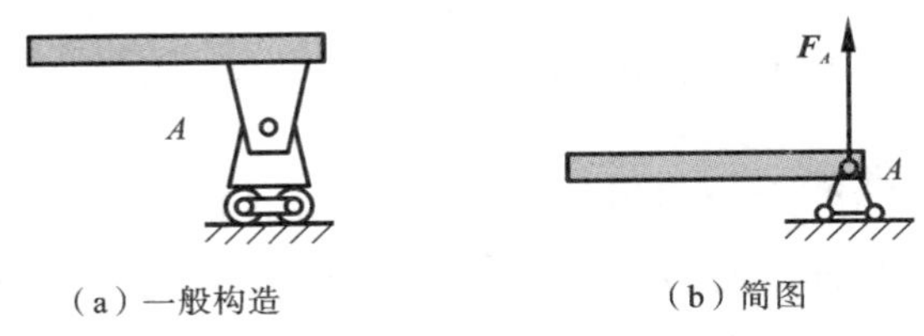

（a）一般构造　（b）简图

图 1.16　滚动支座

滑块受滑道的约束和滑套受导轨的约束如图 1.17 所示，滑道或导轨限制物体在垂直于滑道或导轨方向的两侧位移，但不限制物体沿滑道或导轨的位移，因此这种约束可以看作具有两个平行支承面的双侧滚动支座约束。据此可以推断，约束力的作用线通过滑块与滑道或滑套和导轨间的接触处，垂直于滑道或导轨，但是指向需要根据主动力 $\boldsymbol{F}$ 确定。

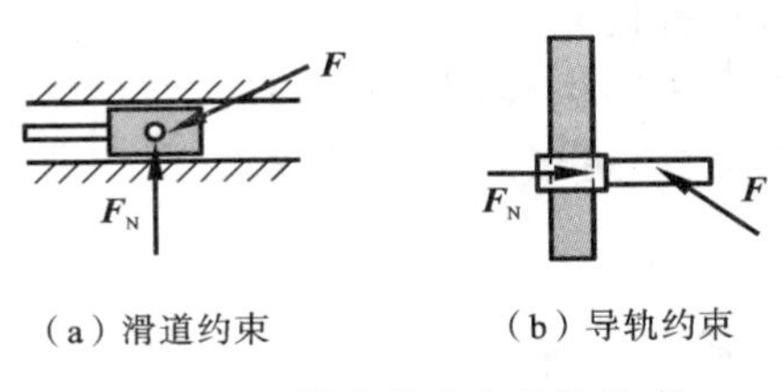

（a）滑道约束　（b）导轨约束

图 1.17　滑道约束和导轨约束

1.5.4　固定铰链

铰链是工程中常见的一类约束，包括光滑圆柱铰链和光滑球形铰链，统称为固定铰链或固定铰支座。

光滑圆柱铰链的典型构造是在构件和固定支座的联结处钻上圆孔，再用圆柱形销钉把它们串联起来，使构件只能绕销钉的轴线转动。该约束只限制构件相对于支座的平动位移，而不限制绕销钉的轴线转动位移。因此，约束力通过销钉且垂直于销钉轴线，但是指向不确定，可以采用沿水平和竖直方向的两个分力 $\boldsymbol{F}_{x}$ 和 $\boldsymbol{F}_{y}$ 表示，如图 1.18 所示。

事实上，在光滑圆柱铰链中，销钉和圆孔之间属于光滑面接触。因此，约束力必

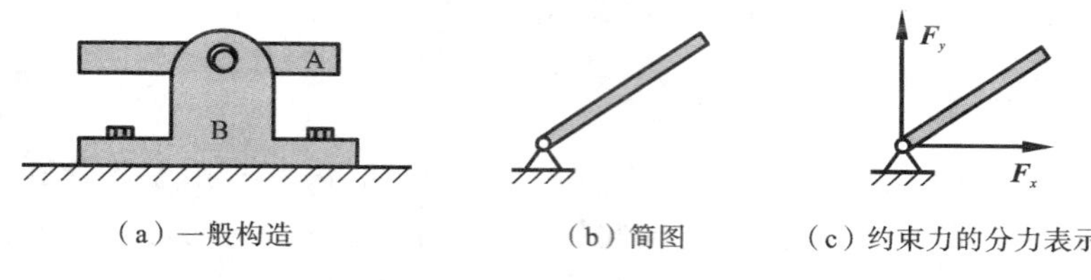

(a) 一般构造　(b) 简图　(c) 约束力的分力表示

图 1.18　光滑圆柱铰链

定通过接触点且垂直于接触面的公法线,但是由于接触点不确定,约束力的方向难以确定。

除此以外,工程中还经常会出现连接两个可移动构件的光滑圆柱铰链,称为中间铰,如图 1.19 所示。中间铰的约束力也可以采用沿水平和竖直方向的两个分力 $\boldsymbol{F}_x$ 和 $\boldsymbol{F}_y$ 表示。

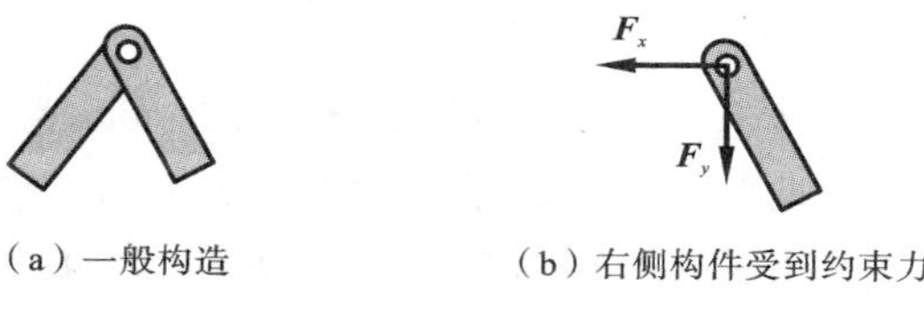

(a) 一般构造　(b) 右侧构件受到约束力

图 1.19　中间铰

光滑球形铰链由连接构件的光滑球与球窝构成,又称为球铰。由于球铰限制构件在三维空间中任何方向的平动位移,而不限制转动位移,因此约束力通过球心,但是可能指向空间中的任何方向,可以采用通过球心的三个互相垂直的分力 $\boldsymbol{F}_x$、$\boldsymbol{F}_y$ 和 $\boldsymbol{F}_z$ 表示,如图 1.20 所示。

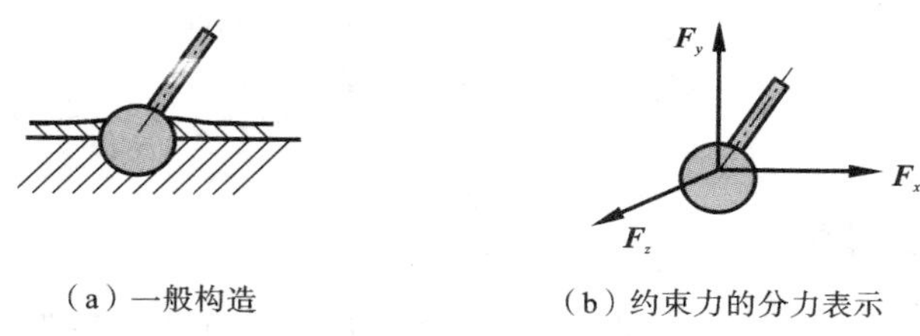

(a) 一般构造　(b) 约束力的分力表示

图 1.20　光滑球形铰链

1.5.5　链杆约束

工程中经常出现两端均为光滑铰链约束的刚性连接杆,称为链杆。如果忽略自重,杆件就只在两端受约束力作用而平衡,称为二力杆或二力构件。根据二力平衡公理,两端的约束力必定等值反向,而且方向沿杆件两端点的连线,如图 1.21 中的杆件 AB。

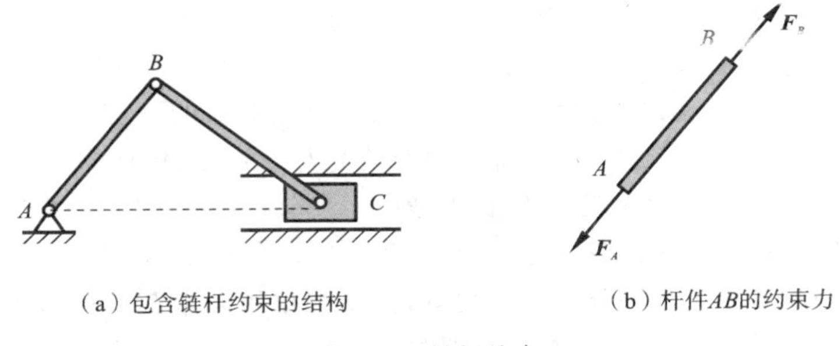

(a) 包含链杆约束的结构　　(b) 杆件AB的约束力

图 1.21　链杆约束

1.5.6　固定端约束

工程中的构件可能会在一端受到限制所有位移的约束，这就是固定端约束。对于空间问题，构件一端沿三个坐标轴方向的平动位移和绕三个坐标轴方向的转动位移都被约束住，因此有三个约束力分量 $\boldsymbol{F}_x$、$\boldsymbol{F}_y$ 和 $\boldsymbol{F}_z$，以及三个约束力偶矩矢分量 $\boldsymbol{M}_x$、$\boldsymbol{M}_y$ 和 $\boldsymbol{M}_z$，如图 1.22(a) 所示。对于平面问题，构件一端沿两个坐标轴方向的平动位移和绕平面法向的转动位移被约束住，因此只有两个约束力分量 $\boldsymbol{F}_x$ 和 $\boldsymbol{F}_y$，以及一个面内的约束力偶矩 M，如图 1.22(b) 所示。

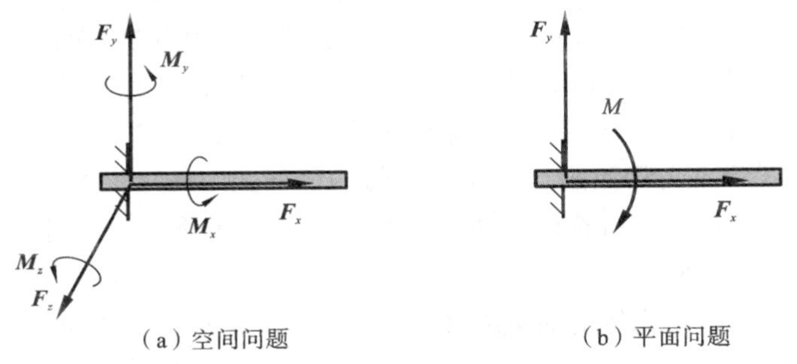

(a) 空间问题　　(b) 平面问题

图 1.22　固定端约束

1.6　受力分析和受力图

解决力学问题，首先要做好受力分析，而开展受力分析之前，首先又必须明确研究对象，也就是确定并选取需要进行研究的物体或物体系统。

根据力的来源，可以把力分为两类：一类是**外力**(external force)，又称为**载荷**(load)，它来源于研究对象以外，是由研究对象以外的物体施加到研究对象上的力，这是在明确研究对象以后，在受力分析中必须考虑的力；另一类是**内力**(internal force)，它来源于研究对象内部，是研究对象的一部分施加给另一部分的力，这是在受力分析中不应该考虑的力。因此，明确研究对象非常重要。只有明确了研究对象，才能确定哪些力属于外力,在受力分析中需要考虑;哪些力属于内力,不需要考虑。

根据施力物体是否主动,可以进一步把外力分为两类:一类是主动力(active force),它是由研究对象以外的物体主动施加给研究对象的,一般是已知的;另一类是被动力(passive force),它是由外部约束对研究对象施加的约束力,通常是未知的。在进行受力分析时,主动力一般可以首先考虑。在分析约束力时,首先需要**把研究对象从周围物体(或环境)的约束中分离出来,我们把这个过程称为选取分离体,并把这一方法称为分离体方法。**每分离一个约束,都要根据约束限制的位移类型和方向来确定约束力。最后,在分离体上画出全部主动力和被动力(或约束力),就得到**受力图**(free-body diagram)。

除此以外,按照作用区域的情况,还可以将力分为集中力(concentrated force)和分布力(distributed force)。集中力的作用区域为一个点,而分布力的作用区域是一条线、一个面或者一个体积范围。作用区域是一条线、一个面或者一个体积范围的分布力,分别称为线分布力、面分布力或者体分布力。在工程实际中,作用区域完全为一个点的集中力是不存在的。一般来说,力的作用区域如果相比结构尺寸来说非常小,就可以近似当作集中力来处理。分布力在工程中十分常见。分布力的大小一般用集度表示。线分布力的集度,是指单位长度上作用力的大小,其单位为 N/m 或 kN/m。

还应该指出,有时候面对同一个问题,可能需要先选择其中一部分作为研究对象进行受力分析,再选择另外一部分作为研究对象进行受力分析,因此经常会遇到作用力(action)和反作用力(reaction)先后出现的情况。根据作用力与反作用力定律,在受力图中必须保持它们反向,并在所给的符号上有所区别。

受力分析的一般步骤和注意事项可以归纳如下。

(1) 选取研究对象。所选取的研究对象可以是单个物体或者部分相邻物体组成的系统,也可以是整体。

(2) 一一解除周围物体对研究对象的约束,将研究对象分离出来,分析每个约束所限制的位移。

(3) 画出研究对象所受到的全部主动力和约束力。

(4) 检查是否存在作用力与反作用力关系,注意保持它们反向,并在符号上区别开来。

(5) 检查是否存在二力杆或二力构件,注意应用二力平衡公理。

(6) 在局部受力图与整体受力图中,注意保持同一约束处约束力的一致性,不可出现相互矛盾的指向假设。

例 1.1　图 1.23 所示结构受分布力(集度为 q)和集中力 $\boldsymbol{F}$ 作用,杆件重力不计。画出梁 AB、BC 和结构整体的受力图。

解　(1) 结构整体的受力分析。

选取结构整体作为研究对象。解除结构在 A 和 C 处所受的约束。结构在梁 AB

和 BC 上分别承受均匀分布力和集中力 $\boldsymbol{F}$ 的作用。A 处为固定端约束，不仅限制结构在 A 处的平动位移，还限制其转动位移，因此结构在 A 处既受约束力作用，又受约束力偶作用。约束力可以用一对正交的约束分力 $\boldsymbol{F}_{Ax}$ 和 $\boldsymbol{F}_{Ay}$ 表示，约束力偶矩为 M_A。C 处为滚动支座约束，约束力 $\boldsymbol{F}_C$ 的作用线垂直于支撑面。

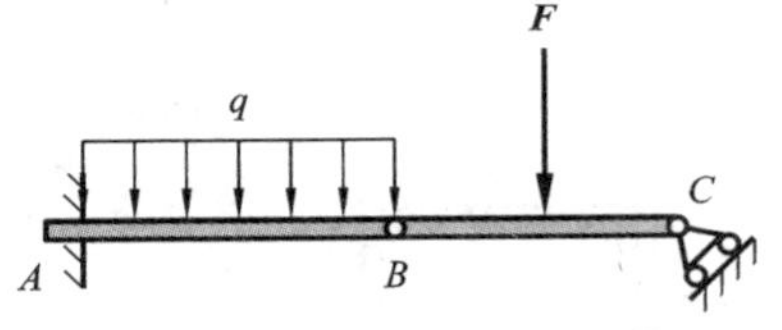

图 1.23　例 1.1 图

结构整体的受力如图 1.24(a)所示。

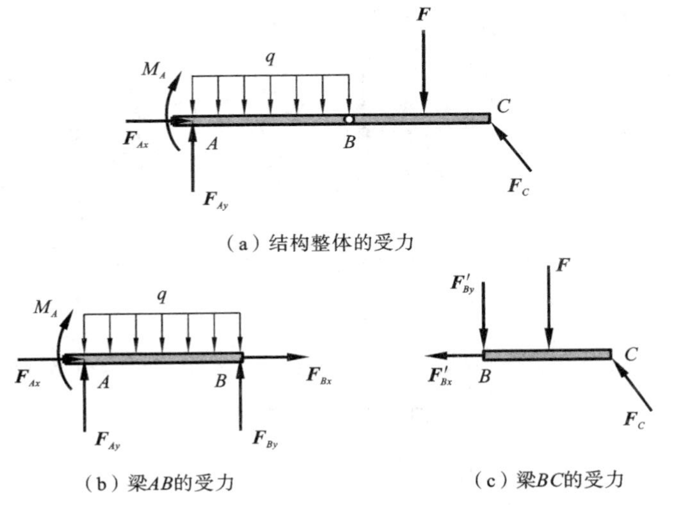

图 1.24　例 1.1 的受力图

(2) 梁 AB 的受力分析。

选取梁 AB 作为研究对象。解除其在 A 和 B 处所受的约束。梁 AB 上作用有分布力。A 处为固定端约束，有约束分力 $\boldsymbol{F}_{Ax}$ 和 $\boldsymbol{F}_{Ay}$、约束力偶作用。B 处为中间铰约束，梁 AB 在此处受到来自梁 BC 的约束力，用 $\boldsymbol{F}_{Bx}$ 和 $\boldsymbol{F}_{By}$ 表示。

梁 AB 的受力如图 1.24(b)所示。

(3) 梁 BC 的受力分析。

选取梁 BC 作为研究对象。解除其在 B 和 C 处所受的约束。梁 BC 上作用有集中力 $\boldsymbol{F}$。B 处为中间铰约束，梁 BC 在此处受到来自梁 AB 的一对正交约束分力作用，用 $\boldsymbol{F}'_{Bx}$ 和 $\boldsymbol{F}'_{By}$ 表示，它们分别与 $\boldsymbol{F}_{Bx}$ 和 $\boldsymbol{F}_{By}$ 构成作用力与反作用力。C 处为滚动支座约束，有垂直于支撑面的约束力 $\boldsymbol{F}_C$ 作用。

梁 BC 的受力如图 1.24(c)所示。

例 1.2　图 1.25(a)所示的结构受三个集中力 $\boldsymbol{F}_1$、$\boldsymbol{F}_2$ 和 $\boldsymbol{F}_3$ 作用，销钉 C 附于杆

CD。所有杆件重力不计。试分别画出各构件及结构整体的受力图。

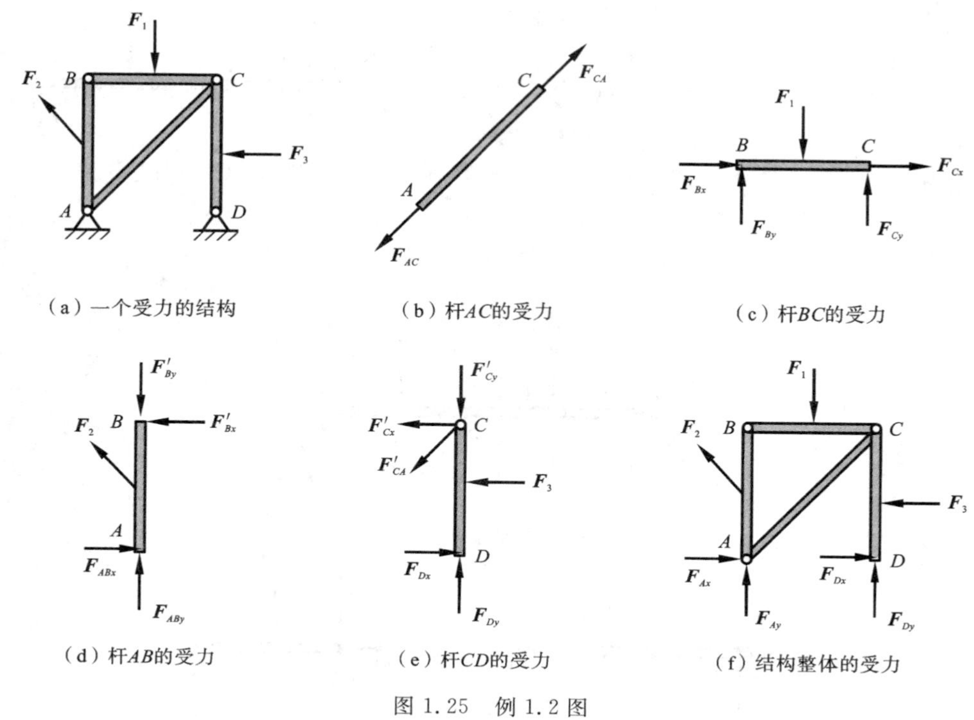

图 1.25　例 1.2 图

解　(1) 杆 AC 的受力分析。

选取杆 AC 作为研究对象。解除其在 A 和 C 处所受的约束。A 和 C 处均为铰链约束,因此杆 AC 只在 A、C 处受约束力作用,为二力杆,而且它在 A 和 C 处所受到的约束力的作用线必定与 A、C 两点的连线重合,两个力大小相等、方向相反。

杆 AC 的受力如图 1.25(b)所示。

这里需要指出的是,由于二力杆受力简单,易于确定受力方向,在受力分析中,一般优先选择二力杆作为研究对象。

(2) 杆 BC 的受力分析。

选取杆 BC 作为研究对象。解除其在 B 和 C 处所受的约束。杆 BC 受到主动力 $\boldsymbol{F}_1$ 作用。B 和 C 处均为铰链约束。在 B 处受到由杆 AB 施加的一对正交约束分力 $\boldsymbol{F}_{Bx}$ 和 $\boldsymbol{F}_{By}$ 作用。在 C 处受到销钉 C 施加的一对正交约束分力 $\boldsymbol{F}_{Cx}$ 和 $\boldsymbol{F}_{Cy}$ 作用。

杆 BC 的受力如图 1.25(c)所示。

(3) 杆 AB 的受力分析。

选取杆 AB 作为研究对象。解除其在 A 和 B 处所受的约束。杆 AB 受到主动力 $\boldsymbol{F}_2$ 作用。A 和 B 处均为铰链约束。在 A 处受到销钉 A 施加的一对正交约束分

力 $\boldsymbol{F}_{ABx}$ 和 $\boldsymbol{F}_{ABy}$ 作用。在 B 处受到由杆 BC 施加的一对正交约束分力 $\boldsymbol{F}'_{Bx}$ 和 $\boldsymbol{F}'_{By}$ 作用，它们分别与 $\boldsymbol{F}_{Bx}$ 和 $\boldsymbol{F}_{By}$ 构成作用力与反作用力。

杆 AB 的受力如图 1.25(d)所示。

(4) 杆 CD 的受力分析。

选取杆 CD(含销钉 C)作为研究对象。解除其在 C 和 D 处所受的约束。杆 CD 受到主动力 $\boldsymbol{F}_3$ 作用。C 和 D 处均为铰链约束。在 C 处受到杆 AC 施加的力 $\boldsymbol{F}'_{CA}$ 和杆 BC 施加的力 $\boldsymbol{F}'_{Cx}$ 和 $\boldsymbol{F}'_{Cy}$ 作用，它们分别与 $\boldsymbol{F}_{CA}$、$\boldsymbol{F}_{Cx}$ 和 $\boldsymbol{F}_{Cy}$ 构成作用力与反作用力。在 D 处受到固定铰支座施加的一对正交约束力 $\boldsymbol{F}_{Dx}$ 和 $\boldsymbol{F}_{Dy}$ 作用。

杆 CD 的受力如图 1.25(e)所示。

(5) 结构整体的受力分析。

选取结构整体作为研究对象。解除结构在 A 和 D 处所受的约束，如图 1.25(f)所示。

思考：(1) 在结构整体的受力图中 A 处的受力，与在杆 AB 的受力图中 A 处的受力，为什么不一致？(2) 如果将销钉附于杆 BC 上，或者单独把销钉 A 和 C 作为研究对象，那么它们的受力图又会是怎样的？

例 1.3　图 1.26(a)所示的 A 字形结构受集中力 $\boldsymbol{F}$ 作用，杆件重力不计。试画出结构整体、杆 AB 和杆 BC 的受力图。

解　(1) 结构整体的受力分析。

选取结构整体作为研究对象。解除其在 A 和 C 处所受的约束。结构整体受到一个主动力 $\boldsymbol{F}$ 作用。A 处为固定铰支座约束，因此约束力可以采用一对正交分力 $\boldsymbol{F}_{Ax}$ 和 $\boldsymbol{F}_{Ay}$ 表示。C 处为滚动支座约束，有垂直于接触面的约束力 $\boldsymbol{F}_C$ 作用。

结构整体的受力如图 1.26(b)所示。

(2) 杆 AB 的受力分析。

选取杆 AB 作为研究对象。解除其在 A、B 和 D 处所受的约束。和结构整体分析一样，A 处的约束力可以采用一对正交分力 $\boldsymbol{F}_{Ax}$ 和 $\boldsymbol{F}_{Ay}$ 表示。B 处为中间铰约束，因此约束力也可以采用一对正交分力 $\boldsymbol{F}_{Bx}$ 和 $\boldsymbol{F}_{By}$ 表示。杆 DE 为二力杆，因此 D 处受到杆 DE 施加的约束力 $\boldsymbol{F}_{DE}$，作用线沿 D、E 两处的连线。

杆 AB 的受力如图 1.26(c)所示。

(3) 杆 BC 的受力分析。

选取杆 BC 作为研究对象。解除其在 B、C 和 E 处所受的约束。杆 BC 受到一个主动力 $\boldsymbol{F}$ 作用。B 处为中间铰约束，因此约束力可以采用一对正交分力 $\boldsymbol{F}'_{Bx}$ 和 $\boldsymbol{F}'_{By}$ 表示，它们分别与 $\boldsymbol{F}_{Bx}$ 和 $\boldsymbol{F}_{By}$ 构成作用力与反作用力。杆 DE 为二力杆，因此 E 处受到杆 DE 施加的约束力 $\boldsymbol{F}_{ED}$ 作用。

杆 BC 的受力如图 1.26(d)所示。

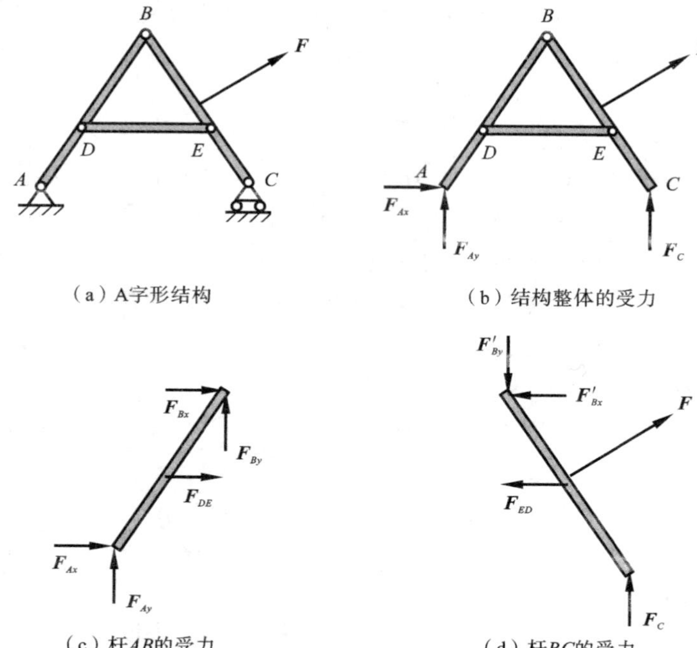

图 1.26　例 1.3 图

习　题

1.1　判断题(在括号内正确的画"√",错误的画"×")。

(1) 作用在刚体上的力是滑移矢量,力可以沿其作用线任意滑动。　(　　)

(2) 加减平衡力系公理不仅适用于刚体,还适用于变形体。　(　　)

(3) 作用于一个刚体上的两个力 $\boldsymbol{F}_1$、$\boldsymbol{F}_2$,如果满足 $\boldsymbol{F}_1=-\boldsymbol{F}_2$,则这两个力是作用力和反作用力。　(　　)

(4) 两物体在光滑斜面 m—n 处接触,不计自重,若力 $\boldsymbol{F}_1$、$\boldsymbol{F}_2$ 大小相等、方向相反且共线,如图 1.27 所示,则两个物体处于平衡状态。　(　　)

(5) 如图 1.28 所示,在 A 点作用有两个力 $\boldsymbol{F}_1$ 和 $\boldsymbol{F}_2$,且 $F_1>F_2$,它们的合力 $\boldsymbol{F}_R=\boldsymbol{F}_1-\boldsymbol{F}_2$。　(　　)

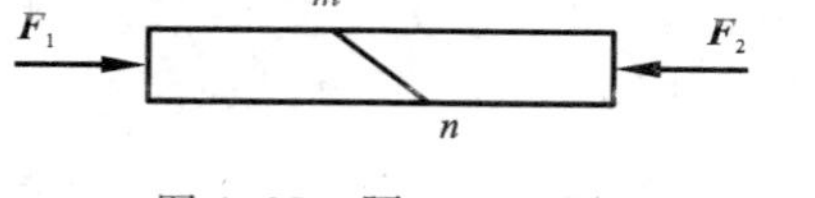

图 1.27　题 1.1(4)图

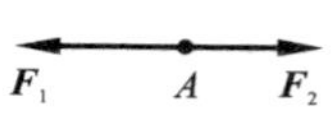

图1.28　题 1.1(5)图

1.2　选择题(将正确答案的序号写在括号内)。

(1) 二力平衡公理适用于(　　)。

① 刚体　　② 变形体　　③ 刚体和变形体

(2) 作用力与反作用力定律适用于(　　)。

① 刚体　　② 变形体　　③ 刚体和变形体

(3) 作用于刚体上的三个力互相平衡。若其中任意两个力的作用线相交于一点,则其余的一个力的作用线必定(　　)。

① 相交于同一点　② 相交于同一点且三个力作用线共面　③ 不一定相交于同一点

(4) 如果将作用于刚体上的平衡力系,作用到变形体上,则变形体(　　);反之,如果将作用于变形体上的平衡力系,作用到刚体上,则刚体(　　)。

① 平衡　　② 不平衡　　③ 不一定平衡

1.3　画出图1.29中圆盘的受力图。

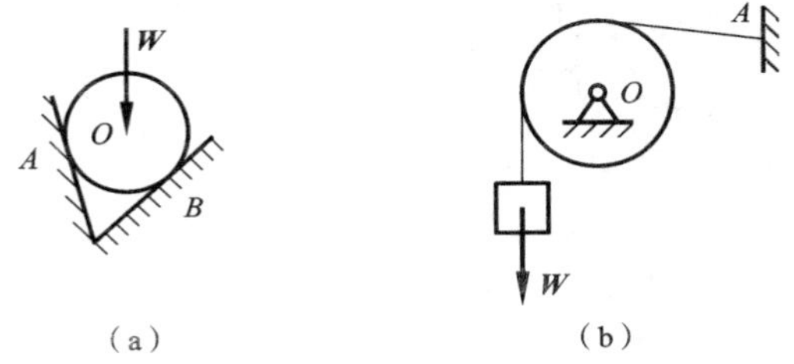

图1.29　题1.3图

1.4　画出图1.30中各物体的受力图。

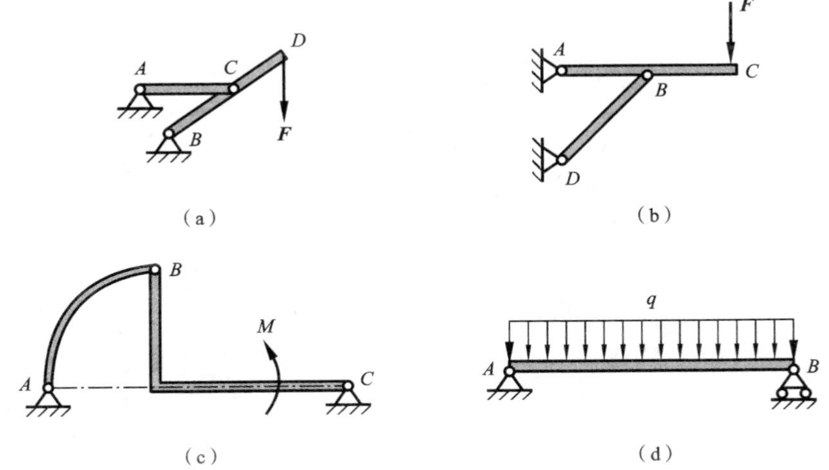

图1.30　题1.4图

1.5 画出图 1.31 中各物体及整体的受力图。

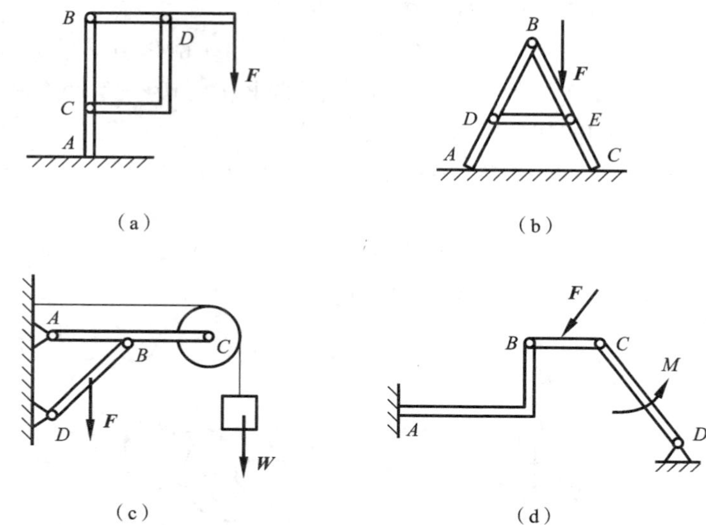

图 1.31 题 1.5 图

第 2 章　平面力系的简化和平衡

在第 1 章中,我们讨论了如何对物体或物体系统进行受力分析。在明确一个工程系统受到的所有力之后,接下来需要回答和解决:(1) 在这些力所组成的力系作用下,系统是否能够平衡?(2) 如果要使系统平衡,那么力系需要满足什么条件?(3) 基于平衡条件,如何根据已知的主动力计算并确定未知的被动力或约束力?

工程系统的受力一般都比较复杂。为了方便回答一个复杂力系是否平衡以及在怎样的条件下能够平衡,首先必须对力系进行简化。**简化力系必须满足等效性原则,也就是说必须保证简化后的结果与原力系对看作刚体的工程系统具有相同的作用效果。**

作为基础,本章将讨论平面力系的简化和平衡问题。如果一个力系中的所有力或力偶都在同一平面内,那么这个力系就是平面力系。平面汇交力系和平面平行力系是平面力系的两种特殊情况。

2.1　平面汇交力系的合成

在一个由 n 个力 $\boldsymbol{F}_1,\boldsymbol{F}_2,\cdots,\boldsymbol{F}_n$ 组成的平面力系中,所有力的作用线都交会于同一点 O,我们称这样的力系为平面汇交力系,或者平面共点力系。图 2.1(a) 所示为由 5 个力 $\boldsymbol{F}_1$、$\boldsymbol{F}_2$、$\boldsymbol{F}_3$、$\boldsymbol{F}_4$、$\boldsymbol{F}_5$ 组成的平面汇交力系。

平面汇交力系可以合成一个合力。它的合成可以采用两种方法:几何法和解析法。

2.1.1　几何法

根据力的可传性原理,首先将力系中的所有力全部移至交会点 O,然后根据二力合成的三角形法则,保持一个力不动,而将其他力逐个平移,并使每一个后移动的力的箭尾与前一个力的箭头相连,从而形成一个所有力首尾相接的开口的多边形,最后将第一个力的箭尾和最后一个力的箭头用一根箭头线相连。该箭头线就是要求的合力 $\boldsymbol{F}_R$。如图 2.1(b) 所示,合力与力系的每一个力正好组成一个封闭的多边形,因此称为**力合成的多边形法则。**

由此可见,在采用多边形法则求平面汇交力系的合力时,合力的作用点就是力系的汇交点,合力的指向是从第一个力的起点(即箭尾)指向最后一个力的终点(即箭头)。

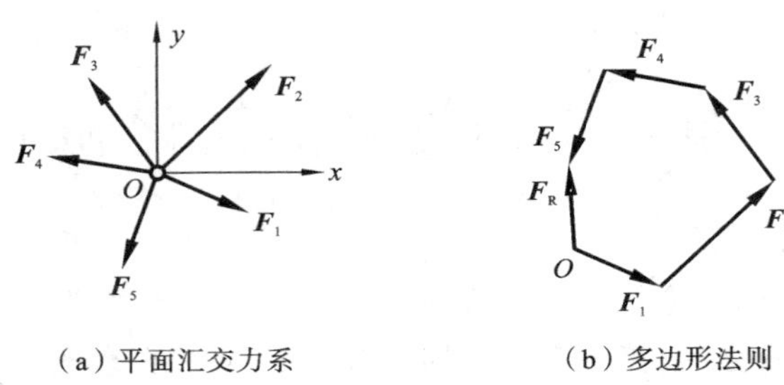

(a) 平面汇交力系　　(b) 多边形法则

图 2.1　平面汇交力系的几何法合成

必须特别指出,在汇交力系合成的三角形法则或多边形法则中,力的平移只是为了求合力而进行的一种绘图处理,是假想的平移,并不改变力的实际作用线位置。

2.1.2　解析法

以交会点 O 为原点,建立平面直角坐标系 Oxy。根据合力的投影定理,力系的合力 $\boldsymbol{F}_{\mathrm{R}}$ 在 x 轴和 y 轴上的投影等于 $\boldsymbol{F}_1,\boldsymbol{F}_2,\cdots,\boldsymbol{F}_n$ 在 x 轴和 y 轴上投影的代数和,即

$$F_{\mathrm{R}x}=\sum_{i=1}^{n}F_{ix},\quad F_{\mathrm{R}y}=\sum_{i=1}^{n}F_{iy} \tag{2.1}$$

式中:F_{ix} 和 F_{iy} 分别为力系中第 i 个力在 x 轴和 y 轴上的投影。

合力的作用线通过各力的交会点 O,它在两个坐标轴上的投影也是它沿两个坐标轴方向的分力。合力的大小和方向分别为

$$F_{\mathrm{R}}=\sqrt{F_{\mathrm{R}x}^2+F_{\mathrm{R}y}^2},\quad \mathrm{tg}\alpha=\left|\frac{F_{\mathrm{R}y}}{F_{\mathrm{R}x}}\right| \tag{2.2}$$

式中:α 表示合力 $\boldsymbol{F}_{\mathrm{R}}$ 与 x 轴所夹的锐角;$\boldsymbol{F}_{\mathrm{R}}$ 的指向由 $F_{\mathrm{R}x}$ 和 $F_{\mathrm{R}y}$ 的正负来判断。

合力 $\boldsymbol{F}_{\mathrm{R}}$ 也可以表示成力系中各力 $\boldsymbol{F}_1,\boldsymbol{F}_2,\cdots,\boldsymbol{F}_n$ 的矢量和,即

$$\boldsymbol{F}_{\mathrm{R}}=\boldsymbol{F}_1+\boldsymbol{F}_2+\cdots+\boldsymbol{F}_n=\sum_{i=1}^{n}\boldsymbol{F}_i \tag{2.3}$$

例 2.1　求图 2.2 所示汇交力系的合力。

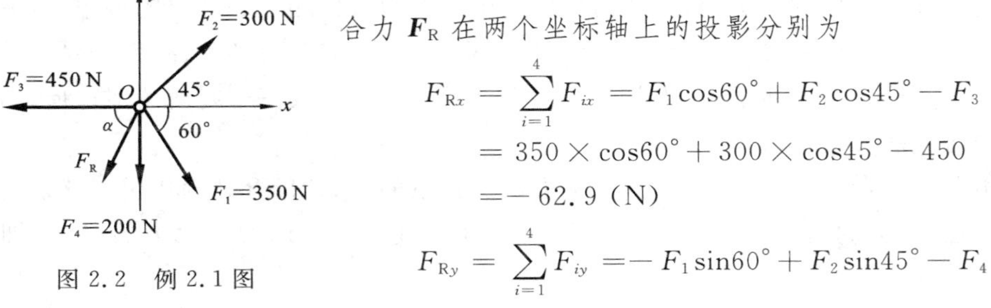

图 2.2　例 2.1 图

解　根据合力的投影定理,在正交坐标系 Oxy 中,合力 $\boldsymbol{F}_{\mathrm{R}}$ 在两个坐标轴上的投影分别为

$$\begin{aligned}F_{\mathrm{R}x}&=\sum_{i=1}^{4}F_{ix}=F_1\cos60^\circ+F_2\cos45^\circ-F_3\\&=350\times\cos60^\circ+300\times\cos45^\circ-450\\&=-62.9\ (\mathrm{N})\end{aligned}$$

$$F_{\mathrm{R}y}=\sum_{i=1}^{4}F_{iy}=-F_1\sin60^\circ+F_2\sin45^\circ-F_4$$

$$=-350\times\sin60^\circ+300\times\sin45^\circ-200=-291.0\ (\mathrm{N})$$

因此，合力大小和方向为

$$F_R=\sqrt{F_{Rx}^2+F_{Ry}^2}=297.7\ \mathrm{N}$$

$$\alpha=\arctan\frac{291.0}{62.9}=77.8^\circ$$

2.2　力的平移

采用几何法或解析法，可以非常简便地将一个平面汇交力系合成一个合力。但是，对于一个各力并不都汇交于一点的平面任意力系，应该怎样进行简化呢？能否把力系中的每一个力平移到一个共同的交会点，从而将该力系转化成一个平面汇交力系呢？

为了回答上面的问题，首先讨论力的平移问题。

2.2.1　力的平移定理

假设一力 $\boldsymbol{F}$ 作用在刚体上，一点 O 到力的垂直距离为 h，现在要将力 $\boldsymbol{F}$ 平移到 O 点，如图 2.3 所示。根据加减平衡力系公理，在 O 点施加一对平行于力 $\boldsymbol{F}$ 的平衡力 $\boldsymbol{F}'$ 和 $\boldsymbol{F}''$，并且使 $\boldsymbol{F}'=-\boldsymbol{F}''=\boldsymbol{F}$，不会改变力 $\boldsymbol{F}$ 的作用效果。注意，$\boldsymbol{F}''$ 和 $\boldsymbol{F}$ 等值反向，正好组成一个力偶，称为附加力偶。它的力偶矩为 $M=Fh$，作用面为力 $\boldsymbol{F}$ 和 O 点决定的平面，旋转方向与力 $\boldsymbol{F}$ 绕 O 点的旋转方向一致。

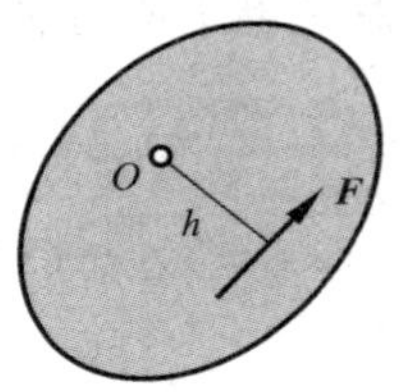

(a) 刚体上作用一力

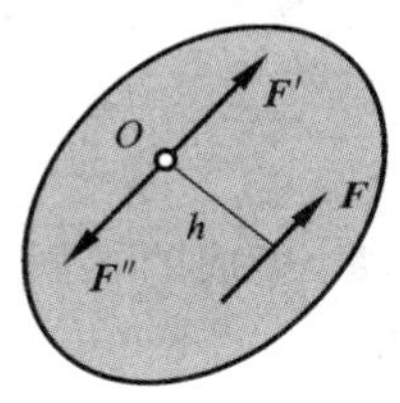

(b) 增加一对平衡力

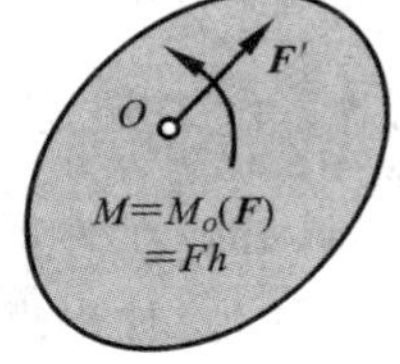

(c) 力平移后的结果

图 2.3　力的平移

可以看出，**作用在刚体上的力 $\boldsymbol{F}$，可以平移到任意一点 O，但必须同时附加一个作用在由力 $\boldsymbol{F}$ 和 O 点共同决定的平面内的力偶，它的力偶矩 M 是力 $\boldsymbol{F}$ 的大小和点 O 到力的垂直距离的乘积，它的转向由力 $\boldsymbol{F}$ 相对于 O 点的转向决定。这就是力的平移定理。**

2.2.2　力对点之矩

定义力 $\boldsymbol{F}$ 对任意一点 O 的矩(moment)为

$$M_O(\boldsymbol{F})=\pm Fh \tag{2.4}$$

式中:h 为 O 点(称为力矩中心或简称矩心)到力 $\boldsymbol{F}$ 的垂直距离,称为力臂(arm of force)。正负号表示矩的旋转方向,根据右手螺旋法则确定,并且规定逆时针旋转方向为正。力矩的单位和力偶矩单位相同,为 N·m 或 kN·m。在几何上,力矩的大小正好等于由 O 点和力 $\boldsymbol{F}$ 组成的三角形的面积的一半。

因此,关于力的平移也可以表述为:**作用在刚体上的力 $\boldsymbol{F}$,可以平移到任意一点 O,但必须同时附加一个力偶,它的力偶矩等于力 $\boldsymbol{F}$ 对 O 点之矩。**

在平面直角坐标系中,如果力 $\boldsymbol{F}$ 作用线上一点(通常选择力 $\boldsymbol{F}$ 的作用点)相对于 O 点的位置矢量为 $\boldsymbol{r}$,则力 $\boldsymbol{F}$ 对 O 点之矩矢就是 $\boldsymbol{r}$ 和 $\boldsymbol{F}$ 两个矢量的叉乘,即

$$\boldsymbol{M}_O(\boldsymbol{F})=\boldsymbol{r}\times\boldsymbol{F}=(xF_y-yF_x)\boldsymbol{k} \tag{2.5}$$

式中:x 和 y 分别为位置矢量 $\boldsymbol{r}$ 沿 x 轴和 y 轴的分量;F_x 和 F_y 分别为力 $\boldsymbol{F}$ 沿 x 轴和 y 轴的分量;$\boldsymbol{k}$ 为按右手螺旋法则确定的平面 Oxy 的法向单位向量。

一般来说,作用在刚体上的力会使刚体沿力的作用方向发生平动。然而,如果把刚体上一点用铰链固定,那么刚体将会绕铰接点发生转动。例如在开关门时,手作用在门上的力,使门绕门轴转动。

实际上,如果刚体在 O 点受到一个固定铰的约束,那么刚体在该点的平动位移就会受到限制。当在距离 O 点 h 处作用一个力 $\boldsymbol{F}$ 时,在 O 点必定受到一个与力 $\boldsymbol{F}$ 等值反向的约束力 $\boldsymbol{F}'$ 作用。力 $\boldsymbol{F}'$ 和 $\boldsymbol{F}$ 组成一个力偶。它的力偶矩 $M=Fh$,旋转方向与力 $\boldsymbol{F}$ 绕 O 点的旋转方向一致。正是这一力偶使刚体绕铰接点 O 发生转动。

根据力的平移定理,容易证明:**力偶对于任意一点的矩总是等于该力偶矩。**

2.2.3 合力矩定理

对于一个由 n 个力 $\boldsymbol{F}_1,\boldsymbol{F}_2,\cdots,\boldsymbol{F}_n$ 组成的平面汇交力系,假设汇交点 O 的位置矢量为 $\boldsymbol{r}$,则合力 $\boldsymbol{F}_{\mathrm{R}}$ 对 O 点之矩矢为

$$\boldsymbol{M}_O(\boldsymbol{F}_{\mathrm{R}})=\boldsymbol{r}\times\boldsymbol{F}_{\mathrm{R}}=(xF_{\mathrm{R}y}-yF_{\mathrm{R}x})\boldsymbol{k} \tag{2.6}$$

结合式(2.1),有

$$\boldsymbol{M}_O(\boldsymbol{F}_{\mathrm{R}})=\sum_{i=1}^{n}(xF_{iy}-yF_{ix})\boldsymbol{k} \tag{2.7}$$

显然,有

$$\boldsymbol{M}_O(\boldsymbol{F}_{\mathrm{R}})=\sum_{i=1}^{n}\boldsymbol{M}_O(\boldsymbol{F}_i) \tag{2.8}$$

这表明,**对于平面汇交力系,合力对某点的矩等于其各分力对该点的矩的代数和,这就是合力矩**(resultant moment)**定理**。从物理意义上说,这也是合理的。合力与原力系对刚体的作用效果必然是等效的,因此二者使刚体绕某点转动的效果也必然是等效的。

根据合力矩定理，为了求力对点之矩，可以先求其各分力对点之矩，再求它们的代数和。

例 2.2　求图 2.4 中力 $\boldsymbol{F}$ 对 O 点的矩。力 $\boldsymbol{F}$ 的大小为 200 N。

解　将力 $\boldsymbol{F}$ 沿两个正交的方向分解为两个分力 $\boldsymbol{F}_x$ 和 $\boldsymbol{F}_y$，它们的大小分别为

$$F_x = F\cos 30^\circ = 100\sqrt{3}\ \text{N},\quad F_y = F\sin 30^\circ = 100\ \text{N}$$

根据合力矩定理，力 $\boldsymbol{F}$ 对 O 点的矩为

$$M_O(\boldsymbol{F}) = -F_x \times 0.2 - F_y \times 0.4 = -74.64\ (\text{N} \cdot \text{m})$$

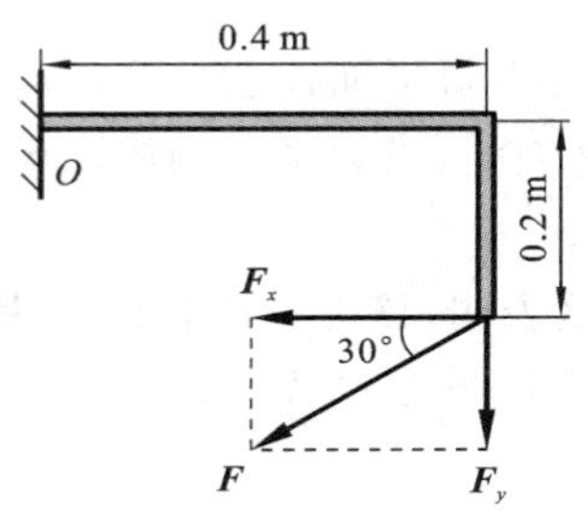

图 2.4　例 2.2 图

2.3　平面任意力系的简化

如图 2.5(a)所示，平面任意力系由 n 个力 $\boldsymbol{F}_1, \boldsymbol{F}_2, \cdots, \boldsymbol{F}_n$ 和 m 个力偶 $M_1, M_2, \cdots, M_m$ 组成。各力的作用线既不相互平行，又不汇交于一点。根据力的平移定理，选取一点 O 作为简化中心，将所有力平移至 O 点，同时附加相应的力偶。各力的附加力偶分别为其对简化中心 O 点的矩。

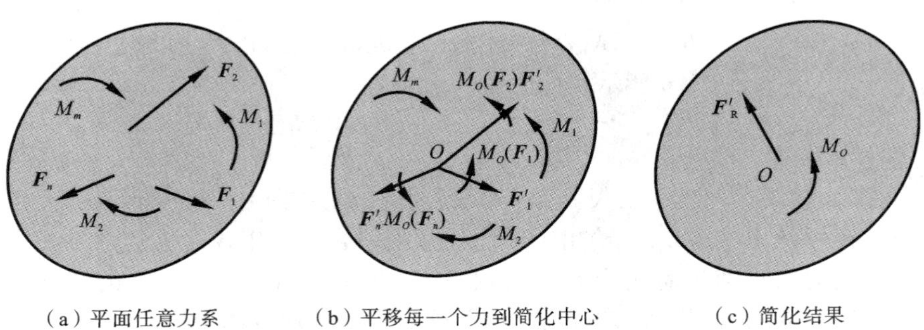

图 2.5　平面任意力系的简化

由此，得到一个以 O 点为汇交点的由 n 个力 $\boldsymbol{F}'_1, \boldsymbol{F}'_2, \cdots, \boldsymbol{F}'_n$ 组成的平面汇交力系和一个由力系中原力偶 $M_1, M_2, \cdots, M_m$ 与附加力偶 $M_O(\boldsymbol{F}_1), M_O(\boldsymbol{F}_2), \cdots, M_O(\boldsymbol{F}_n)$ 组成的平面力偶系，如图 2.5(b)所示。根据式(2.1)和式(2.2)，平面汇交力系可以

合成一个合力 $\boldsymbol{F}'_R$;根据式(1.6),平面力偶系可以合成一个合力偶,如图 2.5(c)所示。这里,

$$M_O = \sum_{i=1}^{n} M_O(\boldsymbol{F}_i) + \sum_{j=1}^{m} M_j \tag{2.9}$$

对于简化前的平面任意力系来说,简化后的平面汇交力系的合力 $\boldsymbol{F}'_R$ 和平面力偶系的合力偶 M_O 分别称为主矢(principal vector)和主矩(principal moment)。一般来说,**只有在主矢为零的情况下,主矩才可以称为合力偶;也只有在主矩为零的情况下,主矢才可以称为合力。**

根据主矢和主矩的取值,可以将平面任意力系的简化结果分为以下四种情况。

(1) $\boldsymbol{F}'_R=\boldsymbol{0}$ 且 $M_O=0$。这表明,该力系对刚体既不会有平动作用效果,也不会有转动作用效果,因此是平衡的。

(2) $\boldsymbol{F}'_R=\boldsymbol{0}$,但 $M_O\neq 0$。这表明,该力系简化的结果为合力偶。由于力偶是自由矢量,因此该简化结果与简化中心的选择无关。也就是说,选择任何简化中心,简化结果都不变。

(3) $\boldsymbol{F}'_R\neq\boldsymbol{0}$,但 $M_O=0$。这表明,简化结果为合力,表示为 $\boldsymbol{F}_R$,而且简化中心正好处于合力作用线上。简化结果与简化中心的选择有关。一旦简化中心偏离合力作用线,主矩不再为零。

(4) $\boldsymbol{F}'_R\neq\boldsymbol{0}$ 且 $M_O\neq 0$。简化结果与简化中心的选择有关。可以另外选择一点 O' 继续简化,由此得到新的简化结果,即主矢 $\boldsymbol{F}''_R$ 和主矩 $M_{O'}$。很明显,有 $\boldsymbol{F}''_R=\boldsymbol{F}'_R$,但是将主矢 $\boldsymbol{F}'_R$ 从 O 点平移到 O' 点的附加力偶矩为

$$M_{OO'}=M_{O'}-M_O=\pm F_R h \tag{2.10}$$

式中:h 为平移前后主矢作用线之间的距离。当主矢向 O 点的左侧平移时,符号为"+";而当主矢向 O 点的右侧平移时,符号为"-"。

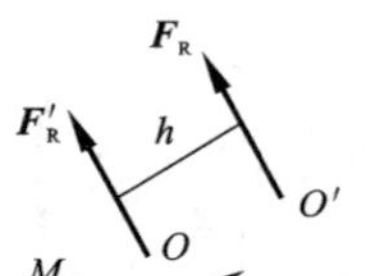

图 2.6 合力的确定

当 $M_{O'}=0$,主矢 $\boldsymbol{F}''_R$ 就成为合力,并将其改记为 $\boldsymbol{F}_R$,如图 2.6 所示。此时有

$$h=\left|\frac{M_O}{F'_R}\right| \tag{2.11}$$

主矢 $\boldsymbol{F}'_R$ 作用线平移的方向由 M_O 的符号决定。式(2.11)给出了平面任意力系合力作用线的位置。

因此,总是可以通过简化中心的再次选择,将 $\boldsymbol{F}'_R\neq\boldsymbol{0}$ 且 $M_O\neq 0$ 的情况简化成 $\boldsymbol{F}'_R\neq\boldsymbol{0}$ 但 $M_O=0$ 的情况,从而求得合力,并确定合力作用线的位置。

例 2.3 在图 2.7(a)所示的平面力系中,$F_1=1$ kN,$F_2=F_3=F_4=2$ kN,$M=2$ kN·m,试求力系的合力。

解 将各力向 O 点简化,得到主矢在 x 轴和 y 轴上的投影,分别为

$$F'_{Rx}=-F_1-F_2\sin 30^\circ+F_3\cos 45^\circ=-1-2\times\frac{1}{2}+2\times\frac{\sqrt{2}}{2}=-0.59\ (\text{kN})$$

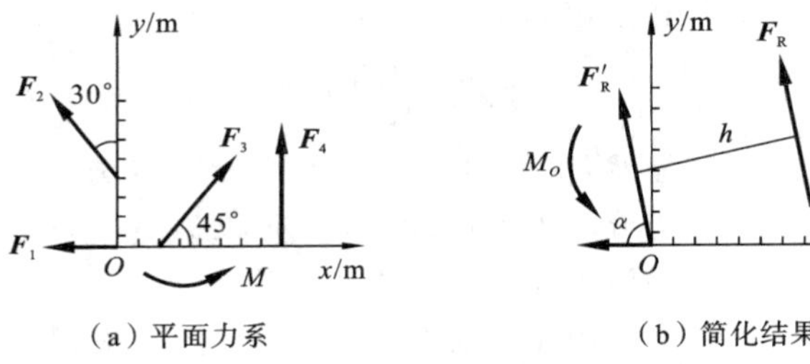

(a) 平面力系　　(b) 简化结果

图 2.7　例 2.3 图

$$F'_{Ry}=F_2\cos30°+F_3\sin45°+F_4=2\times\frac{\sqrt{3}}{2}+2\times\frac{\sqrt{2}}{2}+2=5.15\ (\text{kN})$$

因此，主矢的大小及其与 x 轴的夹角分别为

$$F'_R=\sqrt{(F'_{Rx})^2+(F'_{Ry})^2}=\sqrt{0.59^2+5.15^2}=5.18\ (\text{kN})$$

$$\alpha=\arctan\left(\frac{5.15}{0.59}\right)=83.5°$$

主矩为

$$\begin{aligned}M_O&=F_2\sin30°\times4+F_3\sin45°\times2+F_4\times8+M\\&=2\times\frac{1}{2}\times4+2\times\frac{\sqrt{2}}{2}\times2+2\times8+2\\&=24.83\ (\text{kN}\cdot\text{m})\end{aligned}$$

可见，当 $F'_R\neq0$ 和 $M_O\neq0$ 时，力系可以合成一个合力，合力的大小为

$$F_R=F'_R=5.18\ \text{kN}$$

合力的作用线到简化中心 O 点的距离为

$$h=\frac{M_O}{F_R}=4.79\ \text{m}$$

合力 $\boldsymbol{F}_R$ 及其作用线的位置如图 2.7(b)所示。

2.4　平面平行力系的简化

分布力通常为同一方向的平行力系，因此，研究平行力系的简化非常重要。

2.4.1　同向平面平行力系的合力

如图 2.8 所示，在长度为 l 的某梁段上作用着垂直于梁轴线的分布力。以分布力的起点 O 为原点，选择梁的轴线作为 x 轴，并设分布力的集度为 $q(x)$。在距离 O 点 x 处选取一微元段 $\mathrm{d}x$，则作用在该微元段上的力为 $q(x)\mathrm{d}x$。选取 O 点为简化中心，将在微元段作用的力平移至 O 点，同时附加一个大小等于该力对 O 点的矩的力偶。然后计算所有平移过来的力的代数和，以及所有附加力偶矩的代数和，得到主矢

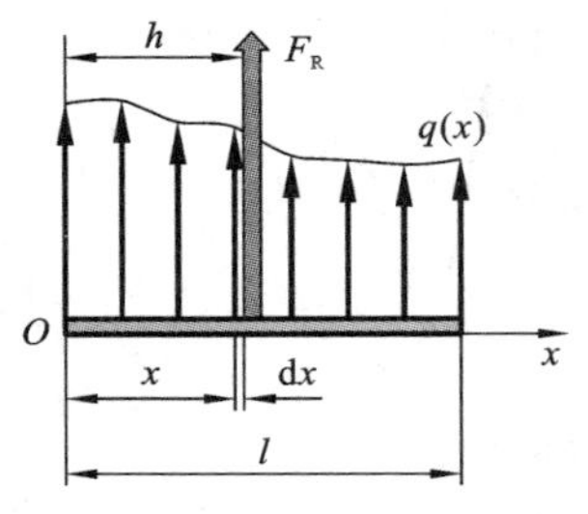

图 2.8　同向平面平行力系的合力

和主矩的大小，分别为

$$F_{\mathrm{R}}=\int_0^l q(x)\mathrm{d}x,\quad M_O=\int_0^l xq(x)\mathrm{d}x \tag{2.12}$$

显然，主矢的大小就等于分布力图形的面积，它的方向与分布力方向相同，同时根据右手螺旋法则，主矩的方向沿纸面法向向内。

由于主矢和主矩都不为零，根据式(2.9)得到合力作用线到 O 点的距离：

$$h=\frac{\int_0^l xq(x)\mathrm{d}x}{\int_0^l q(x)\mathrm{d}x} \tag{2.13}$$

可见，合力作用线通过分布力图形的形心。

因此，同向平面平行力系可以合成一个合力，合力的大小等于分布力图形的面积，合力的作用线通过图形的形心，并与分布力指向相同。

例 2.4　如图 2.9 所示的梁，一端为固定铰支座，一端为滚动支座，其上作用集度为 $q(x)=50x^2$ N/m 的非线性分布力。求该分布力的合力 $\boldsymbol{F}_{\mathrm{R}}$ 的大小和作用线位置。

解　以 O 点为简化中心，根据式(2.12)，该分布力的主矢和主矩的大小分别为

$$F_{\mathrm{R}}=\int_0^l q(x)\mathrm{d}x=\int_0^2 50x^2\mathrm{d}x=\frac{400}{3}\ \mathrm{N}$$

$$M_O=\int_0^l xq(x)\mathrm{d}x=\int_0^2 x\cdot 50x^2\mathrm{d}x=200\ \mathrm{N\cdot m}$$

再由式(2.13)，得到合力 $\boldsymbol{F}_{\mathrm{R}}$ 作用线到 O 点的距离：

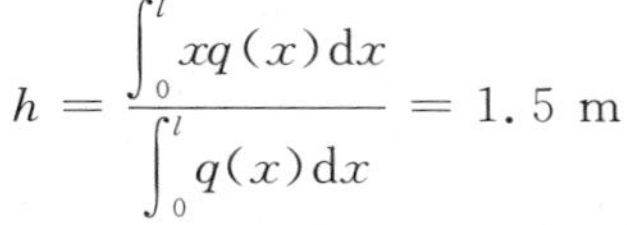

$$h=\frac{\int_0^l xq(x)\mathrm{d}x}{\int_0^l q(x)\mathrm{d}x}=1.5\ \mathrm{m}$$

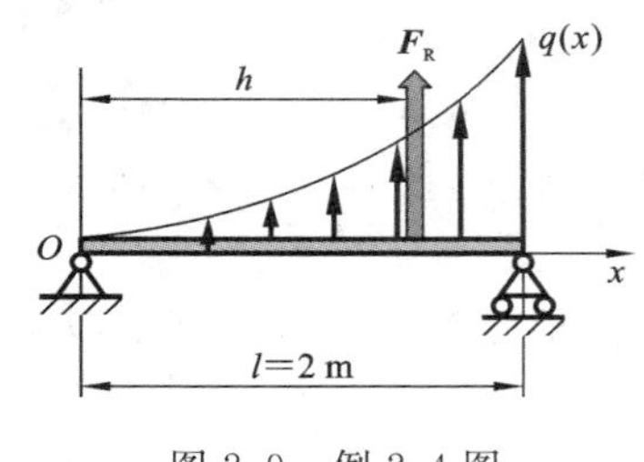

图 2.9　例 2.4 图

2.4.2　复杂平面平行力系的合力

对于常见的均匀分布力和线性分布力来说，如图 2.10 所示，可以很容易确定它们的合力及其作用线位置。均匀分布力图形为矩形，合力为 ql，作用线位于分布力图形的对称中心，即距离分布力图形两侧边界 $l/2$。线性分布力图形为三角形，合力为 $ql/2$，作用线距离三角形顶点一侧 $l/3$。

对于复杂的分布力图形，可以分块处理，将其拆分成几个矩形和三角形的组合。因此，计算可以分为两步：首先确定各部分的合力及其作用线位置，然后求总的合力及其作用线位置。如果分布力出现反向的情况，则在计算这部分图形的力和矩时取负号。

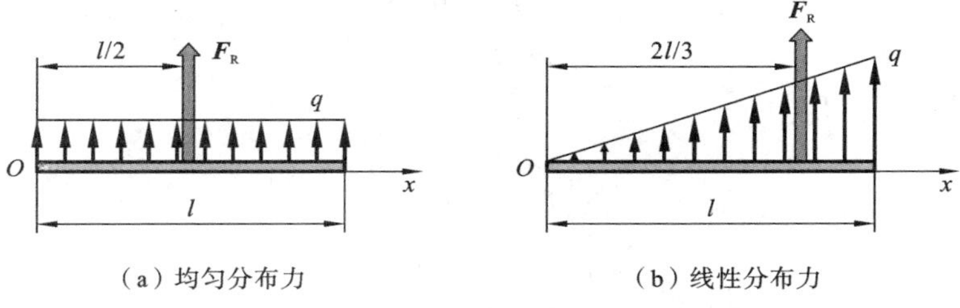

(a) 均匀分布力　　(b) 线性分布力

图 2.10　常见的同向平行力系

例 2.5　图 2.11 所示的梁一端为固定铰支座，一端为滚动支座，其上左右两段分别作用有线性分布力和均匀分布力。在梁的两端分布力的集度分别为 $q_1=0.8$ kN/m 和 $q_2=1.1$ kN/m。求梁上分布力的合力 $\boldsymbol{F}_{\rm R}$ 的大小和作用线位置。

解　将梁上的分布力图形分成①、②和③三块，①和③为矩形，②为三角形。

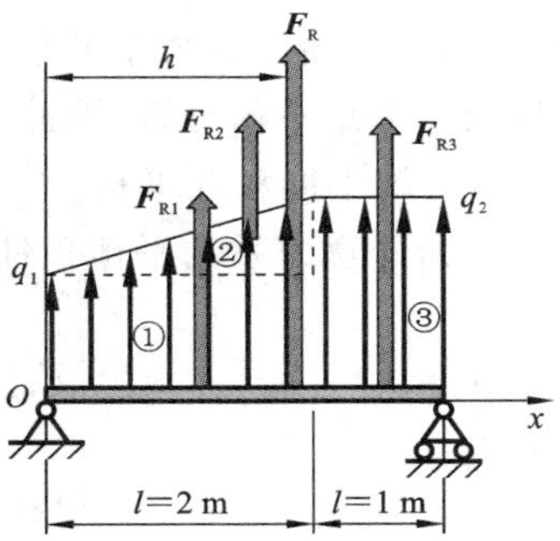

对于图形①，$F_{\rm R1}=0.8\times2=1.6$ (kN)，作用线到 O 点的距离为 1 m；对于图形②，$F_{\rm R2}=\dfrac{1}{2}(1.1-0.8)\times2=0.3$ (kN)，作用线到 O 点的距离为 $\dfrac{4}{3}$ m；对于图形③，$F_{\rm R3}=1.1\times1=1.1$ (kN)，作用线到 O 点的距离为 2.5 (m)。

图 2.11　例 2.5 图

因此，总的合力的大小为

$$F_{\rm R}=F_{\rm R1}+F_{\rm R2}+F_{\rm R3}=3.0\ \text{kN}$$

分布载荷对 O 点的合力矩为

$$M_O=1.6\times1+0.3\times4/3+1.1\times2.5=4.75\ (\text{kN}\cdot\text{m})$$

因此，合力 $\boldsymbol{F}_{\rm R}$ 的作用线到 O 点的距离为

$$h=\frac{4.75}{3}=1.58\ (\text{m})$$

2.5　平面力系的平衡

2.5.1　平衡条件

平面任意力系向面内任意一点简化后的结果是：得到一个主矢和一个主矩。为了使受力系作用的物体或物体系统保持平衡，也就是说使其平动和转动状态不发生变化，需要满足的充要条件就是主矢和主矩都等于零。由此可以写出平面任意力系的平衡条件：

$$\begin{cases} \boldsymbol{F}_{\mathrm{R}} = \mathbf{0} \\ M_O = 0 \end{cases} \tag{2.14}$$

表示成分量形式就是

$$\begin{cases} F_{\mathrm{R}x} = \sum_{i=1}^{n} F_{ix} = 0 \\ F_{\mathrm{R}y} = \sum_{i=1}^{n} F_{iy} = 0 \\ M_O = \sum_{i=1}^{n} M_O(\boldsymbol{F}_i) + \sum_{j=1}^{m} M_j = 0 \end{cases} \tag{2.15}$$

式中：F_{ix}、F_{iy}分别是力系中力 $\boldsymbol{F}_i$ 在 x 轴、y 轴上的投影；$M_{\mathrm{O}}(\boldsymbol{F}_i)$是力系中力 $\boldsymbol{F}_i$ 对任意一点 O(称为矩心)的矩；M_j 是力系中的原力偶矩；m、n 分别是力系中力、力偶的总数。因此，平面任意力系的平衡条件包含三个方程。式(2.15)给出的是两个力平衡方程和一个矩平衡方程，因此又称为力矩式平衡条件。为了保证平衡方程的充要性，x 轴和 y 轴不能相互平行。

平面任意力系的平衡条件还可以分别表达为

$$\begin{cases} F_{\mathrm{R}x} = \sum_{i=1}^{n} F_{ix} = 0 \\ M_A = \sum_{i=1}^{n} M_A(\boldsymbol{F}_i) + \sum_{j=1}^{m} M_j = 0 \\ M_B = \sum_{i=1}^{n} M_B(\boldsymbol{F}_i) + \sum_{j=1}^{m} M_j = 0 \end{cases} \tag{2.16}$$

和

$$\begin{cases} M_A = \sum_{i=1}^{n} M_A(\boldsymbol{F}_i) + \sum_{j=1}^{m} M_j = 0 \\ M_B = \sum_{i=1}^{n} M_B(\boldsymbol{F}_i) + \sum_{j=1}^{m} M_j = 0 \\ M_C = \sum_{i=1}^{n} M_C(\boldsymbol{F}_i) + \sum_{j=1}^{m} M_j = 0 \end{cases} \tag{2.17}$$

两式中，$M_A(\boldsymbol{F}_i)$、$M_B(\boldsymbol{F}_i)$和 $M_C(\boldsymbol{F}_i)$分别是力系中力 $\boldsymbol{F}_i$ 对矩心 A、B 和 C 的矩。为了保证平衡方程的充要性，在式(2.16)中，A、B 两点所在的连线不能与 x 轴垂直；而在式(2.17)中，A、B 和 C 三点不能共线。式(2.16)和式(2.17)，又分别称为二力矩式和三力矩式平衡条件。

平面汇交力系以汇交点为矩心的矩平衡方程是自然满足的，因此其独立的平衡

方程只有两个，可以表达为

$$\begin{cases} F_{Rx} = \sum_{i=1}^{n} F_{ix} = 0 \\ F_{Ry} = \sum_{i=1}^{n} F_{iy} = 0 \end{cases} \tag{2.18}$$

平面平行力系在垂直于力的方向上的分力的平衡方程是自然满足的，因此其独立的平衡方程也只有两个，可以表达为

$$\begin{cases} F_{Rx} = \sum_{i=1}^{n} F_{ix} = 0 \\ M_O = \sum_{i=1}^{n} M_O(\boldsymbol{F}_i) + \sum_{j=1}^{m} M_j = 0 \end{cases} \tag{2.19}$$

这里，x 轴不能与力垂直。

2.5.2　平衡分析

求解平面力系平衡问题的一般方法和步骤如下。

（1）弄清题意，标出已知量。

（2）选择合适的研究对象，分析它的受力，画出受力图，列出平衡方程。**一般首先选择结构整体作为研究对象，从结构整体受力分析入手，求解约束力，然后根据需要选择部分或单个构件开展局部分析。**在整体分析难以求解的情况下，也可以尝试首先选择部分或单个构件开展分析，然后回到整体分析。

（3）选取适当的坐标轴和矩心，列平衡方程。一般来说，**将矩心选取在有尽可能多的未知力的共同交会点，可以减少矩平衡方程中出现的未知量的个数，从而大大简化计算。**

例 2.6　在图 2.12(a)所示结构中，梁 AB 两端分别为固定铰支座和滚动支座，其上作用集度为 q 的均匀分布力，不考虑梁 AB 的重量，求 A 端和 B 端的约束力。

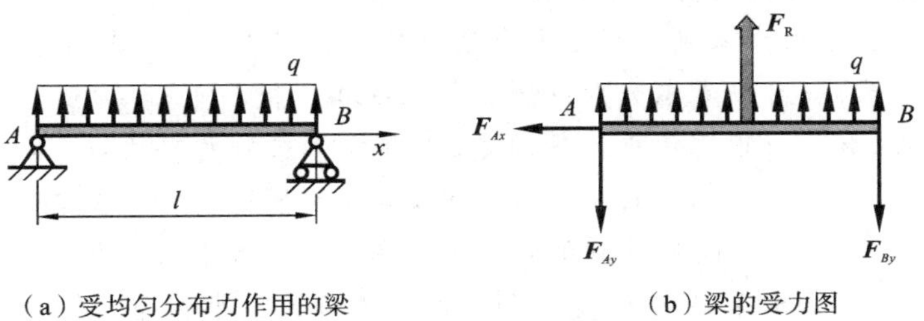

(a) 受均匀分布力作用的梁　　(b) 梁的受力图

图 2.12　例 2.6 图

解　选取梁 AB 作为研究对象。梁 AB 受到集度为 q 的均匀分布力作用，均匀

分布力的合力 $F_R=ql$，合力的作用线距 A 端 $\frac{l}{2}$，A 端为固定铰支座，约束力为一对正交分力 $\boldsymbol{F}_{Ax}$、$\boldsymbol{F}_{Ay}$，B 端为滚动支座，约束力为垂直于支撑面的力 $\boldsymbol{F}_{By}$。其受力图如图 2.12(b)所示。

列平衡方程：

$$\begin{cases}\sum F_x=0,\ F_{Ax}=0\\ \sum F_y=0,\ ql-F_{Ay}-F_{By}=0\\ \sum M_A(\boldsymbol{F})=0,\ F_R\cdot\frac{l}{2}-F_{By}\cdot l=0\end{cases}$$

将 $F_R=ql$ 代入，解得

$$F_{Ax}=0,\quad F_{Ay}=\frac{ql}{2},\quad F_{By}=\frac{ql}{2}$$

例 2.7 在图 2.13(a)所示的结构中，半径为 r 的四分之一圆弧杆 AB 与折杆 BDC 在 B 处用铰链连接。该结构在 A、C 两处受固定铰支座约束。折杆受到主动力偶 M 作用，其作用面与结构平面重合，$l=2r$。不考虑圆弧杆 AB 和折杆 BDC 的重量，求 A、C 两处的约束力。

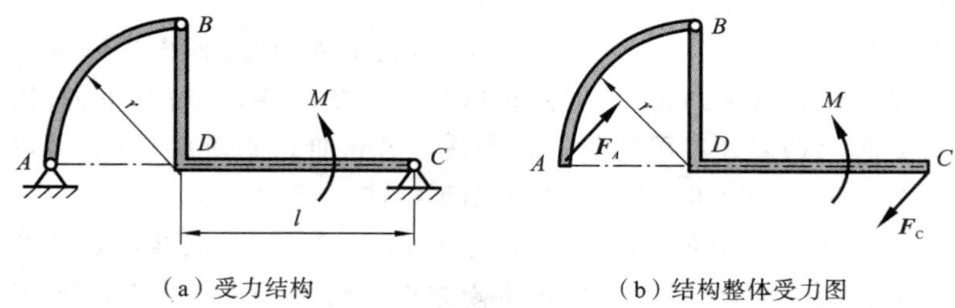

(a) 受力结构 (b) 结构整体受力图

图 2.13 例 2.7 图

解 (1) 问题分析。

先考察结构整体的受力。结构在 A 和 C 两处均受固定铰支座约束，因此各有 2 个正交约束力。平面力系可以列出 3 个独立的平衡方程，难以求解包含 4 个未知约束力的问题。为此，可以考虑分别以圆弧杆 AB 和折杆 BDC 作为研究对象。B 处为光滑铰链约束，有一对正交约束力。因此，共有 6 个未知约束力，可以列出 6 个独立的平衡方程来求解。另外，通过进一步分析，会发现圆弧杆 AB 只在 A 和 B 两处受力，为二力杆，其在 A 和 B 处受到的约束力的作用线必定位于 AB 连线之上。因此，从结构整体来看，结构在 A 和 C 处受到的约束力应该大小相等、方向相反，正好形成一对与主动力偶平衡的约束力偶。结构整体受力图如图 2.13(b)所示。

(2) 以结构整体为研究对象，列平衡方程：

$$F_A=F_C$$

$$M-F_A(l+r)\cos45^\circ=0$$

求得

$$F_A=F_C=\frac{\sqrt{2}M}{3r}$$

例 2.8　塔式起重机如图 2.14 所示。设该起重机机架自重为 W，其作用线到右导轨 B 的距离为 e。载重 W_1 的作用线到右导轨 B 的最远距离为 l。配重 W_2 的作用线到左导轨 A 的距离为 a。两导轨间的距离为 b。为了保证起重机在空载与满载（载重 W_1 位于最远处）情况下均不翻倒，配重 W_2 必须满足怎样的条件？

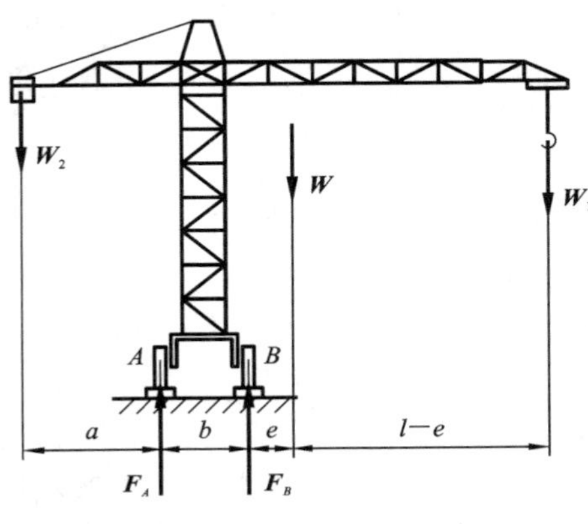

图 2.14　例 2.8 图

解　(1) 空载不翻倒的配重条件。

选择整个起重机作为研究对象。当 $W_1=0$ 时，如果起重机翻倒，则起重机一定是绕着左导轨 A 翻倒，此时应有 $F_B=0$。因此，起重机空载不翻倒的条件是 $F_B>0$。

列平衡方程：

$$\sum M_A=0,\quad F_Bb+W_2a-W(b+e)=0$$

求得

$$F_B=\frac{W(b+e)-W_2a}{b}$$

根据 $F_B>0$ 的条件，可以得到

$$W_2<\frac{W(b+e)}{a}$$

(2) 满载（载重 W_1 位于最远处）时翻倒。

仍然选择整个起重机作为研究对象。起重机在此情况下翻倒，必定是绕着右导轨 B 翻倒，此时应有 $F_A=0$。因此，起重机满载（载重 W_1 位于最远处）时不翻倒的条件是 $F_A>0$。

列平衡方程：

$$\sum M_B = 0, \quad F_A b - W_2(a+b) + We + W_1 l = 0$$

求得

$$F_A = \frac{W_2(a+b) - We - W_1 l}{b}$$

根据 $F_A > 0$ 的条件，可以得到

$$W_2 > \frac{We + W_1 l}{a+b}$$

综合以上两种情况，为了保证起重机在空载和满载(载重 W_1 位于最远处)时均不翻倒，则配重 W_2 应该满足

$$\frac{We + W_1 l}{a+b} < W_2 < \frac{W(b+e)}{a}$$

例 2.9　如图 2.15(a)所示，连续梁 ABC 在 A 端受固定端约束，在 C 端受滚动支座约束，B 处为中间铰。梁上有一起重小车，通过轮子 D 和 E 与梁接触。起重小车重 $G=40$ kN，其重心位于垂线 KB 上，力臂 $KL=4$ m，所吊重物重 $P=10$ kN，试求两端支座 A、B 的反力。

解　(1) 问题分析。

梁在 A 端受固定端约束，因此 A 处有一对正交约束力和一个约束力偶。梁在 B 端受滚动支座约束，因此 B 处只有一个垂直于支撑面的约束力。如果以连续梁及其上的起重小车整体为研究对象，总共有 4 个未知约束力，而独立的平衡方程只有 3 个，难以求解。因此，需要从其他角度入手。

如果选择构件 BC 作为研究对象，那么它在 B 处受中间铰约束，有一对正交约束力。E 处受光滑面约束，有一个垂直于光滑面的约束力。B 处受滚动支座约束。因此，问题也有四个未知的约束力。如果选择起重小车作为研究对象，那么它受起重小车自重 G 和所吊重物 P 两个主动力作用，在 D 和 E 处受光滑面约束，有两个垂直于光滑面的约束力作用。由于起重小车受力为平行力系，因此可以列两个平衡方程，正好求解 2 个未知量。

综上，应该首先以起重小车为研究对象，求解 D 和 E 处的约束力。再以构件 BC 作为研究对象，求解 C 处的约束力。最后以整体为研究对象，求解 A 处的约束力。

(2) 以起重小车为研究对象，其受力如图 2.15(b)所示。以 D 处为矩心，列平衡方程：

$$\sum M_D = 0, \quad -G \times 1 + F_E \times 2 - P \times 5 = 0$$

求得

$$F_E = 45 \text{ kN}$$

(3) 以构件 BC 为研究对象，其受力如图 2.15(c)所示。以 B 处为矩心，列平衡

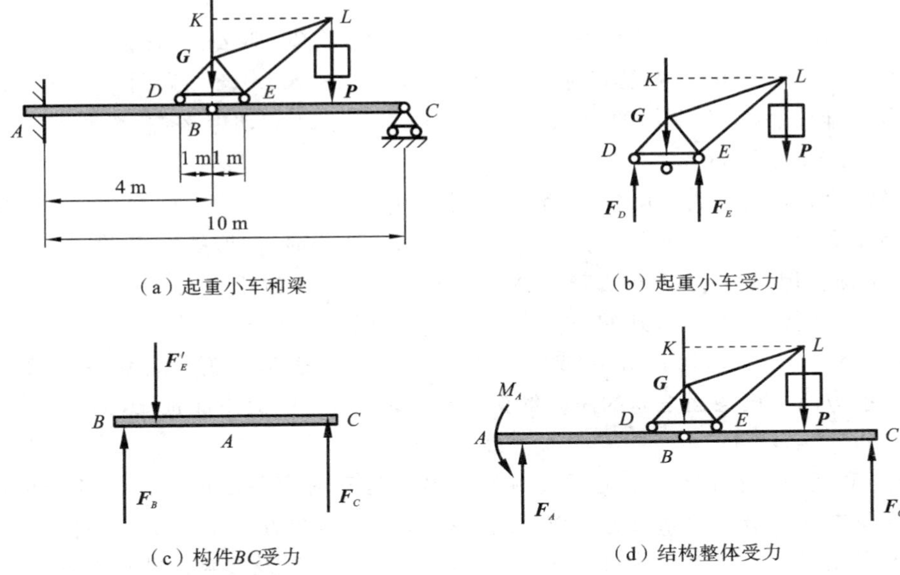

图 2.15　例 2.9 图

方程：

$$\sum M_B = 0,\quad F_C \times 6 - F'_E \times 1 = 0$$

其中 $F'_E = F_E$。由此求得

$$F_C = 7.5\ \text{kN}$$

(4) 以整体为研究对象，其受力如图 2.15(d)所示。列平衡方程：

$$\sum F_y = 0,\quad F_C + F_A - G - P = 0$$

求得

$$F_A = 42.5\ \text{kN}$$

$$\sum M_A = 0,\quad M_A + F_C \times 10 - G \times 4 - P \times 8 = 0$$

求得

$$M_A = 165\ \text{kN} \cdot \text{m}$$

2.6　含摩擦力的平衡问题

2.6.1　摩擦力的基本概念

在物体的受力分析中，我们经常把物体之间的接触面看作是光滑的。然而事实上，绝对光滑的表面并不存在。因此，当两个物体相互接触，而且一个物体相对于另一个物体有相对滑动或相对滑动的趋势时,它们的接触面上就会产生切向阻力,这就是滑动摩擦力。如果两个物体之间仅有相对滑动的趋势,那么它们的接触面上的摩擦力就是静滑动摩擦力,简称**静摩擦力**(static friction force)。如果两个物体之间已经产生相对滑动,那么它们的接触面上的摩擦力就是动滑动摩擦力,简称动摩擦力(kinetic friction force)。

静摩擦力是被动力,其大小一般由主动力决定。在图 2.16 中,放在水平粗糙面上的物体受到自重 $\boldsymbol{P}$ 和水平拉力 $\boldsymbol{F}_T$ 作用。当 $\boldsymbol{F}_T$ 较小时,静摩擦力 $\boldsymbol{F}$ 始终与水平拉力 $\boldsymbol{F}_T$ 平衡。但是,当水平拉力增大到一定程度时,物体将不再静止而是开始滑动。这表明,静摩擦力已经达到它的极限值。我们把这个极限值称为最大静摩擦力(maximum static friction force)或临界摩擦力,用 F_{max} 表示。实验表明,**最大静摩擦力的大小与两个接触面之间的法向约束力或支承力 F_N 的大小成正比**,即

$$F_{max}=f_s F_N \tag{2.20}$$

式中:f_s 称为静摩擦因数,它是无量纲的。**这就是库仑摩擦定律**。**式(2.20)也称为库仑摩擦方程**。最大静摩擦力的作用线与接触面的切线方向平行,其指向与滑动的趋势方向相反。静摩擦因数与相互接触的物体的材料,以及接触面的粗糙度、温度和湿度等都有关系,但是通常与接触面的大小无关。一些常用材料的静摩擦因数见表 2.1。

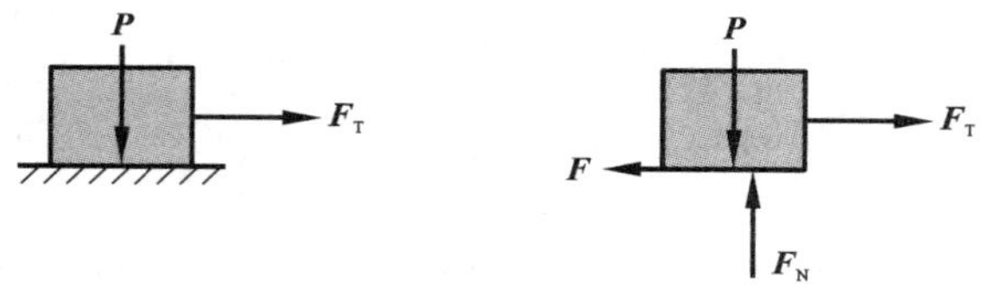

(a) 放置在粗糙水平面上的物体　　(b) 受力图

图 2.16　静摩擦力

表 2.1　一些常用材料的静摩擦因数

相互接触的材料	静摩擦因数
钢—钢	0.15
钢—铸铁	0.3
钢—青铜	0.15
皮革—铸铁	0.3～0.5
木材—木材	0.6
砖—混凝土	0.76

如果主动力沿接触面切线方向的分量超过最大静摩擦力，那么相互接触的物体间就会产生相对滑动。此时，接触面间的动摩擦力一般小于最大静摩擦力，并且可以看作一个常量。

2.6.2 摩擦角和自锁

在两个相互接触的物体之间，一个物体对另一个物体施加的沿接触面法线方向的约束力 $\boldsymbol{F}_N$ 和沿接触面切线方向的摩擦力 $\boldsymbol{F}$ 的合力 $\boldsymbol{F}_R$，称为全约束力。它与接触面法线方向间的夹角用 φ 表示，如图 2.17(a)所示。

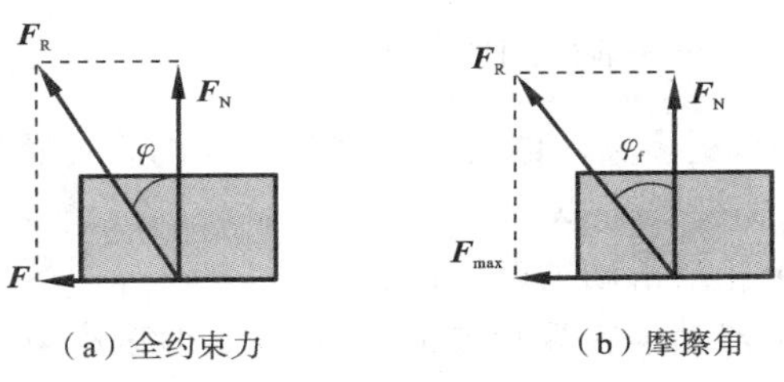

图 2.17 全约束力和摩擦角

当物体处于即将滑动的临界状态时，静摩擦力 F 最大，与此同时夹角也是最大的，称为**摩擦角**(angle of friction)，用 φ_f 表示，其正切值为

$$\tan\varphi_f=\frac{F_{max}}{F_N}=f_s \tag{2.21}$$

因此，摩擦角的正切值等于摩擦因数，如图 2.17(b)所示。

假设作用在物体上的主动力的合力为 $\boldsymbol{F}_A$，它的作用线与接触面法线间的夹角为 α。当 $\alpha\leqslant\varphi_f$ 时，无论主动力的合力 $\boldsymbol{F}_A$ 多大，都会有等值反向且共线的全约束力 $\boldsymbol{F}_R$ 与之平衡，从而使物体保持不动，如图 2.18(a)所示。我们把**主动力合力作用线位于摩擦角内而使物体保持静止的现象，称为自锁**(self-locking)。相应地，**把主动力合力作用线位于摩擦角内的条件，即 $\alpha\leqslant\varphi_f$，称为自锁条件**。如果物体沿接触面的各个方向的摩擦因数相等，就会以接触面的法线 n—n 为轴，以摩擦角 φ_f 为半顶角，形成一个圆锥，称为摩擦锥，如图 2.18(b)所示。当主动力合力的作用线位于摩擦锥内时，无论它的大小如何，物体都会保持静止。

摩擦自锁现象在工程中非常常见。一方面，摩擦自锁现象可以用来解决许多工程问题，如在墙体或木器上钉钉子或打入木楔、螺栓连接、钢板轧制或破碎矿石(如图 2.19 所示)等；另一方面，一些运动机械则需要尽量避免发生自锁。

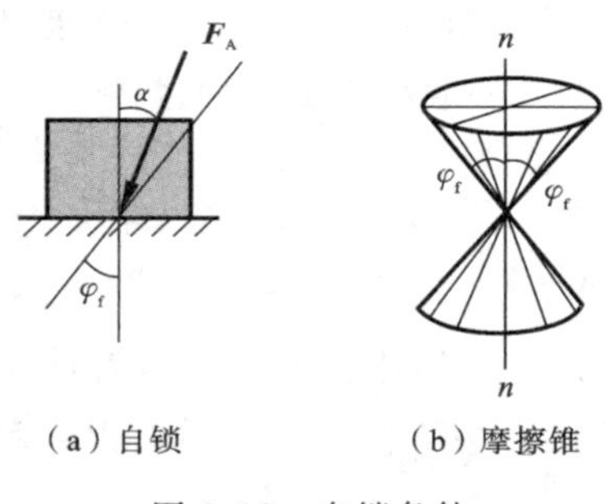

(a) 自锁　　(b) 摩擦锥

图 2.18　自锁条件

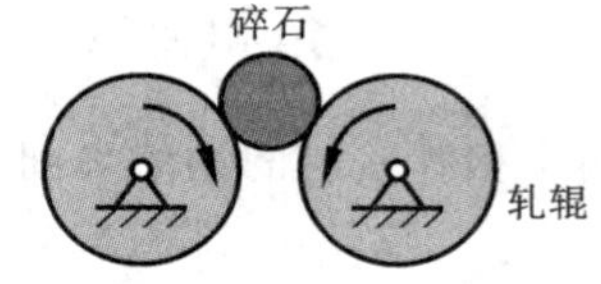

图 2.19　辊式破碎机原理图

2.6.3　含摩擦力的平衡分析

在摩擦问题分析中,更多关注的是将要发生滑动的临界状态,因此在进行含摩擦力问题的平衡分析时,需要注意以下几点:

(1) 确定可能发生相对滑动的摩擦面;

(2) **分析可能发生滑动的临界状态,由此判断或假设摩擦力指向;**

(3) 画出包含摩擦力的受力图;

(4) 在列平衡方程求解时,必须补充库仑摩擦方程,即式(2.20)。

例 2.10　如图 2.20(a)所示,一个重 $G=20$ kN 的物块置于粗糙斜面上,物块与斜面间的摩擦因数 $f_s=0.65$,试求:(1) 当斜面倾斜角度 α 为多大时,物块开始下滑?(2) 当斜面倾斜角度 $\alpha=30°$时,须在物块上沿斜面向下施加多大的力 F_1 才能使物体下滑?(3) 当斜面倾斜角度 $\alpha=30°$时,须在物块上沿斜面向上施加多大的力 F_2 才能使物体上滑?

(a) 斜面上的物块

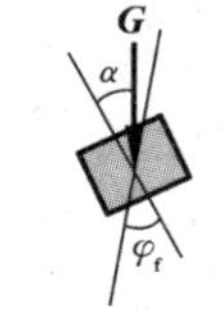

(b) 自锁

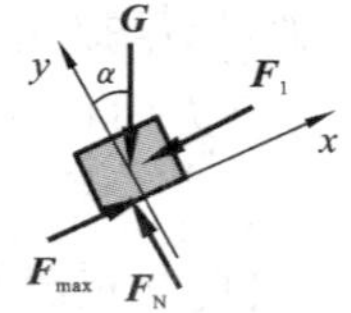

(c) 向下滑动临界状态受力图

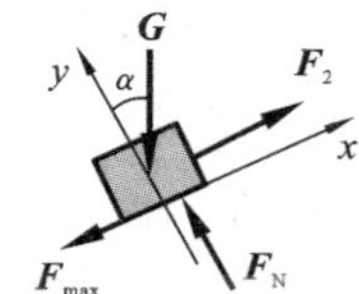

(d) 向上滑动临界状态受力图

图 2.20　例 2.10 图

解　(1) 物块和斜面间的摩擦因数 $f_s=0.65$，对应的摩擦角 $\varphi_f=\arctan f_s=\arctan 0.65=33^\circ$，如图 2.20(b)所示。根据自锁条件，当物块的重力 G 与接触面法向间的夹角 $\alpha\leqslant\varphi_f$ 时，物块不会下滑，而当斜面倾斜角度 $\alpha>33^\circ$ 时，物块将会下滑。

(2) 当斜面倾斜角度 $\alpha=30^\circ$ 时，为了使物体向下滑动，在物块上沿斜面向下作用力 F_1。此时，摩擦力的方向沿斜面向上。在物块滑动的临界状态下，物块的受力如图 2.20(c)所示。列平衡方程：

$$\begin{cases}\sum F_x=0,\ F_{max}-F_1-G\sin\alpha=0\\ \sum F_y=0,\ F_N-G\cos\alpha=0\end{cases}$$

补充库仑摩擦方程：

$$F_{max}=f_sF_N$$

联立方程并求解，可以得到

$$F_1=1.26\ \text{kN}$$

所以，当沿斜面向下施加力 $F_1>1.26$ kN 时，物块就会沿着斜面下滑。

(3) 当斜面倾斜角度 $\alpha=30^\circ$ 时，为了使物体向上滑动，在物块上沿斜面向上作用力 F_2。此时，摩擦力的方向沿斜面向下。在物块滑动的临界状态下，物块的受力如图 2.20(d)所示。列平衡方程：

$$\begin{cases}\sum F_x=0,\ F_{max}-F_2+G\sin\alpha=0\\ \sum F_y=0,\ F_N-G\cos\alpha=0\end{cases}$$

补充库仑摩擦方程：

$$F_{max}=f_sF_N$$

联立方程并求解，可以得到

$$F_2=21.26\ \text{kN}$$

所以，当沿斜面向上施加力 $F_2>21.26$ kN 时，物块就会沿着斜面上滑。

例 2.11　某刹车装置如图 2.21(a)所示。在半径为 r 的制动轮 O 上作用着力偶矩 M，摩擦面到刹车手柄中心线的距离为 e，摩擦块 C 与轮子接触面间的摩擦因数为 f_s。试求制动所需的最小作用力 F_{1min}。

解　作用在刹车手柄上的作用力最小时，摩擦块和制动轮之间的摩擦力应该刚好达到最大值 F_{max}。

(1) 取制动轮为研究对象。制动时，摩擦力 $\boldsymbol{F}$ 沿接触面公切线向右，如图 2.21(b)所示。有平衡方程：

$$\sum M_O=0,\quad M-F_{max}r=0$$

(2) 取刹车手柄和摩擦块为研究对象，其受力图如 2.21(c)所示。其中，$\boldsymbol{F}'_{max}$ 和 $\boldsymbol{F}_{max}$、$\boldsymbol{F}'_N$ 和 $\boldsymbol{F}_N$ 为两对作用力与反作用力。有平衡方程：

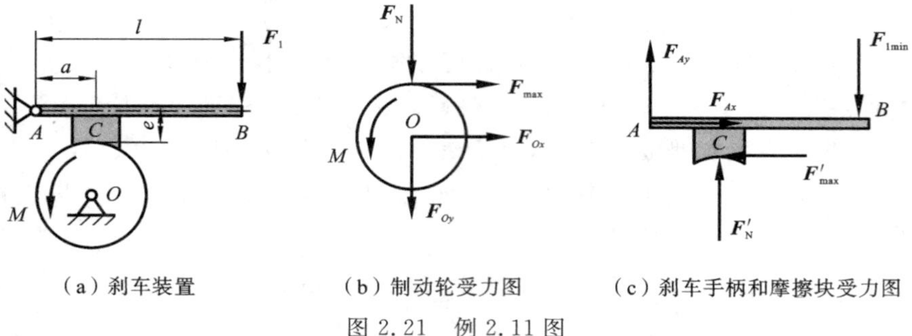

(a) 刹车装置　　(b) 制动轮受力图　　(c) 刹车手柄和摩擦块受力图

图 2.21　例 2.11 图

$$\sum M_A = 0,\quad F'_N a - F_{max} e - F_{1min} l = 0$$

补充库仑摩擦方程：

$$F_{max} = f_s F_N$$

联立上面的三个方程并求解，可以得到

$$F_{1min} = \frac{Ma}{rlf_s} - \frac{Me}{rl}$$

例 2.12　在图 2.22 所示的悬臂机构中，悬臂可沿立柱滑动，静摩擦因数为 f_s。为保证悬臂不会被卡住，确定力 $\boldsymbol{F}$ 的作用线位置。

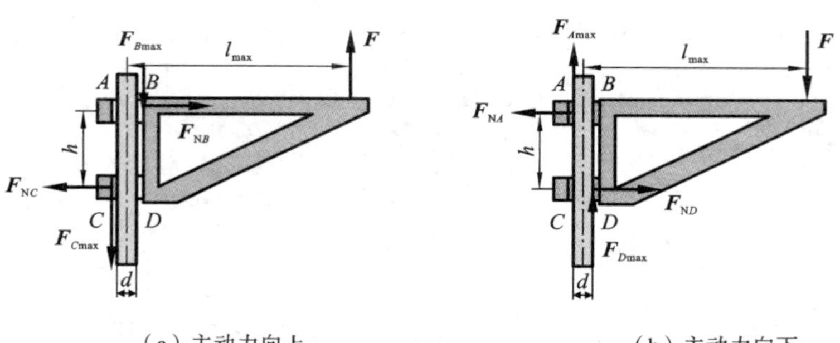

(a) 主动力向上　　(b) 主动力向下

图 2.22　例 2.12 图

解　悬臂不会被卡住，有下面两种临界情况。

(1) 力 $\boldsymbol{F}$ 向上作用，悬臂有向上滑动的趋势。当 $l=l_{max}$ 时，悬臂在 B 和 C 处卡住。此时，悬臂在 B 和 C 处的摩擦力达到最大，悬臂受力如图 2.22(a) 所示。列平衡方程：

$$\begin{cases} \sum F_x = 0,\ F_{NB} - F_{NC} = 0 \\ \sum F_y = 0,\ F - F_{Bmax} - F_{Cmax} = 0 \\ \sum M_B = 0,\ F \times \left(l_{max} - \dfrac{d}{2}\right) + F_{Cmax} \times d - F_{NC} \times h = 0 \end{cases}$$

再补充两个库仑摩擦方程：

$$F_{B\max}=f_s F_B$$
$$F_{C\max}=f_s F_C$$

联立求解得

$$l_{\max}=\frac{h}{2f_s}$$

(2) 力 $\boldsymbol{F}$ 向下作用，悬臂有向下滑动的趋势。当 $l=l_{\max}$ 时，悬臂在 A 和 D 处卡住。此时，悬臂在 A 和 D 处的摩擦力最大。悬臂受力如图 2.22(b)所示。列平衡方程：

$$\begin{cases}\sum F_x=0,\ F_{NA}-F_{ND}=0\\ \sum F_y=0,\ F-F_{A\max}-F_{D\max}=0\\ \sum M_A=0,\ -F\times\left(l_{\max}+\dfrac{d}{2}\right)+F_{D\max}\times d+F_{ND}\times h=0\end{cases}$$

再补充两个库仑摩擦方程：

$$F_{A\max}=f_s F_A$$
$$F_{D\max}=f_s F_D$$

联立求解得

$$l_{\max}=\frac{h}{2f_s}$$

因此，要想悬臂向上和向下滑动都不会被卡住，主动力 $\boldsymbol{F}$ 作用线位置到立柱轴线的距离必须满足 $l<\dfrac{h}{2f_s}$，而与 $\boldsymbol{F}$ 的大小无关。

2.7　静定和静不定问题

当物体系统在力系的作用下处于平衡状态时，系统中的每一个物体必定都处于平衡状态。对于平面任意力系问题，一个物体处于平衡状态，可以列出三个平衡方程。当物体系统由 n 个物体组成时，一共可以写出 $3n$ 个平衡方程。如果约束力未知量的个数 $m=3n$，那么问题就可以通过对静力平衡方程进行求解来解决。我们称这类问题为**静定问题**(statically determinate problem)。如果约束力未知量的个数 $m>3n$，那么问题就不可能仅通过对平衡方程进行求解来解决。我们称这类问题为**静不定问题或超静定问题**(statically indeterminate problem)。

约束力未知量的个数 m 与独立平衡方程个数 $3n$ 之差 $m-3n$，称为**静不定的次数**(degree of statically indeterminate problem)。在图 2.23(a)中，只有 1 个物体，独立平衡方程只有 3 个，但是未知的约束力有 4 个，因此这是一次静不定问题。在图 2.23(b)中，也只有 1 个物体，独立平衡方程也是 3 个，但是物体两端都是固定端约束,未知约束力共有 6 个,因此这是三次静不定问题。

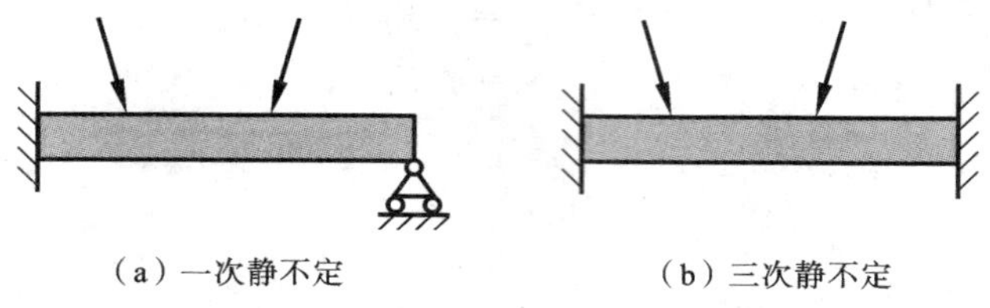

(a) 一次静不定　　(b) 三次静不定

图 2.23　静不定问题

求解静不定问题时需要考虑物体的形变,我们将在后面的章节中讨论。

习　题

2.1　平面汇交力系($\boldsymbol{F}_1,\boldsymbol{F}_2,\boldsymbol{F}_3$)如图 2.24 所示,试求力系合成的结果。

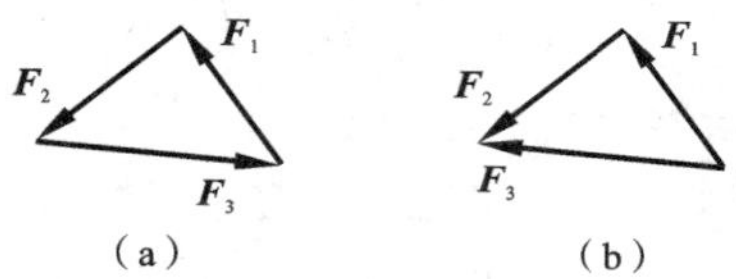

(a)　　(b)

图 2.24　题 2.1 图

2.2　试求图 2.25 中作用在托架上的两个力的合力 $\boldsymbol{F}_R$。

2.3　试求图 2.26 中作用在吊环上的两个力的合力 $\boldsymbol{F}_R$。

图 2.25　题 2.2 图　　图 2.26　题 2.3 图

2.4　求图 2.27 中两个汇交力系的合力 $\boldsymbol{F}_R$。

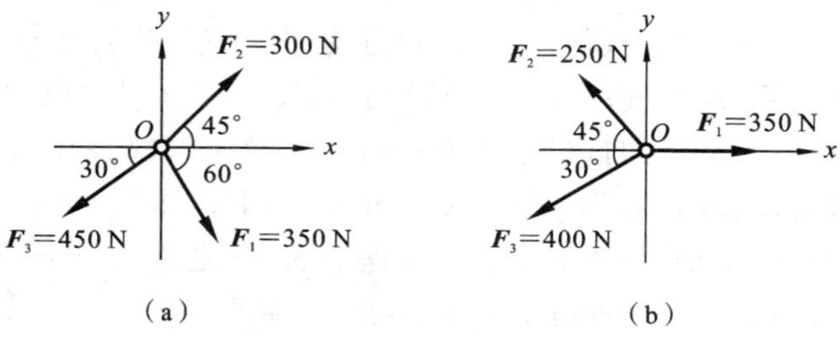

(a)　　(b)

图 2.27　题 2.4 图

2.5　在图2.28中,$F=600\ \mathrm{N}$。求力$\boldsymbol{F}$对O点的矩。

2.6　试求图2.29中力系的合力$\boldsymbol{F}_{\mathrm{R}}$以及合力作用线的位置。

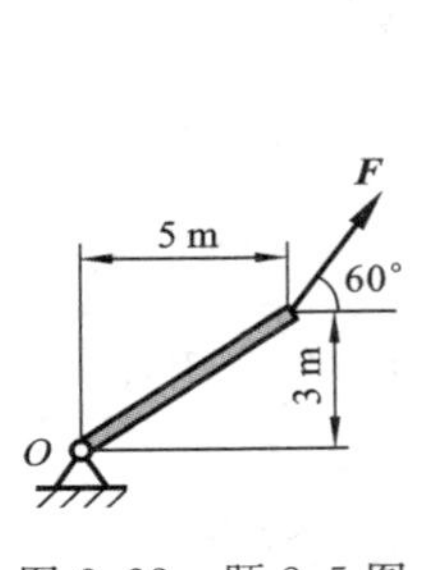

图2.28　题2.5图

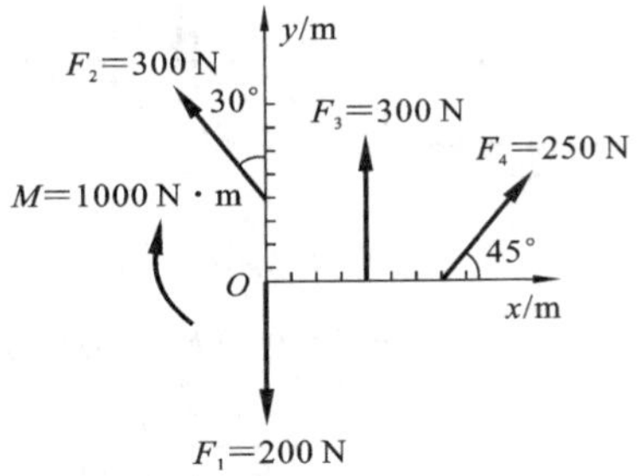

图2.29　题2.6图

2.7　梁AB上分别作用着图2.30所示的分布力,试求合力$\boldsymbol{F}_{\mathrm{R}}$以及合力作用线的位置。

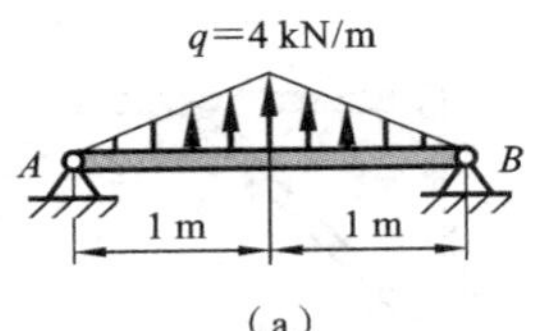

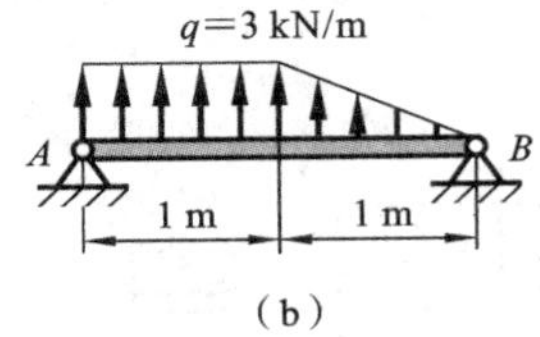

图2.30　题2.7图

2.8　图2.31所示的刚架$ABCD$,在C处受水平力$\boldsymbol{F}$作用,试求支座A和D的约束力。

2.9　在图2.32所示的四连杆机构中,$Q=1000\ \mathrm{N}$,各杆自重不计,求:(1) 为保持机构在图中所示位置平衡,所需的垂向力$\boldsymbol{P}$的大小;(2) 为保持机构平衡,在C处所需作用的最小的力的大小和方向。

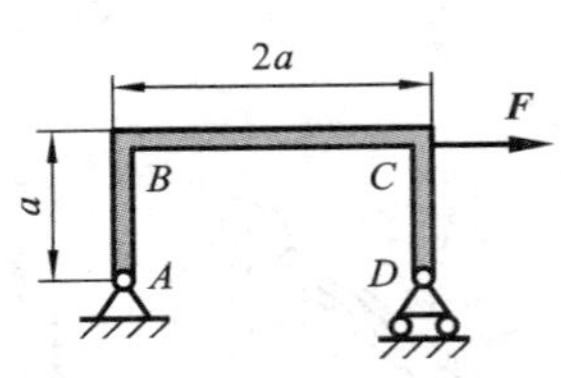

图2.31　题2.8图

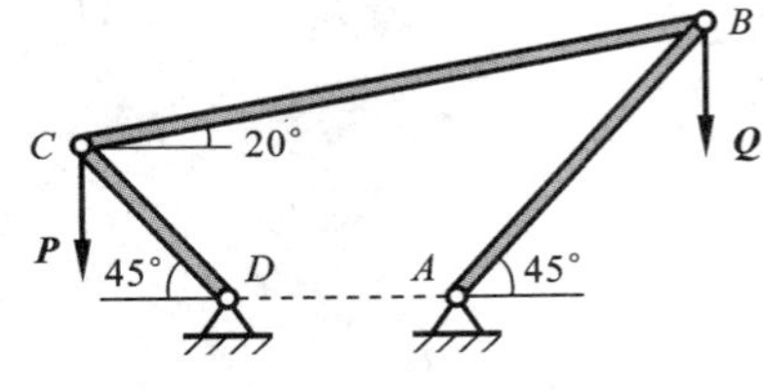

图2.32　题2.9图

2.10　如图2.33所示,矩形平板CD受力偶矩$M=600\ \mathrm{N\cdot m}$的力偶作用,求直角弯杆ABC对矩形平板CD的约束力。

2.11　如图2.34所示,铰接支架由杆AC和杆BD组成,$F=20\ \mathrm{kN}$,已知$\overline{AB}=\overline{BC}=\overline{AD}=1\ \mathrm{m}$,求铰链$B$对杆$AC$和杆$BD$的约束力。

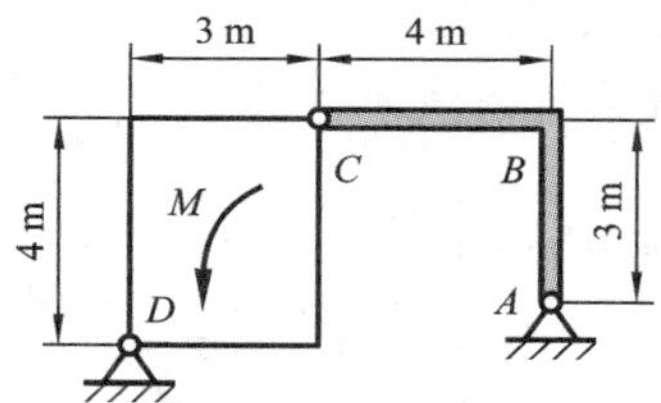

图 2.33　题 2.10 图

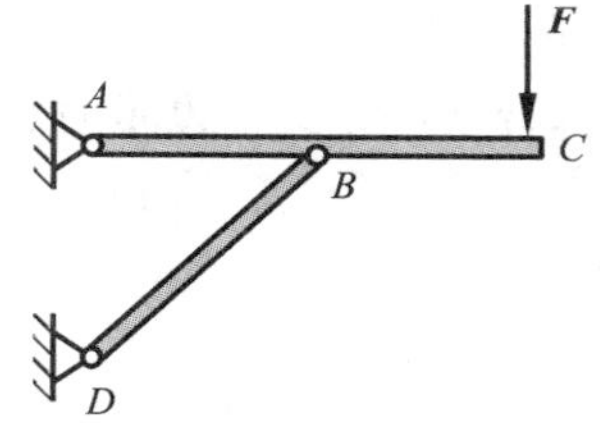

图 2.34　题 2.11 图

2.12　图 2.35 所示的梁 AB 与 BC 通过中间铰 B 连接，分布力 $q=15$ kN/m 和力偶矩 $M=15$ kN·m，试求 A、B 和 C 处的约束力。

2.13　如图 2.36 所示，铰接支架由杆 AC 和杆 BD 组成，悬挂重物重 $W=20$ kN，力 $\boldsymbol{F}$ 作用在杆 BD 的中点，$F=10$ kN。已知 $\overline{AB}=\overline{BC}=\overline{AD}=1$ m，求铰链 B 对杆 AC 和杆 BD 的约束力。

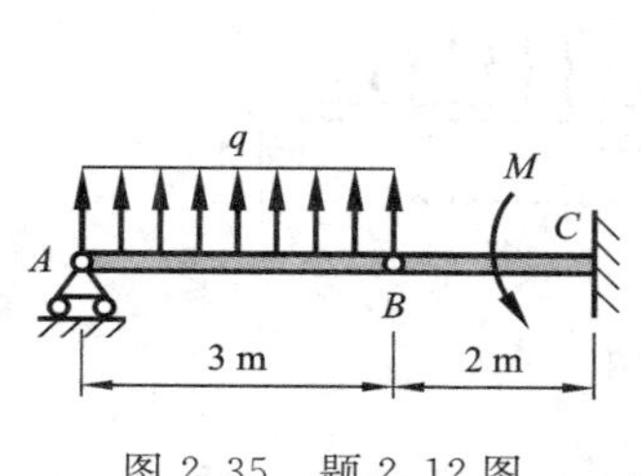

图 2.35　题 2.12 图

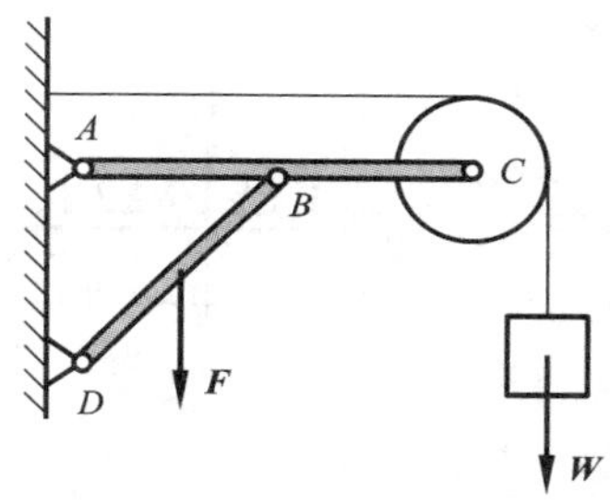

图 2.36　题 2.13 图

2.14　偏心夹紧装置利用手柄绕 O 点转动夹紧工件，如图 2.37 所示。当手柄 DE 和杆件 AC 处于水平位置时，OD 与水平线间的夹角为 30°，偏心距 $\overline{OD}=15$ mm，$r=40$ mm，$a=120$ mm，$b=60$ mm，$l=100$ mm。试求在力 $\boldsymbol{F}$ 作用下，工件受到的夹紧力。

2.15　在图 2.38 中，机构 ABC 由杆 AB、AC 和 DF 组成，杆 DF 上的销钉 E 可在杆 AB 上的光滑槽内滑动。已知 $M=1.5$ kN·m，$F=200$ N，试求铰支座 B、C 处的约束反力。

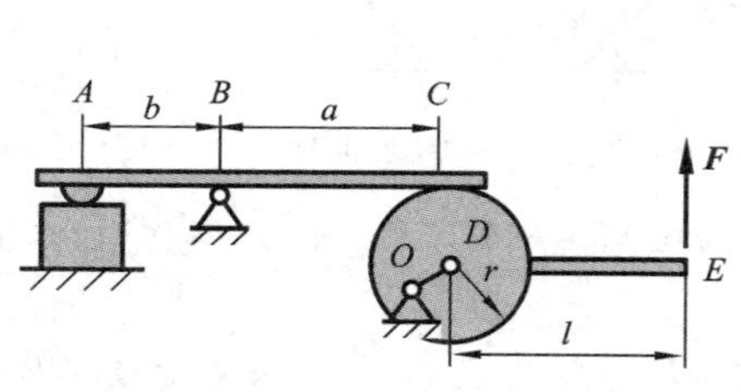

图 2.37　题 2.14 图

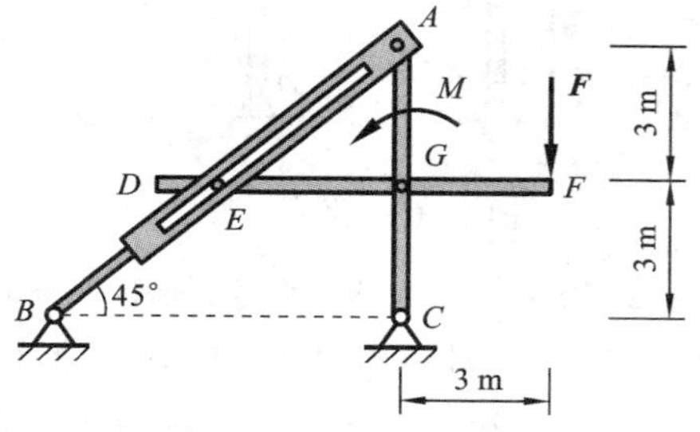

图 2.38　题 2.15 图

第3章　空间力系的简化与平衡

在工程实际中普遍存在的问题是空间力系问题。本章将在平面力系简化与平衡分析的基础上，讨论空间力系的简化与平衡问题。

3.1　空间汇交力系的合成

和平面汇交力系一样，空间汇交力系也可以合成一个合力，其合成方法也有两种：几何法和解析法。但是，几何法需要作空间多边形，而不是作平面多边形，因此绘图和观察都很麻烦。为方便起见，**空间汇交力系的合成一般采用解析法。**

假设在空间直角坐标系 $Oxyz$ 中，有一个由 n 个力 $\boldsymbol{F}_1,\boldsymbol{F}_2,\cdots,\boldsymbol{F}_n$ 组成的空间汇交力系，并且共同汇交于点 O，如图 3.1 所示。对于采用解析法进行合成，首先必须获得每个力 $\boldsymbol{F}_i$ 在 x 轴、y 轴和 z 轴上的投影 F_{ix}、F_{iy} 和 F_{iz}，然后根据合力的投影定理得到合力 $\boldsymbol{F}_{\mathrm{R}}$ 在 x 轴、y 轴和 z 轴上的投影，即

$$\begin{cases} F_{\mathrm{R}x} = \sum_{i=1}^{n} F_{ix} \\ F_{\mathrm{R}y} = \sum_{i=1}^{n} F_{iy} \\ F_{\mathrm{R}z} = \sum_{i=1}^{n} F_{iz} \end{cases} \tag{3.1}$$

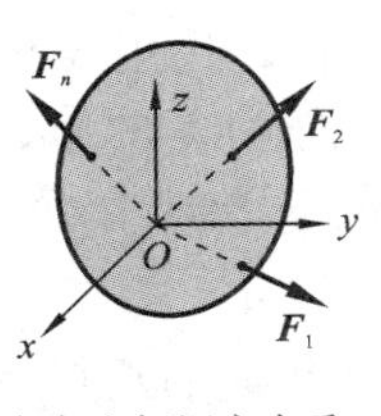

(a) 空间汇交力系

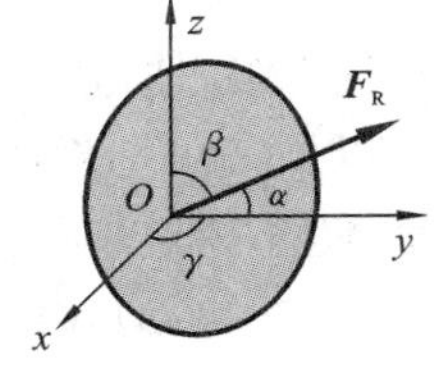

(b) 合成结果

图 3.1　空间汇交力系的合成

最后，由合力的投影计算合力的大小和方向余弦：

$$F_{\mathrm{R}} = \sqrt{F_{\mathrm{R}x}^2 + F_{\mathrm{R}y}^2 + F_{\mathrm{R}z}^2} \tag{3.2}$$

$$\begin{cases}\cos\alpha=\dfrac{F_{Rx}}{F_R}\\ \cos\beta=\dfrac{F_{Ry}}{F_R}\\ \cos\gamma=\dfrac{F_{Rz}}{F_R}\end{cases}\tag{3.3}$$

3.2 力对点之矩与力对轴之矩

3.2.1 力对点之矩

如图 3.2 所示,在空间直角坐标系 $Oxyz$ 中,有一个力 $\boldsymbol{F}(F_x,F_y,F_z)$。和平面问题类似,如果力 $\boldsymbol{F}$ 作用线上一点 A(通常选择力 $\boldsymbol{F}$ 的作用点)相对于 O 点的位置矢量为 $\boldsymbol{r}(x,\ y,\ z)$,则力 $\boldsymbol{F}$ 对 O 点之矩矢就是 $\boldsymbol{r}$ 和 $\boldsymbol{F}$ 两个矢量的叉乘,即

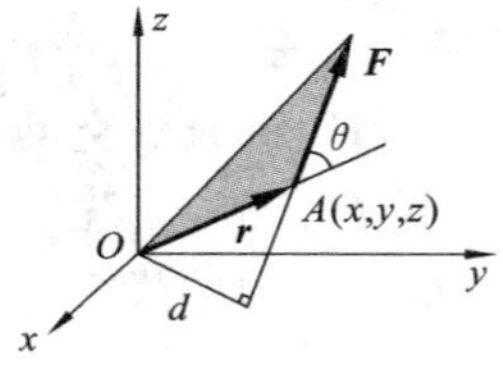

图 3.2 力对点之矩

$$\boldsymbol{M}_O(\boldsymbol{F})=\boldsymbol{r}\times\boldsymbol{F}=\begin{vmatrix}\boldsymbol{i}&\boldsymbol{j}&\boldsymbol{k}\\ x&y&z\\ F_x&F_y&F_z\end{vmatrix}\tag{3.4}$$

矩矢 $\boldsymbol{M}_O(\boldsymbol{F})$ 也是一个矢量,可以表示为

$$\boldsymbol{M}_O(\boldsymbol{F})=[M_O(\boldsymbol{F})]_x\boldsymbol{i}+[M_O(\boldsymbol{F})]_y\boldsymbol{j}+[M_O(\boldsymbol{F})]_z\boldsymbol{k}\tag{3.5}$$

式中:$[M_O(\boldsymbol{F})]_x$、$[M_O(\boldsymbol{F})]_y$ 和 $[M_O(\boldsymbol{F})]_z$ 分别为 $\boldsymbol{M}_O(\boldsymbol{F})$ 在 x 轴、y 轴和 z 轴上的投影或沿 x 轴、y 轴和 z 轴的分量。根据式(3.4),有

$$\begin{cases}[M_O(\boldsymbol{F})]_x=yF_z-zF_y\\ [M_O(\boldsymbol{F})]_y=zF_x-xF_z\\ [M_O(\boldsymbol{F})]_z=xF_y-yF_x\end{cases}\tag{3.6}$$

力对点之矩 $\boldsymbol{M}_O(\boldsymbol{F})$ 的作用面就是由 O 点和力 $\boldsymbol{F}$ 作用线共同决定的平面。它的方向垂直于该平面,可以用右手螺旋法则确定。四个手指顺着力 $\boldsymbol{F}$ 使物体转动的方向,大拇指的指向就是 $\boldsymbol{M}_O(\boldsymbol{F})$ 的方向。$\boldsymbol{M}_O(\boldsymbol{F})$ 的大小为

$$M_O(\boldsymbol{F})=rF\sin\theta=Fd\tag{3.7}$$

式中:θ 是 $\boldsymbol{r}$ 和 $\boldsymbol{F}$ 之间的夹角;d 是 O 点到力 $\boldsymbol{F}$ 作用线的垂直距离。

3.2.2 力对轴之矩

为了评价力对刚体绕固定轴转动的作用效果,需要建立力对轴之矩的概念。

设某刚体在 A 点受力 $\boldsymbol{F}$ 作用,刚体可以绕固定轴 z 转动,如图 3.3 所示。过 A 点作一个与 z 轴垂直的平面,并与 z 轴交于 O 点。将力 $\boldsymbol{F}$ 沿 z 轴和垂直于 z 轴的平面进行分解,得到两个分力 $\boldsymbol{F}_z$ 和 $\boldsymbol{F}_{xy}$。很明显,沿 z 轴的分力 $\boldsymbol{F}_z$ 不可能使刚体绕 z

轴的转动状态改变，因此只有在垂直于 z 轴的平面上的分力 $\boldsymbol{F}_{xy}$ 对 z 轴有矩。

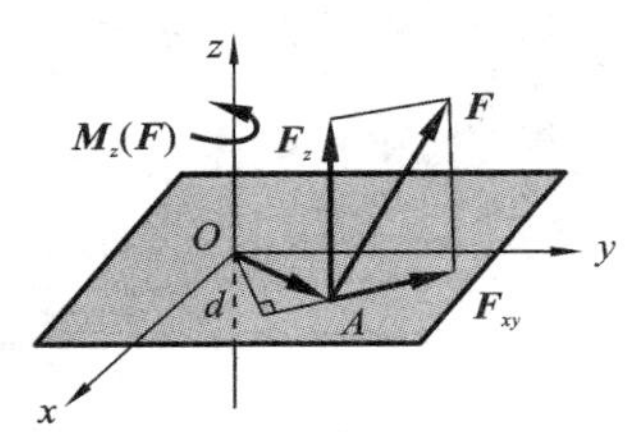

图 3.3　力对轴之矩

定义力 $\boldsymbol{F}$ 对 z 轴的矩为

$$M_z(\boldsymbol{F})=\pm F_{xy}d \tag{3.8}$$

式中：d 是 O 点到力 $\boldsymbol{F}$ 作用线的垂直距离。正负号的规定为：从 z 轴的正向看，如果力有使刚体绕 z 轴发生逆时针转动的趋势，则矩为正，否则为负。容易得到

$$M_z(\boldsymbol{F})=xF_y-yF_x \tag{3.9}$$

这里，x 和 y 分别为 A 点在 x 轴和 y 轴上的坐标，F_x 和 F_y 分别为力 $\boldsymbol{F}$ 在 x 轴和 y 轴上的投影。比较式(3.9)和式(3.6)可以发现，力 $\boldsymbol{F}$ 对 z 轴的矩等于力 $\boldsymbol{F}$ 对 O 点的矩在 z 轴上的投影或分量，即

$$M_z(\boldsymbol{F})=[M_O(\boldsymbol{F})]_z \tag{3.10}$$

这表明，**力对任意点之矩在通过该点的任一轴上的投影等于力对该轴之矩。**通过类似的推导，也可以得到力 $\boldsymbol{F}$ 对 x 轴和 y 轴的矩：

$$M_x(\boldsymbol{F})=[M_O(\boldsymbol{F})]_x=yF_z-zF_y \tag{3.11}$$

$$M_y(\boldsymbol{F})=[M_O(\boldsymbol{F})]_y=zF_x-xF_z \tag{3.12}$$

例 3.1　如图 3.4 所示，$F=150$ N，求：(1) 力 $\boldsymbol{F}$ 对 x 轴、y 轴和 z 轴的矩；(2) 求力 $\boldsymbol{F}$ 对 O 点之矩。

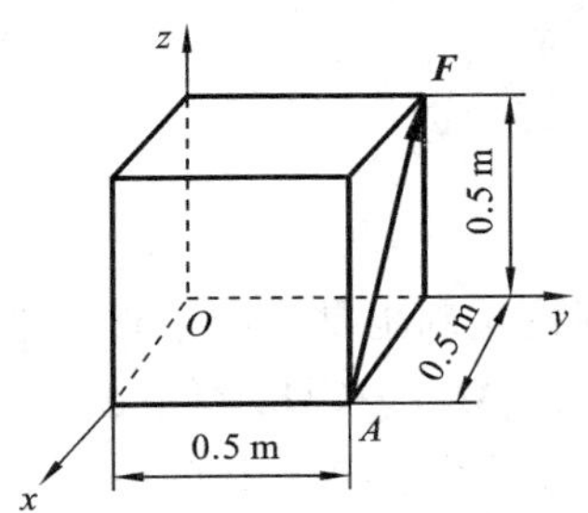

图 3.4　例 3.1 图

解　根据图 3.4 可以得到力 $\boldsymbol{F}$ 在 x 轴、y 轴和 z 轴上的投影：

$$F_x=-150\times\frac{\sqrt{2}}{2}=-75\sqrt{2}\ (\mathrm{N})$$

$$F_y=0\ \mathrm{N}$$

$$F_z=150\times\frac{\sqrt{2}}{2}=75\sqrt{2}\ (\mathrm{N})$$

根据力对点之矩和力对轴之矩的定义，以及两者之间的关系，可以采用两种方法求解。

(1) 解法一。

利用力对点之矩的定义，先求力 $\boldsymbol{F}$ 对 O 点之矩，然后根据力对点之矩和力对轴之矩的关系，求力 $\boldsymbol{F}$ 对 x 轴、y 轴和 z 轴的矩。

由图 3.4 可以知道，$\boldsymbol{r}=0.5\boldsymbol{i}+0.5\boldsymbol{j}$，$\boldsymbol{F}=-75\sqrt{2}\boldsymbol{i}+75\sqrt{2}\boldsymbol{k}$。

首先，根据力对点之矩的公式，可以得到力 $\boldsymbol{F}$ 对 O 点之矩：

$$\begin{aligned}\boldsymbol{M}_O(\boldsymbol{F})&=\boldsymbol{r}\times\boldsymbol{F}=(0.5\boldsymbol{i}+0.5\boldsymbol{j})\times(-75\sqrt{2}\boldsymbol{i}+75\sqrt{2}\boldsymbol{k})\\&=\frac{75\sqrt{2}}{2}\boldsymbol{i}-\frac{75\sqrt{2}}{2}\boldsymbol{j}+\frac{75\sqrt{2}}{2}\boldsymbol{k}\end{aligned}$$

然后,根据力对任意一点之矩在通过该点的任一轴上的投影等于力对该轴之矩,可以求得

$$M_x(\boldsymbol{F})=\frac{75\sqrt{2}}{2}\ \text{N}\cdot\text{m}$$

$$M_y(\boldsymbol{F})=-\frac{75\sqrt{2}}{2}\ \text{N}\cdot\text{m}$$

$$M_z(\boldsymbol{F})=\frac{75\sqrt{2}}{2}\ \text{N}\cdot\text{m}$$

(2) 解法二。

根据力对轴之矩定义,可以知道

$$M_x(\boldsymbol{F})=0.5F_z=0.5\times 75\sqrt{2}=\frac{75\sqrt{2}}{2}\ (\text{N}\cdot\text{m})$$

$$M_y(\boldsymbol{F})=-0.5F_z=-0.5\times 75\sqrt{2}=-\frac{75\sqrt{2}}{2}\ (\text{N}\cdot\text{m})$$

$$M_z(\boldsymbol{F})=-0.5F_x=-0.5\times(-75\sqrt{2})=\frac{75\sqrt{2}}{2}\ (\text{N}\cdot\text{m})$$

根据力对任意一点之矩在通过该点的任一轴上的投影等于力对该轴之矩,可以求得

$$\boldsymbol{M}_O(\boldsymbol{F})=\frac{75\sqrt{2}}{2}\boldsymbol{i}-\frac{75\sqrt{2}}{2}\boldsymbol{j}+\frac{75\sqrt{2}}{2}\boldsymbol{k}$$

3.3 空间任意力系的简化

和平面任意力系的简化一样,空间任意力系简化的理论基础也是力的平移定理。假设刚体上作用着由 n 个力 $\boldsymbol{F}_1,\boldsymbol{F}_2,\cdots,\boldsymbol{F}_n$ 和 m 个力偶 $\boldsymbol{M}_1,\boldsymbol{M}_2,\cdots,\boldsymbol{M}_m$ 组成的空间任意力系,如图 3.5(a)所示。根据力的平移定理,将每个力平移至简化中心 O 点,同时附加一个力偶,力偶矩为该力对 O 点之矩。由此,得到一个以 O 点为汇交点的由 n 个力 $\boldsymbol{F}'_1,\boldsymbol{F}'_2,\cdots,\boldsymbol{F}'_n$ 组成的空间汇交力系及一个由力系中原力偶 $\boldsymbol{M}_1,\boldsymbol{M}_2,\cdots,\boldsymbol{M}_m$ 与附加力偶 $\boldsymbol{M}_O(\boldsymbol{F}_1),\boldsymbol{M}_O(\boldsymbol{F}_2),\cdots,\boldsymbol{M}_O(\boldsymbol{F}_n)$ 共同组成的空间力偶系,如图 3.5(b)所示。

空间平面汇交力系可以合成一个合力 $\boldsymbol{F}'_{\text{R}}$,而空间力偶系可以合成一个合力偶,如图 3.5(c)所示。很明显,有

$$\boldsymbol{F}'_{\text{R}}=\sum_{i=1}^{n}\boldsymbol{F}'_i \tag{3.13}$$

$$\boldsymbol{M}_O=\sum_{i=1}^{n}\boldsymbol{M}_O(\boldsymbol{F}_i)+\sum_{j=1}^{m}\boldsymbol{M}_j \tag{3.14}$$

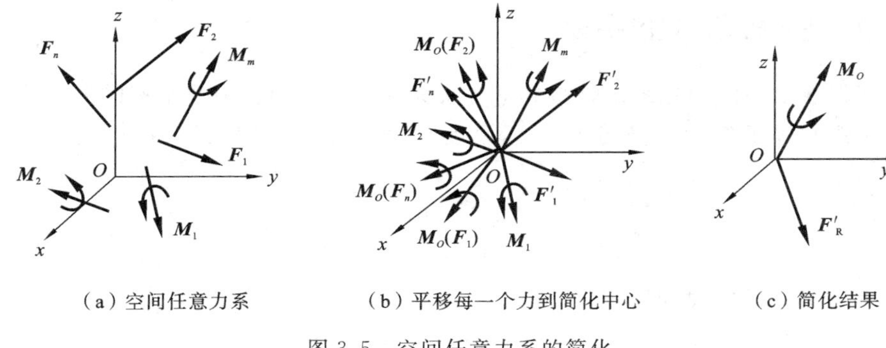

（a）空间任意力系　（b）平移每一个力到简化中心　（c）简化结果

图 3.5　空间任意力系的简化

对于简化前的空间任意力系来说，简化后的空间汇交力系的合力 $\boldsymbol{F}'_{\mathrm{R}}$ 和空间力偶系的合力偶 $\boldsymbol{M}_O$ 应该分别称为主矢和主矩。和平面任意力系的情况一样，只有在主矢为零的情况下，主矩才可以称为合力偶；也只有在主矩为零的情况下，主矢才可以称为合力。

根据获得的主矢和主矩，空间任意力系的简化结果也可以分为以下四种情况。

(1) $\boldsymbol{F}'_{\mathrm{R}}=\boldsymbol{0}$ 且 $\boldsymbol{M}_O=\boldsymbol{0}$，表明该力系平衡。

(2) $\boldsymbol{F}'_{\mathrm{R}}=\boldsymbol{0}$，但 $\boldsymbol{M}_O\neq\boldsymbol{0}$，表明该力系简化的结果为合力偶。由于力偶是自由矢量，因此简化结果与简化中心的选择无关。

(3) $\boldsymbol{F}'_{\mathrm{R}}\neq\boldsymbol{0}$，但 $\boldsymbol{M}_O=\boldsymbol{0}$，表明该力系的简化结果为合力，而且合力的作用线通过简化中心 O。

(4) $\boldsymbol{F}'_{\mathrm{R}}\neq\boldsymbol{0}$ 且 $\boldsymbol{M}_O\neq\boldsymbol{0}$。此时，根据主矢 $\boldsymbol{F}'_{\mathrm{R}}$ 和主矩 $\boldsymbol{M}_O$ 的方向，又可以分成下面三种情况进行讨论。

① 主矢 $\boldsymbol{F}'_{\mathrm{R}}$ 和主矩 $\boldsymbol{M}_O$ 相互垂直。这与平面任意力系简化后 $\boldsymbol{F}'_{\mathrm{R}}\neq 0$ 且 $M_O\neq 0$ 的情况相同。可以在通过 O 点且垂直于主矩 $\boldsymbol{M}_O$ 的平面内适当选择一点 O' 继续简化，使得平移主矢 $\boldsymbol{F}'_{\mathrm{R}}$ 需要附加的力偶与主矩 $\boldsymbol{M}_O$ 等值反向，则简化的最终结果成为合力 $\boldsymbol{F}_{\mathrm{R}}$。合力 $\boldsymbol{F}_{\mathrm{R}}$ 和主矢 $\boldsymbol{F}'_{\mathrm{R}}$ 作用线之间的距离 h 仍然可以采用式(2.11)计算。

② 主矢 $\boldsymbol{F}'_{\mathrm{R}}$ 和主矩 $\boldsymbol{M}_O$ 方向一致或相互平行，形成主矩绕主矢旋转的一个空间**力螺旋**(force screw)，不能再做进一步简化，如图 3.6 所示。因此，相互平行的力和力偶组成的力系是空间最简力系。

③ 主矢 $\boldsymbol{F}'_{\mathrm{R}}$ 和主矩 $\boldsymbol{M}_O$ 成其他任意角度。此时，可以沿主矢 $\boldsymbol{F}'_{\mathrm{R}}$ 的方向和在垂直于主矢的面上将主矩 $\boldsymbol{M}_O$ 分解成 $\boldsymbol{M}_1$ 和 $\boldsymbol{M}_2$ 两个分量，并将 $\boldsymbol{F}'_{\mathrm{R}}$ 和 $\boldsymbol{M}_2$ 做进一步简化，最终可以在另一简化中心 O' 处得到一个由主矢 $\boldsymbol{F}'_{\mathrm{R}}$ 和平行于它的主矩 $\boldsymbol{M}_1$ 形成的空间力螺旋。

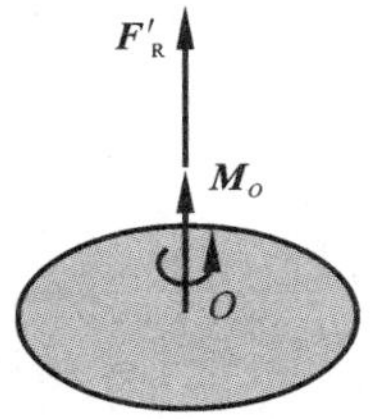

图 3.6　力螺旋

3.4 空间力系的平衡

空间任意力系的简化结果是得到一个主矢和一个主矩。力系平衡的充要条件是主矢和主矩都等于零,因此对于以坐标原点 O 为矩心的空间任意力系,其平衡条件可以表示为

$$\begin{cases}\boldsymbol{F}_{\mathrm{R}}=\mathbf{0}\\ \boldsymbol{M}_{O}=\mathbf{0}\end{cases}\tag{3.15}$$

进一步表示成分量形式,即

$$\begin{cases}F_{\mathrm{R}x}=\sum_{i=1}^{n}F_{ix}=0\\ F_{\mathrm{R}y}=\sum_{i=1}^{n}F_{iy}=0\\ F_{\mathrm{R}z}=\sum_{i=1}^{n}F_{iz}=0\\ [M_O]_x=\sum_{i=1}^{n}M_x(\boldsymbol{F}_i)+\sum_{j=1}^{m}[M_j]_x=0\\ [M_O]_y=\sum_{i=1}^{n}M_y(\boldsymbol{F}_i)+\sum_{j=1}^{m}[M_j]_y=0\\ [M_O]_z=\sum_{i=1}^{n}M_z(\boldsymbol{F}_i)+\sum_{j=1}^{m}[M_j]_z=0\end{cases}\tag{3.16}$$

式中:F_{ix}、F_{iy} 和 F_{iz} 分别是力系中力 $\boldsymbol{F}_i$ 在 x 轴、y 轴和 z 轴上的投影;$M_x(\boldsymbol{F}_i)$、$M_y(\boldsymbol{F}_i)$ 和 $M_z(\boldsymbol{F}_i)$分别是力系中力 $\boldsymbol{F}_i$ 对 x 轴、y 轴和 z 轴的矩;$[M_j]_x$、$[M_j]_y$ 和 $[M_j]_z$ 分别是力系中力偶 $\boldsymbol{M}_j$ 在 x 轴、y 轴和 z 轴上的投影;m、n 分别是力系中力和力偶的数量。因此,空间任意力系的平衡条件包含六个方程。

空间汇交力系以汇交点为矩心的矩平衡方程是自然满足的,因此其独立的平衡方程只有三个。以力系的汇交点为坐标原点和矩心,则平衡方程可以表达为

$$\begin{cases}F_{\mathrm{R}x}=\sum_{i=1}^{n}F_{ix}=0\\ F_{\mathrm{R}y}=\sum_{i=1}^{n}F_{iy}=0\\ F_{\mathrm{R}z}=\sum_{i=1}^{n}F_{iz}=0\end{cases}\tag{3.17}$$

空间平行力系在垂直于力的方向上分力的平衡方程和沿着力的方向的矩平衡方程是自然满足的,因此其独立的平衡方程也只有三个。以坐标原点 O 为矩心,假设 z

轴与力系中的各力平行，则平衡方程可以表达为

$$\begin{cases} F_{Rz} = \sum_{i=1}^{n} F_{iz} = 0 \\ [M_O]_x = \sum_{i=1}^{n} [M_O(\boldsymbol{F}_i)]_x + \sum_{j=1}^{m} [M_j]_x = 0 \\ [M_O]_y = \sum_{i=1}^{n} [M_O(\boldsymbol{F}_i)]_y + \sum_{j=1}^{m} [M_j]_y = 0 \end{cases} \tag{3.18}$$

例 3.2　停于停机坪上的飞机底架示意图如图 3.7(a)所示。飞机重 $G=480$ kN，作用于 C 点，在平面 Oxy 内 C 点的坐标为 $x_C=-0.02$ m，$y_C=0.20$ m，试求飞机前轮 A、后轮 B 和 D 处的约束力。

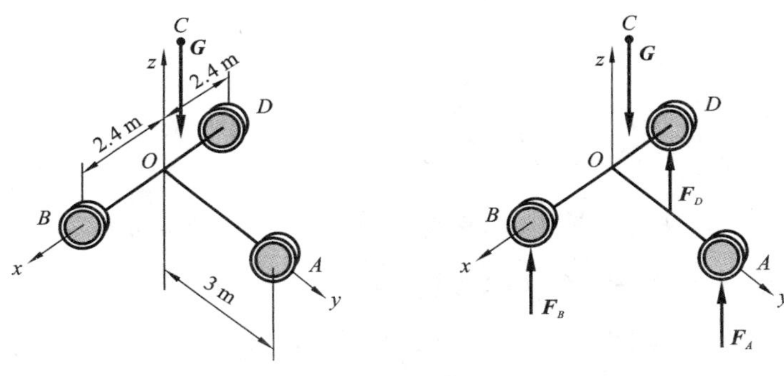

(a) 飞机底架示意图　　(b) 飞机底架受力图

图 3.7　例 3.2 图

解　选择飞机底架作为研究对象。底架上作用的主动力为 $\boldsymbol{G}$，在轮 A、B 和 D 处受光滑面约束，约束力沿铅垂方向，指向机架。飞机底架受力图如图 3.7(b)所示。

机架受空间平行力系作用，可列 3 个独立的平衡方程：

$$\begin{cases} \sum F_z = 0,\ F_A + F_B + F_D - G = 0 \\ \sum M_x = 0,\ F_A \times 3 - y_C \times G = 0 \\ \sum M_y = 0,\ F_D \times 2.4 - F_B \times 2.4 - G \times 0.02 = 0 \end{cases}$$

联立求解可以得到

$$F_A = 32\ \text{kN},\quad F_B = 222\ \text{kN},\quad F_D = 226\ \text{kN}$$

例 3.3　如图 3.8(a)所示，$ABCD$ 为一空间折杆，A 端为固定端约束，折杆上作用的主动力 $F_1=800$ N，$F_2=500$ N，$F_3=800$ N，不计空间折杆自重，试求固定端 A 的约束力。

解　以空间折杆 $ABCD$ 为研究对象。其在 A 处受空间固定端约束，约束力和约束力偶可以用 6 个分量 $\boldsymbol{F}_{Ax}$、$\boldsymbol{F}_{Ay}$、$\boldsymbol{F}_{Az}$ 和 $\boldsymbol{M}_{Ax}$、$\boldsymbol{M}_{Ay}$、$\boldsymbol{M}_{Az}$ 表示。其受力图如图 3.8(b)

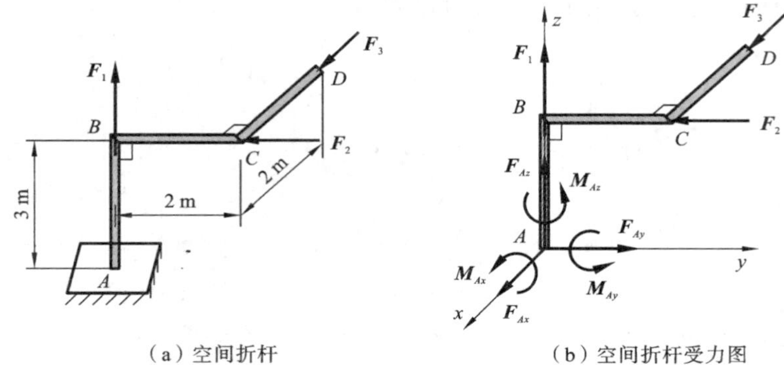

(a) 空间折杆　　(b) 空间折杆受力图

图 3.8　例 3.3 图

所示。

列平衡方程：

(1) $\sum F_x = 0, F_{Ax} + F_3 = 0$，求解得到 $F_{Ax} = -F_3 = -800\ \mathrm{N}$；

(2) $\sum F_y = 0, F_{Ay} - F_2 = 0$，求解得到 $F_{Ay} = F_2 = 500\ \mathrm{N}$；

(3) $\sum F_z = 0, F_{Az} + F_1 = 0$，求解得到 $F_{Az} = -F_1 = -800\ \mathrm{N}$；

(4) $\sum M_x = 0, M_{Ax} + 3 \times F_2 = 0$，求解得到 $M_{Ax} = -1500\ \mathrm{N \cdot m}$；

(5) $\sum M_y = 0, M_{Ay} + 3 \times F_3 = 0$，求解得到 $M_{Ay} = -2400\ \mathrm{N \cdot m}$；

(6) $\sum M_z = 0, M_{Az} - 2 \times F_3 = 0$，求解得到 $M_{Ax} = 1600\ \mathrm{N \cdot m}$。

例 3.4　如图 3.9 所示，传动轴上装有皮带轮 C 和圆柱直齿轮 D。皮带轮 C 受到紧边拉力 F_{T1} 和松边拉力 F_{T2} 作用，它们与 x 轴的夹角都为 $\theta=30°$，$F_{T1}=2F_{T2}$。圆柱直齿轮 D 受到主动力 $F_x=2\ \mathrm{kN}$ 和 $F_z=1\ \mathrm{kN}$ 作用。皮带轮 C 直径 $d_1=0.5\ \mathrm{m}$，圆柱直齿轮 D 直径 $d_2=0.2\ \mathrm{m}$，各零件自重不计，传动轴处于匀速转动状态。求传动轴在两轴承 A、B 处受到的约束力。

解　以装有皮带轮 C 和圆柱直齿轮 D 的传动轴为研究对象。传动轴在两轴承 A 和 B 处分别受到一对正交分力 $\boldsymbol{F}_{Ax}$、$\boldsymbol{F}_{Az}$ 和 $\boldsymbol{F}_{Bx}$、$\boldsymbol{F}_{Bz}$ 作用。图 3.9 中，共有 6 个未知量：$\boldsymbol{F}_{T1}$、$\boldsymbol{F}_{T2}$、$\boldsymbol{F}_{Ax}$、$\boldsymbol{F}_{Az}$、$\boldsymbol{F}_{Bx}$、$\boldsymbol{F}_{Bz}$。

根据平衡方程

$$\sum M_y = 0,\quad F_{T1} \times \frac{d_1}{2} - F_{T2} \times \frac{d_1}{2} - F_x \times \frac{d_2}{2} = 0$$

以及 $F_{T1}=2F_{T2}$，可以得到

$$F_{T1}=1.6\ \mathrm{kN},\quad F_{T2}=0.8\ \mathrm{kN}$$

然后，利用平衡方程：

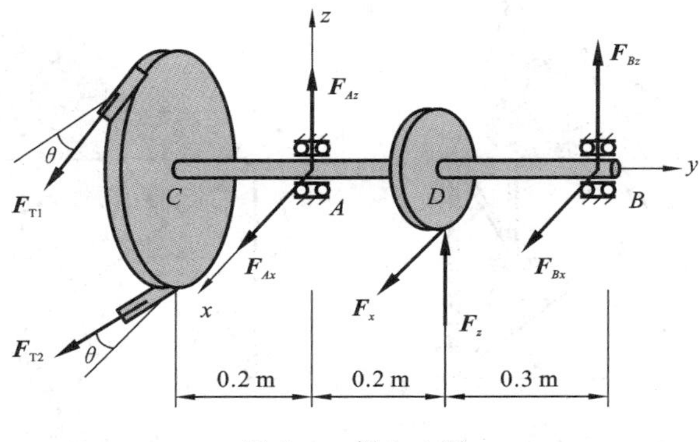

图 3.9　例 3.4 图

$$\sum M_x = 0,\quad F_{T1}\sin\theta \times 0.2 - F_{T2}\sin\theta \times 0.2 + F_z \times 0.2 + F_{Bz} \times 0.5 = 0$$

$$\sum F_z = 0,\quad -F_{T1}\sin\theta + F_{T2}\sin\theta + F_z + F_{Az} + F_{Bz} = 0$$

$$\sum M_z = 0,\quad F_{T1}\cos\theta \times 0.2 + F_{T2}\cos\theta \times 0.2 - F_x \times 0.2 - F_{Bx} \times 0.5 = 0$$

$$\sum F_x = 0,\quad F_{T1}\cos\theta + F_{T2}\cos\theta + F_x + F_{Ax} + F_{Bx} = 0$$

分别得到

$$F_{Bz} = -0.56\ \text{kN},$$
$$F_{Az} = -0.04\ \text{kN}$$
$$F_{Bx} = 0.03\ \text{kN}$$
$$F_{Ax} = -4.11\ \text{kN}$$

例 3.5　图 3.10(a)所示的边长为 a 的等边三角形板 ABC，由六根直杆支撑于水平位置，在每根直杆的两端，各用球铰链与板或水平地面连接，杆 1、2 和 3 垂直于水平地面，杆 4、5 和 6 与水平地面间的夹角为 30°。板和杆的自重不计，板面内作用一力偶 $\boldsymbol{M}$。求六根杆的受力情况。

解　以等边三角形板 ABC 为研究对象。因为 6 根直杆两端都受固定铰链约束，而且不考虑杆件重力，所以每根杆件都是二力杆。假设每根杆件受拉，则等边三角形板 ABC 的受力图如图 3.10(b)所示。

根据这些力对轴 CG、AD、BE、AB、BC 和 AC 的矩平衡方程：

$$\sum M_{CG} = 0,\quad F_4\cos30^\circ \times \frac{\sqrt{3}}{2}a + M = 0$$

$$\sum M_{AD} = 0,\quad F_6\cos30^\circ \times \frac{\sqrt{3}}{2}a + M = 0$$

$$\sum M_{BE} = 0,\quad F_5\cos30^\circ \times \frac{\sqrt{3}}{2}a + M = 0$$

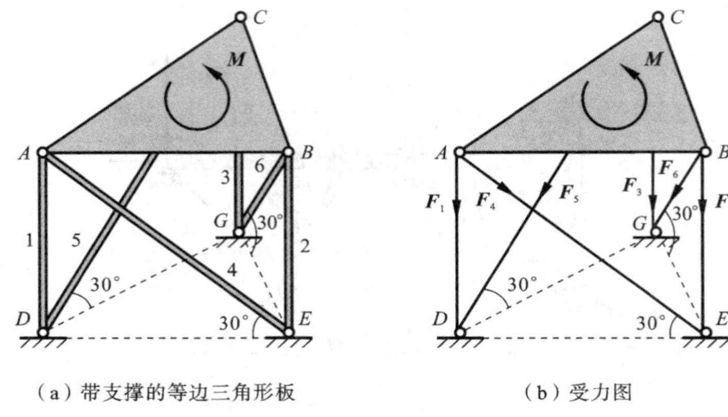

(a) 带支撑的等边三角形板　　　　(b) 受力图

图 3.10　例 3.5 图

$$\sum M_{AB}=0,\quad F_5\sin30^\circ\times\frac{\sqrt{3}}{2}a+F_3\times\frac{\sqrt{3}}{2}a=0$$

$$\sum M_{BC}=0,\quad F_4\sin30^\circ\times\frac{\sqrt{3}}{2}a+F_1\times\frac{\sqrt{3}}{2}a=0$$

$$\sum M_{AC}=0,\quad F_6\sin30^\circ\times\frac{\sqrt{3}}{2}a+F_2\times\frac{\sqrt{3}}{2}a=0$$

分别得到

$$F_1=\frac{2M}{3a}$$

$$F_2=\frac{2M}{3a}$$

$$F_3=\frac{2M}{3a}$$

$$F_4=-\frac{4M}{3a}$$

$$F_5=-\frac{4M}{3a}$$

$$F_6=-\frac{4M}{3a}$$

3.5 重心

物体的每一个微小部分都会受到指向地心的地球引力作用。由于距离地心非常远,地面及其附近物体的每一个微小部分所受到的地球引力可以看作一个空间平行力系。这个力系的合力就是重力(gravity)。**无论物体如何放置,重力的作用线总是通过固连于物体的空间坐标系中的一个确定的点,这个点就是物体的重心**(center of gravity)。

在工程中,确定物体重心的位置是非常重要的。例如,起重机起吊重物,悬挂点必须位于重心上方,而且它与重心的连线必须是铅垂的,以保证起吊作业的平稳性;旋转件高速旋转,如果重心偏离了旋转轴线,就会引起强烈的机械振动。

确定重心的方法分为试验法和计算法。

3.5.1 试验法

确定重心的试验法包括悬吊法和称重法。悬吊法就是采用柔软的细绳,通过选择不同的悬挂点进行悬吊试验,当物体平衡时在物体上绘制出沿悬挂线的延长线(即重力作用线),这些悬挂线的延长线的共同交点就是重心,如图 3.11 所示。

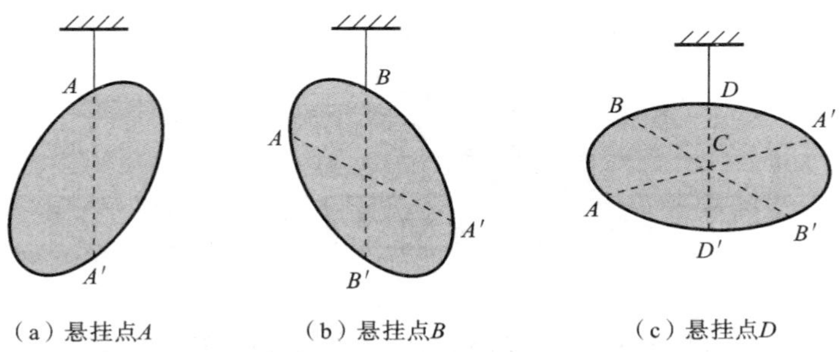

图 3.11　用悬吊法确定物体重心位置

用悬吊法确定物体重心非常方便,但是如果重物太重,悬挂起来就会非常困难。此时,适合采用称重法确定物体重心。这里以车辆的称重为例。某车辆前轮与地秤在 A 点接触,称得重力为 F_A,后轮与地面在 B 点接触,地面对它的支承力为 F_B,车辆的重力为 G,如图 3.12 所示,它们构成一个平面平行力系。假设重力作用线与 B 点的垂直距离为 x,则以 B 点为矩心的平衡方程就为

$$M_B = Gx - F_A L = 0 \tag{3.19}$$

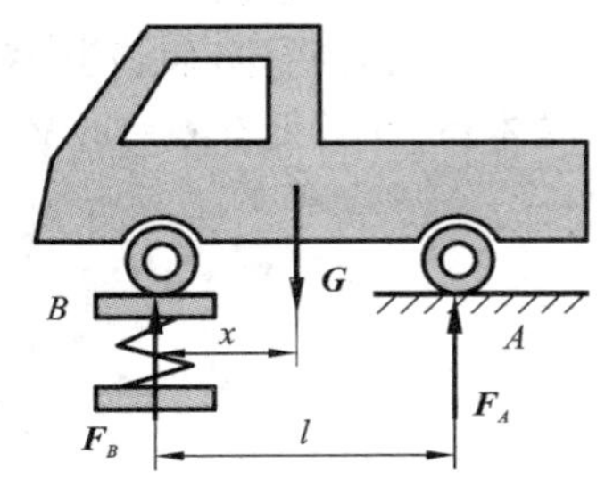

图 3.12　用称重法确定物体重心位置

如果已知车辆重力 G,就可以根据式(3.19)确定车辆重心在轴线上的位置。如果车辆重力未知,那么交换前后轮位置再测量一次可以得到 F_B。地秤两次测量结果的和就是车辆重力,即 $G = F_A + F_B$。

3.5.2 计算法

假设一个物体在空间直角坐标系 $Oxyz$ 中重心 C 的坐标为(x_C,y_C,z_C)。将物体

分成 n 个小块,每块的重力分别为 $\Delta G_1,\Delta G_2,\cdots,\Delta G_n$,它们构成一个空间平行力系。平行力系的合力等于物体的重力,即

$$G=\sum_{i=1}^{n}\Delta G_i \tag{3.20}$$

合力的作用线通过物体的重心。根据合力矩定理,有

$$Gx_C=\sum_{i=1}^{n}\Delta G_i x_i \tag{3.21}$$

由此可得

$$x_C=\frac{\sum_{i=1}^{n}\Delta G_i x_i}{G} \tag{3.22}$$

同理,有

$$y_C=\frac{\sum_{i=1}^{n}\Delta G_i y_i}{G} \tag{3.23}$$

$$z_C=\frac{\sum_{i=1}^{n}\Delta G_i z_i}{G} \tag{3.24}$$

式(3.22)～式(3.24)也是用组合法求解物体系统重心的基础。如果一个物体系统由 n 个物体组成,其中第 i 个物体的重力为 ΔG_i,重心坐标为(x_i,y_i,z_i),则物体系统的重心就可以采用式(3.22)～式(3.24)求得。

对于均质物体,假设其密度为 ρ,每一小块的体积为 $\Delta V_1,\Delta V_2,\cdots,\Delta V_n$,而物体总的体积为 V,则有 $G=\rho gV,\Delta G_i=\rho g\Delta V_i$。根据式(3.22)～式(3.24),有

$$x_C=\frac{\sum_{i=1}^{n}\Delta V_i x_i}{V} \tag{3.25}$$

$$y_C=\frac{\sum_{i=1}^{n}\Delta V_i y_i}{V} \tag{3.26}$$

$$z_C=\frac{\sum_{i=1}^{n}\Delta V_i z_i}{V} \tag{3.27}$$

这是求物体形心(centroid)位置的公式。因此,对于均质物体,重心和形心的位置是重合的。式中的 $\sum_{i=1}^{n}\Delta V_i x_i$、$\sum_{i=1}^{n}\Delta V_i y_i$ 和 $\sum_{i=1}^{n}\Delta V_i z_i$ 又称为图形对 x 轴、y 轴和 z 轴的**静矩**(static moment)或**一次矩**。

对于几何连续的物体,式(3.25)～式(3.27)还可以进一步改写为积分形式:

$$x_C = \frac{\int_V x \mathrm{d}V}{V} \tag{3.28}$$

$$y_C = \frac{\int_V y \mathrm{d}V}{V} \tag{3.29}$$

$$z_C = \frac{\int_V z \mathrm{d}V}{V} \tag{3.30}$$

退化到二维情况，设平面图形面积为 A，面外方向为 x 轴，面内有互相垂直的 y 轴和 z 轴，则式(3.29)和式(3.30)给出的形心位置公式变为

$$y_C = \frac{\int_A y \mathrm{d}A}{A} \tag{3.31}$$

$$z_C = \frac{\int_A z \mathrm{d}A}{A} \tag{3.32}$$

例 3.6　试求图 3.13 所示的半圆的形心位置。

解　建立图 3.13 所示的坐标系 Oxy。坐标原点 O 位于半圆的圆心处，y 轴为半圆的对称轴。半圆的形心显然应该落在 y 轴上，因此只需要确定形心 C 的纵坐标 y_C 即可。

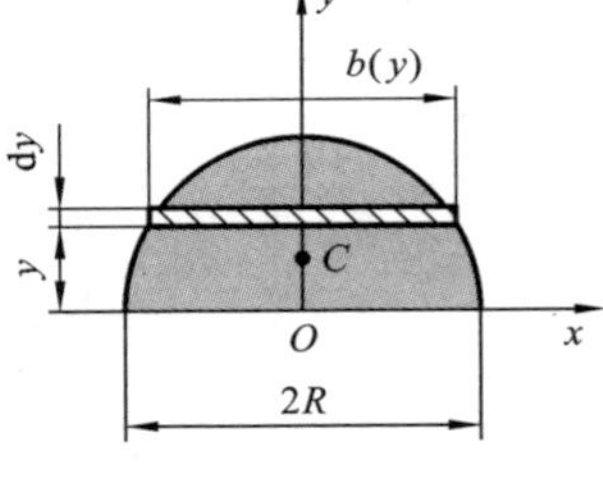

图 3.13　例 3.6 图

以到 x 轴距离为 y 的微矩形(图中阴影部分)为面元，其宽度为 $\mathrm{d}y$，长度 $b(y)=2\sqrt{R^2-y^2}$。根据式(3.31)，可以得到

$$y_C = \frac{\int_A y \mathrm{d}A}{A} = \frac{\int_0^R 2y\sqrt{R^2-y^2}\mathrm{d}y}{\frac{\pi R^2}{2}} = \frac{4R}{3\pi}$$

例 3.7　求图 3.14 所示的平面图形的形心。

解　建立图 3.14 所示坐标系 Oyz。由于平面图形的对称性，其形心显然位于 y 轴上。将图形划分为矩形(1)和矩形(2)两部分。

对于矩形(1)，其面积与形心 C_1 的 y 坐标分别为

$$A_1 = 10 \times 50 = 500\ (\mathrm{mm})^2, \quad y_1 = 5\ \mathrm{mm}$$

对于矩形(2)，其面积与形心 C_2 的 y 坐标分别为

$$A_2 = 10 \times 60 = 600\ (\mathrm{mm})^2, \quad y_2 = 10 + 30 = 40\ (\mathrm{mm})$$

因此，根据组合法，求得整个平面图形的 y 坐标：

$$y_C = \frac{A_1 y_1 + A_2 y_2}{A_1 + A_2} = \frac{500 \times 5 + 600 \times 40}{500 + 600} = 24\ (\mathrm{mm})$$

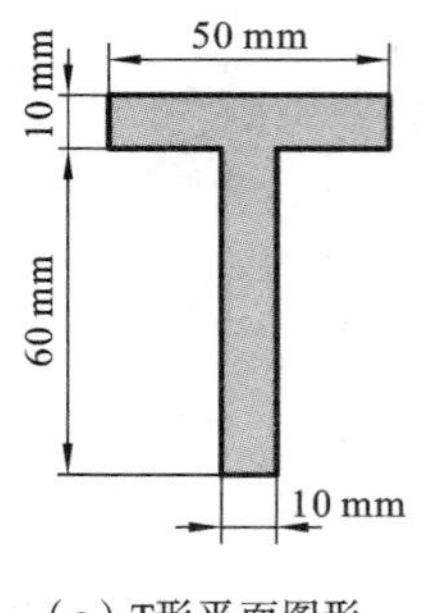

(a) T形平面图形

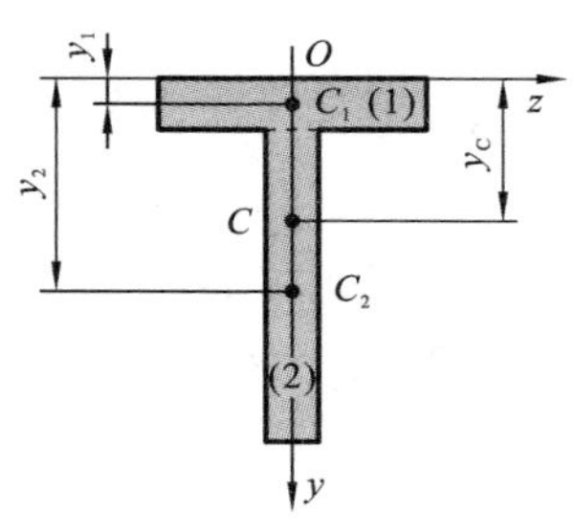

(b) 组合法求形心坐标

图 3.14 例 3.7 图

习 题

3.1 如图 3.15 所示，在点 $A(3, 4, -2)$处作用一力 $F=10\ \text{N}$，$\alpha=30°$。坐标单位为 m。求力 $\boldsymbol{F}$ 对 x 轴、y 轴和 z 轴之矩。

3.2 图 3.16 所示的手柄在 D 点受力 $\boldsymbol{F}$ 作用。已知 $F=500\ \text{N}$，$\overline{AB}=0.2\ \text{m}$，$\overline{BC}=0.4\ \text{m}$，$\overline{CD}=0.15\ \text{m}$，$\alpha=60°$，$\beta=45°$。试计算力 $\boldsymbol{F}$ 对 x 轴、y 轴和 z 轴之矩。

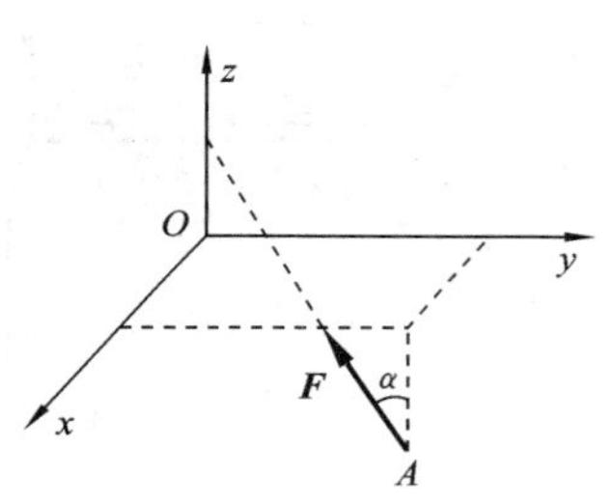

图 3.15 题 3.1 图

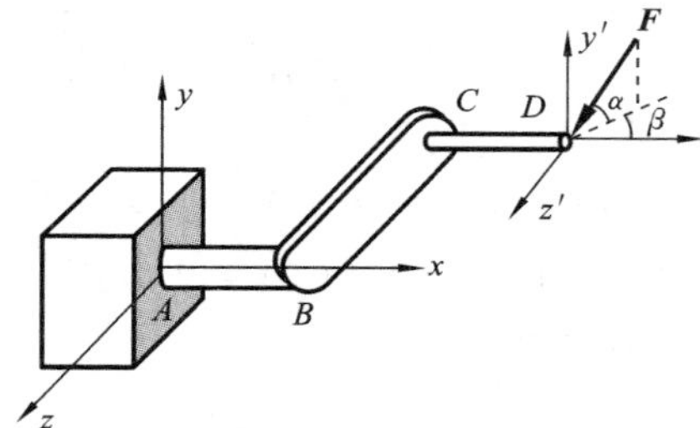

图 3.16 题 3.2 图

3.3 如图 3.17 所示，杆 AB 长 l 重 G，A 端通过球铰固定在地面上，B 端连接绳索 CB 并与光滑墙面接触。已知 $G=200\ \text{N}$，$a=0.7\ \text{m}$，$b=0.4\ \text{m}$，$\tan\alpha=4/3$，$\theta=45°$，试求绳索拉力与 B 点的约束力。

3.4 如图 3.18 所示，长方形门的转轴 AB 是竖直的，门打开成 $60°$角，并用两根绳子维持平衡，其中一绳系在 C 点，跨过小滑轮 D 悬挂着重 $P=320\ \text{N}$ 的物体，另一绳 EF 系在地板上的 F 点处，门重 $G=640\ \text{N}$，宽$\overline{AC}=\overline{AD}=1.8\ \text{m}$，高$\overline{AB}=2.4\ \text{m}$。求绳子 EF 的拉力和轴承 A、B 处的约束力。

3.5 如图 3.19 所示，6 根杆分别位于立方体的边和对角线上，由铰链连接。在节点 D 上作用力 $\boldsymbol{F}$，沿对角线 DL 方向；在节点 C 上作用力 $\boldsymbol{P}$，沿边 CH 竖直向下，求各杆的受力。

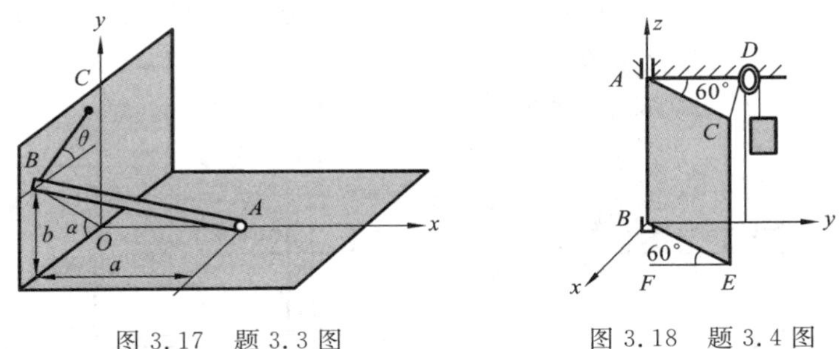

图 3.17 题 3.3 图　　图 3.18 题 3.4 图

3.6 在图 3.20 中，边长为 a 的正方形板 $ABCD$ 用 6 根杆支撑在水平位置。在 B 点处，沿 BC 方向作用一水平力 $\boldsymbol{F}$。已知 $F=10$ kN，板和各杆自重不计，试求各杆的受力。

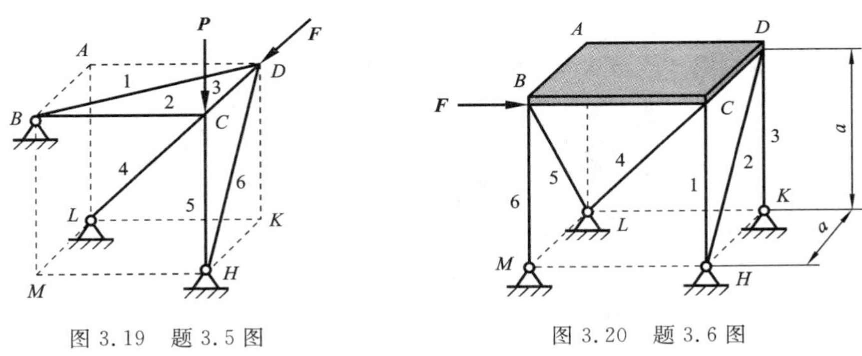

图 3.19 题 3.5 图　　图 3.20 题 3.6 图

3.7 重 $G=20$ kN 的重物被电动机通过链条传动的轮轴匀速提升，链条紧边和松边与水平面间的夹角都为 $\alpha=30°$，如图 3.21 所示。已知鼓轮半径 $r=10$ cm，链轮半径 $R=20$ cm，链条紧边拉力 F_2 是松边拉力 F_1 的两倍。不计轮轴自重，试求轴承 A 和 B 处的约束力以及链条拉力的大小。

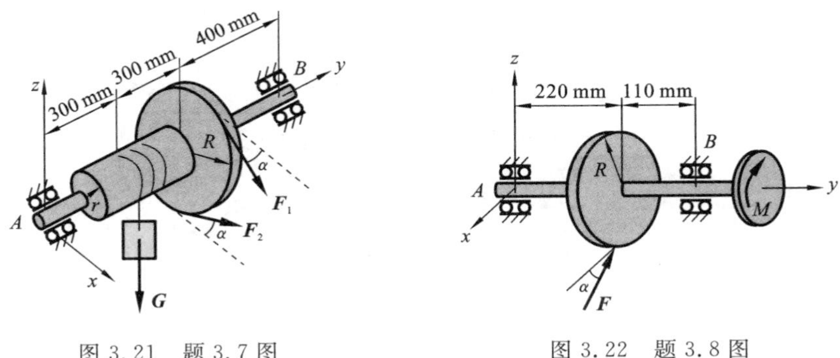

图 3.21 题 3.7 图　　图 3.22 题 3.8 图

3.8 图 3.22 所示的传动轴，在齿轮啮合力 $\boldsymbol{F}$ 与法兰盘力偶 $\boldsymbol{M}$ 的作用下做匀速转动。已知齿轮的节圆半径 $R=8.65\ \mathrm{cm}$,$\alpha=20°$,力偶矩 $M=1.03\ \mathrm{kN\cdot m}$,试求力 $\boldsymbol{F}$ 以及轴承 $\boldsymbol{A}$ 和 $\boldsymbol{B}$ 处的约束力。

3.9 试求图 3.23 所示的两个平面图形的形心。

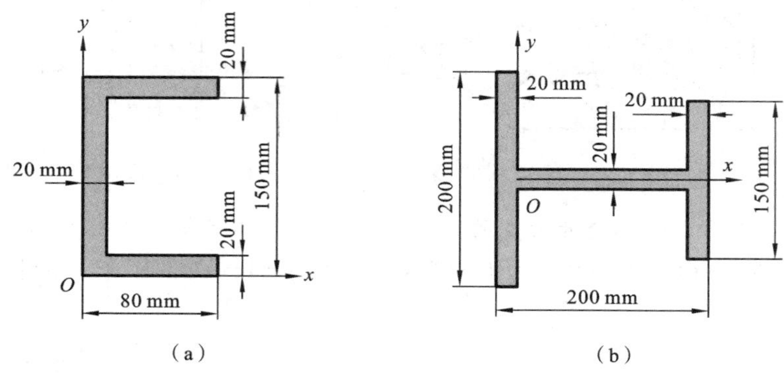

图 3.23 题 3.9 图

第4章　内力分析

在前面各章中，我们将物体视为不能发生变形的刚体，以单纯地讨论其平衡问题。事实上，绝对的刚体是不存在的。物体在外力的作用下，不但会或多或少地发生变形，而且还可能发生破坏。因此，我们不仅要研究物体的受力情况，开展受力分析，还要研究物体受力以后的变形情况，以通过设计确保其使用安全，或通过分析判断其是否安全。

从本章开始，我们将把物体看作变形体。作用在物体上的平衡力系，虽然不会对物体产生运动效应（或者外部效应），但是会产生变形效应（或者内部效应）。**外力对物体产生的变形效应，需要通过内力来实现。**因此，在研究变形效应之前，首先必须开展内力分析。研究在一定的外力条件下，物体内部会形成怎样的内力。

另外，必须特别指出的是，对于刚体来说，力是滑移矢量，可以沿其作用线改变位置；力偶矩矢是自由矢量，可以任意地改变位置，而不会改变它们的作用效果。但是，**对于变形体，力和力偶矩矢都是定位矢量，改变位置就会改变它们在物体变形上的作用效果。因此，不能随意改变力和力偶的作用位置。**

4.1　基本假设

材料力学把物体看作变形体，借助一些数学工具，如微积分理论，研究物体受力后的变形。为了满足这些数学工具的适用性要求，必须对材料做出必要的假设。另外，在抓住问题主要矛盾的前提下，为了尽可能简化对问题的分析，也需要通过一些假设提出材料的简化模型。

（1）连续性假设。

假设在物体的全部体积范围内材料是连续分布的，材料内部在变形前和变形后都不存在任何“空隙”。基于该假设，**可以将表征材料受力和变形的力学量都看作是空间位置坐标变量的连续函数。**这是开展微分和积分运算的基础。

事实上，材料内部总会存在一些空隙、裂缝等缺陷，如果它们的尺寸相对结构尺寸来说极其微小，那么就可以忽略不计，并认为材料在物体整个体积范围内是连续的。

（2）均匀性假设。

假设在物体的全部体积范围内材料的分布是完全均匀的，也就是说在不同的空间位置材料完全相同。基于该假设，**材料的物理力学性质就与空间位置无关，可以看作常量。**

实际上,材料局部成分和组织的差异,都会带来力学性质的波动和变化。工程材料中还经常会包含力学性质与基质材料差别很大的夹杂等缺陷。这些都会使材料表现出非均匀性。

(3) 各向同性假设。

假设材料沿各个方向具有相同的力学性质,即具有各向同性特性,并把具有这种特性的材料称为各向同性材料(isotropic materials)。与各向同性材料对应的是各向异性材料(anisotropic materials),它们沿不同的方向有不同的力学性质。

金属一般属于晶体材料,由大量取向随机的晶粒组合而成。单个晶粒通常表现为各向异性,但是大量晶粒无规则地随机排列使得金属材料在宏观上表现出各向同性的特性。不同于金属,木材、竹子等则是典型的各向异性材料。在沿纤维方向和垂直于纤维的方向上,它们的力学性质差别很大。

(4) 小变形假设。

假设物体受力后的变形很小,也就是**认为物体受力以后产生的变形远小于它的原始尺寸。**基于这一假设,**变形后物体尺寸和局部位置的改变对力的平衡分析的影响可以忽略不计。**因此,可以用不考虑物体变形的平衡分析,即基于刚化原理的刚体平衡分析,来代替变形后物体的平衡分析。

我们把满足小变形假设的力学问题,称为小变形问题。在分析小变形问题的力的平衡关系时,可以把物体简化为刚体。

4.2 截面法

内力,是物体或物体系统内部一部分对另一部分通过相互连接或接触的地方施加的作用力。在进行物体或物体系统的受力分析和画受力图时,内力没有也不能表现出来。**为了分析物体或物体系统内部的受力情况,假想地把物体或物体系统从指定位置处截断,并在截断处将一部分对另一部分施加的内力表现出来,进而通过平衡方程,确定未知的内力。这种求内力的方法叫作截面法**(section method)。

考虑一个在空间任意力系作用下处于平衡的物体,如图 4.1(a)所示。如果希望知道物体在某处的内力,就可以假想地用截面 m—m 将物体在此处截开,如图 4.1(b)所示。对于截开后的左半部分Ⅰ,在截面 m—m 上一定存在着一个由右半部分Ⅱ施加的分布内力系,它与作用在左半部分Ⅰ上的力 $\boldsymbol{F}_1$ 和 $\boldsymbol{F}_3$ 一起形成平衡状态。在截面 m—m 上作用的分布内力系,可以看成一个空间任意力系。以截面形心 C 为简化中心,对该力系进行简化,可以得到主矢 $\boldsymbol{F}'_{\mathrm{R}}$ 和主矩 $\boldsymbol{M}_C$,如图 4.1(c)所示。在空间直角坐标系中,把主矢 $\boldsymbol{F}'_{\mathrm{R}}$ 和主矩 $\boldsymbol{M}_C$ 表示成分量形式,由此得到六个内力分量:F_x、F_y、F_z、M_x、M_y 和 M_z,如图 4.1(d)所示。

以左半部分Ⅰ为研究对象,其受力如图 4.1(d)所示,根据空间力系平衡条件列平衡方程并求解,可以得到这六个内力分量。

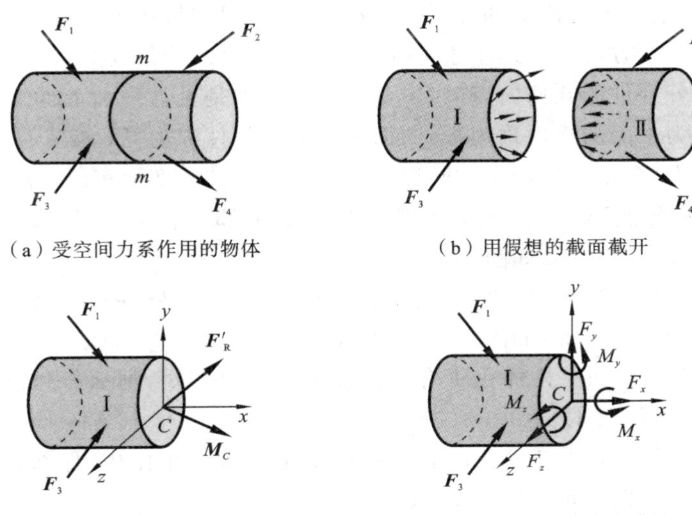

（a）受空间力系作用的物体 （b）用假想的截面截开

（c）截面上力系的简化 （d）截面上的六个内力分量

图 4.1 截面法求内力

（1）F_x 沿着截面的法线方向，称为**轴力**（axial force）。轴力使物体在截面处产生伸长或缩短的拉压变形，一般用 F_N 表示。轴力以沿截面的外法线方向为正，否则为负。

（2）F_y 和 F_z 位于截面在形心处的切平面上，称为**剪力**（shearing force）。剪力使物体在截面处产生错动变形，一般用 F_S 表示。在平面问题中，剪力以使物体产生左上右下的错动为正，因此，在研究对象的左截面上，剪力以向上为正；而在右截面上，剪力以向下为正。

（3）M_x 沿着截面在形心处的法线方向，并以截面在形心处的切平面为作用面，称为**扭矩**（torsional moment）。扭矩使物体在截面处产生绕截面法线的扭转变形，一般用 T 表示。扭矩以沿截面的外法线方向为正，否则为负。因此，在研究对象的左截面上，扭矩以向左为正，向右为负；而在右截面上，扭矩以向右为正，向左为负。

（4）M_y 和 M_z 的作用面落在截面位于形心处的切平面上，称为**弯矩**（bending moment）。弯矩使物体在截面处产生绕面内坐标轴的弯曲变形，一般用 M 表示。在平面弯曲问题中，以使物体产生向下凹的弯曲变形的弯矩为正，而以使物体产生向上凸的弯曲变形的弯矩为负。

工程中的构件多种多样。根据构件形状，可以将它们分为杆件和板件两种。**一个方向尺寸远大于另外两个方向尺寸的构件，称为杆件。**杆件是材料力学研究的主要对象，也是工程实际中应用最多的最基本的结构单元，如建筑结构中的立柱、支撑和梁,以及机械系统中的传动轴等。根据杆件轴线的形状,还可以进一步将杆件分为直杆和曲杆。一个方向尺寸远小于另外两个方向尺寸的构件,称为板件。在板件中,沿厚度方向平分板件的几何面,称为中面。根据中面是否为平面,又可以将板件分为板和壳。中面为平面的板件称为板,中面为曲面的板件称为壳。

不同的内力,会使杆件产生不同形式的变形。杆件的变形有以下三种基本形式。

(1) **轴向拉压变形**。如果杆件在所有横截面上都只有轴力,那么杆件就只会发生轴向的拉伸或压缩变形,如图 4.2(a)所示。

(2) **剪切变形**。如果杆件在横截面上只有剪力,那么杆件在该截面处就只会发生沿剪力方向的错动变形,如图 4.2(b)所示。

(3) **扭转变形**。如果杆件在所有横截面上都只有扭矩,那么杆件就只会发生绕轴线的扭转变形,如图 4.2(c)所示。

(4) **弯曲变形**。如果杆件在所有横截面上都只有弯矩作用,那么杆件就只会发生下凹或上凸的弯曲变形,如图 4.2(d)所示。

杆件同时发生两种或两种以上的基本变形,称为**组合变形**。

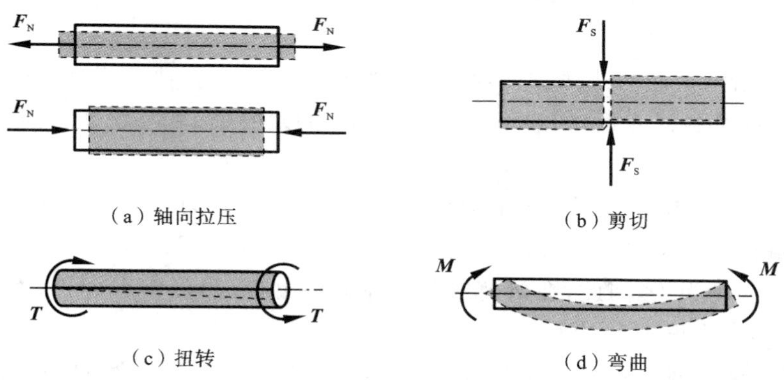

图 4.2 杆件的基本变形

4.3 轴向拉压直杆的内力

直杆在受作用线与轴线重合的外力作用时,在沿轴线方向任意位置的横截面上作用的内力只有轴力,杆件沿轴线方向发生伸长或缩短的变形,而且变形后杆件轴线仍为直线。在工程实际中,受轴向拉压力作用的直杆非常普遍。

考虑两端受一对轴力 F 作用的杆件,如图 4.3(a)所示。在杆件沿轴线方向的任意位置假想用截面 $m—m$ 截开,然后选择左边或者右边一段进行分析。不失一般性,选取左边一段进行分析。很明显,为了保持平衡,横截面上必须作用一个沿轴线方向,与 F 大小相等、方向相反的内力。这个内力垂直于横截面,因此是轴力,用 F_N 表

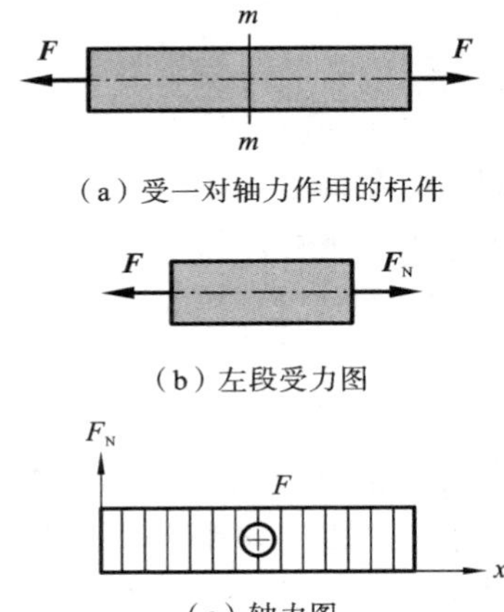

(a) 受一对轴力作用的杆件

(b) 左段受力图

(c) 轴力图

图 4.3 两端受一对轴力作用的杆件的内力分析

示，如图 4.3(b)所示。轴力在杆的长度范围内，沿杆的轴线方向保持不变。如果 F_N 沿横截面法线方向向外，就是正的，说明轴力是拉力；如果 F_N 沿横截面法线方向向内，就是负的，说明轴力是压力。

对于沿轴线在不同位置受多个轴力作用的杆件，如图 4.4(a)所示，需要根据外力作用的位置首先进行分段。在不同的分段区内，轴力是不同的，因此，需要在不同分段区内，分别采用截面法，求解内力。在杆件 AB 段，用假想的截面在 1—1 处截开，选取截开后的左段作为研究对象，如图 4.4(b)所示。根据下面的平衡方程：

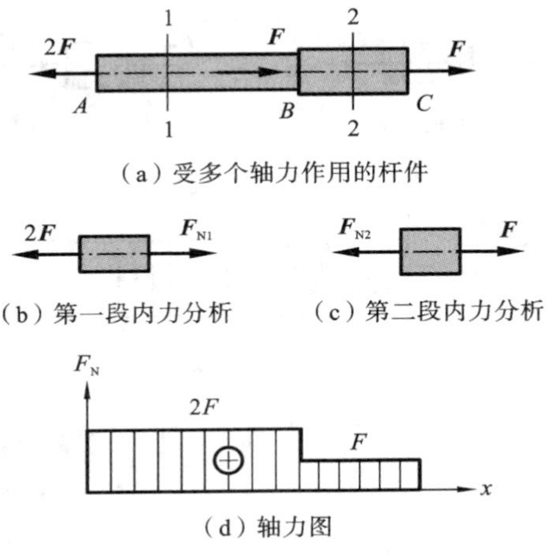

(a) 受多个轴力作用的杆件

(b) 第一段内力分析 (c) 第二段内力分析

(d) 轴力图

图 4.4 受多个轴力作用的杆件的内力分析

$$F_{N1}-2F=0 \tag{4.1}$$

求解得到该段的内力：

$$F_{N1}=2F$$

然后，在杆件 BC 段，用假想的截面在 2—2 处截开，选取截开后的右段作为研究对象，如图 4.4(c)所示。根据下面的平衡方程：

$$F-F_{N2}=0 \tag{4.2}$$

求解得到该段的内力：

$$F_{N2}=F$$

最后，为了形象地表现出内力沿杆件轴线的变化规律，以轴线(x 轴)为横轴，内力为纵轴，建立坐标系，绘制内力图。如果内力为轴力，则内力图就是轴力图。图 4.3(c)和图 4.4(d)分别给出了以上两种受力情况下杆件的轴力图。

例 4.1 左端固定的阶梯形杆承受的载荷如图 4.5(a)所示，其中 $F_1=20$ kN，$F_2=60$ kN，试画出杆的轴力图，并求最大轴力值。

解 (1) 计算约束力。

设杆左段(AB 段)的约束力为 $\boldsymbol{F}_A$，如图 4.5(a)所示，由杆的平衡方程：

$$\sum F_x=0,\quad F_1-F_2-F_A=0$$

求解得到

$$F_A=F_1-F_2=-40\ \text{kN}$$

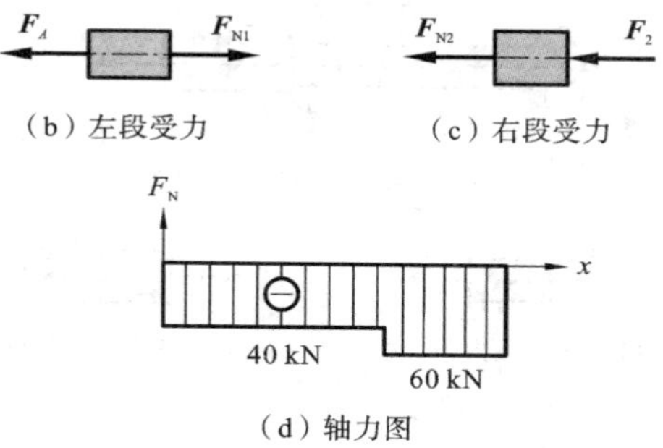

(a) 受多个轴力作用的杆件

(b) 左段受力　　(c) 右段受力

(d) 轴力图

图 4.5　例 4.1 图

(2) 分段计算轴力。

假想用截面在 AB 段和 BC 段某处截开，分别选取左段和右段进行分析，如图

4.5(b)和图4.5(c)所示。设 AB 段和 BC 段内轴力都为拉力，分别用 $\boldsymbol{F}_{N1}$ 和 $\boldsymbol{F}_{N2}$ 表示。根据平衡条件，有 $F_{N1}=F_A=-40\ \text{kN}$，$F_{N2}=-F_2=-60\ \text{kN}$。$F_{N1}$ 和 F_{N2} 都为负，说明 AB 段和 BC 段轴力均为压力。

(3) 画轴力图。

杆件轴力图如图4.5(d)所示。很明显，轴力的最大值 $|F_N|_{max}=60\ \text{kN}$。

例4.2 横截面面积为 A 的等直杆如图4.6(a)所示，杆上端沿轴线方向的位移受到约束，单位体积的重力为 $\gamma=\rho g$（ρ 为密度，g 为重力加速度），求杆在自重作用下的内力，并画出轴力图。

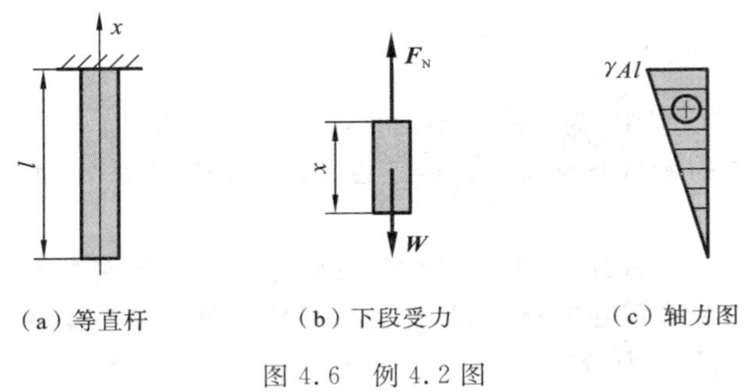

图4.6　例4.2图

解　(1) 求距下端为 x 的截面处的内力。

利用截面法，假想在距下端 x 处将杆件截开，取下段为研究对象，下段受力如图4.6(b)所示，其中 $W=\gamma Ax$，由平衡方程：

$$\sum F_x=0,\quad F_N-W=0$$

得

$$F_N=W=\gamma Ax$$

(2) 画轴力图。

很明显，杆件轴力为拉力，其大小与轴线坐标 x 成正比。轴力图如图4.6(c)所示。

4.4　平面桁架的内力

桁架结构是通过铰链将直杆连接起来形成的杆系结构。在工程实际中，特别是在桥梁、单层厂房、加油站、自行车棚等建筑物中，桁架结构得到了广泛的应用，如图4.7所示。**如果桁架结构中每根杆件的轴线和每个外力的作用线都处于同一平面内，那么这样的桁架就是平面桁架**(plane truss)；否则，就是空间桁架。在桁架结构中，各杆件之间的连结点（铰链）称为节点。

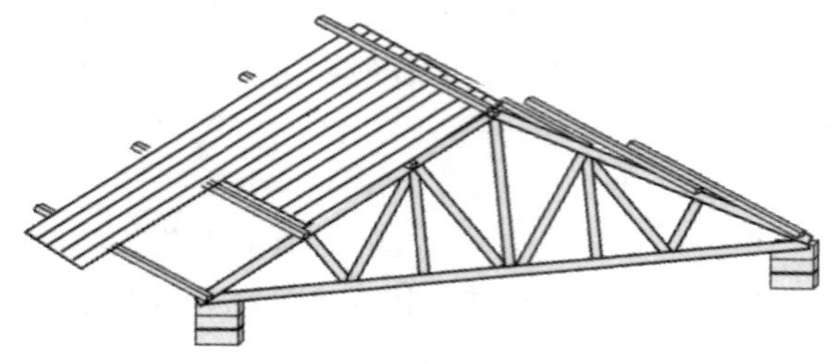

图 4.7　屋盖结构中的桁架

4.4.1　基本假设

在工程设计和计算中，为了简化平面桁架的内力分析，通常采用以下基本假设。

(1) **桁架结构的所有节点均为铰链连接**。因此，节点对杆件的约束只有约束力，没有约束力偶。

(2) **所有杆件均为直杆，且所有杆件的轴线都通过连接它的节点中心。**

(3) **所有外力都作用在节点上，且外力作用线全部位于桁架轴线平面内。** 因此，每根杆件都只在两端受力，属于二力杆，节点对每根杆件的约束力一定都是沿着杆件轴线方向的。容易推知，桁架结构的每根杆件的内力都只有轴力，每根杆件都只能发生轴向的拉伸或压缩变形。

尽管满足上述假设的理想桁架与实际桁架存在一些差异，但是大量试验研究和工程实践表明，根据上述假设获得的计算结果符合工程计算的精度要求，因此，这些假设是合理的。

4.4.2　计算方法

平面桁架的内力分析主要有两种方法：节点法和截面法。

1) 节点法

在由所有外力组成的平面力系作用下，桁架处于平衡状态，因此作为桁架的一部分，每个节点和每根杆件也都处于平衡状态。选择某个节点为研究对象，作用在节点上的主动力、约束力和通过该节点的每根杆件施加给该节点的力(其大小等于该杆件的内力)，构成一个平面汇交力系。列出它们的平衡方程并求解，就可以得到各个杆件的内力。这就是节点法。

采用节点法求解桁架内力的主要步骤如下。

(1) 首先以桁架整体为研究对象，画整体受力图，求约束力。一般来说，桁架的整体受力，构成一个平面一般力系。因此，可以列出三个独立的平衡方程，允许求解三个未知的约束力。

(2) 然后，逐个选取节点作为研究对象，画节点受力图，求杆件内力。一个节点受到的所有力构成一个平面汇交力系，可以列两个平衡方程，因此可以允许求解两个未知的杆件内力。为了保证求解顺利，必须首先从只有两个未知杆件内力的节点入手。**节点选择的顺序，一般是先从桁架两端开始，逐步往桁架中部扩展。**

必须指出的是，在分析桁架内力时，一般假设杆件承受拉力，即按背离节点的方向绘制所有杆件施加给节点的力。在此基础上，只需要根据内力计算结果的正负，就可以判断每根杆件内力的性质。**如果内力为正，则杆件受拉，否则受压。**

例 4.3 图 4.8(a)所示的平面桁架结构，受水平力 $\boldsymbol{F}$ 作用，试用节点法求各杆件的内力。

解 (1) 求 A 和 B 处的约束力。

以桁架结构整体为研究对象，受力如图 4.8(a)所示，由平衡方程：

$$\sum M_A = 0,\quad F \times \overline{AD} - F_B \times \overline{AB} = 0$$

$$\sum F_x = 0,\quad F - F_{Ax} = 0$$

$$\sum F_y = 0,\quad F_{Ay} - F_B = 0$$

求解得到

$$F_B = F,\quad F_{Ax} = F,\quad F_{Ay} = F$$

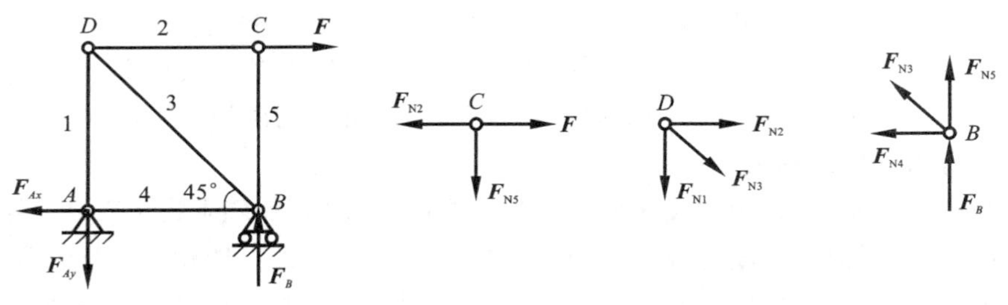

(a) 平面桁架结构　　(b) 节点 C 受力　　(c) 节点 D 受力　　(d) 节点 B 受力

图 4.8 例 4.3 图

(2) 求杆件内力。

因为节点 C 仅有两个杆件内力未知，所以首先选择节点 C 为研究对象，其受力如图 4.8(b)所示。然后，依次选择节点 D 和节点 B 为研究对象，它们的受力分别如图 4.8(c)和图 4.8(d)所示。

节点 C 的平衡方程为

$$\sum F_x = 0,\quad F - F_{N2} = 0$$

$$\sum F_y = 0,\quad F_{N5} = 0$$

求解得到

$$F_{N2} = F\text{(拉)},\quad F_{N5} = 0$$

节点 D 的平衡方程为

$$\sum F_x = 0,\quad F_{N2} + F_{N3}\cos 45^\circ = 0$$

$$\sum F_y = 0,\quad F_{N1} + F_{N3}\sin 45^\circ = 0$$

求解得到

$$F_{N1} = F(\text{拉}),\quad F_{N3} = -\sqrt{2}F(\text{压})$$

节点 B 的平衡方程为

$$\sum F_x = 0,\quad F_{N4} + F_{N3}\cos 45^\circ = 0$$

求解得到

$$F_{N4} = F(\text{拉})$$

2）截面法

节点法需要按照一定顺序选择节点作为研究对象,逐个求解,计算过程往往比较冗长。如果只需要求解桁架中部分杆件的内力,那么采用截面法进行求解,往往会比较简便。

采用截面法求解桁架内力的主要步骤如下。

(1) 对于大多数问题,首先仍然要以桁架整体为研究对象,确定全部约束力。

(2) 根据截面法,利用假想截面,将包含待求内力的一些杆件截开,并使截开后的桁架结构成为分离的两部分,选取其中一部分作为研究对象开展分析。此时,作用在研究对象上的所有力构成一个平面一般力系,因此可以列出三个平衡方程,并由此求得三个待求杆件的内力。

必须指出的是,**在采用截面法分析桁架内力时,一次最多只能截断三根杆件。**绘制受力图时,按背离被截断杆件的方向绘制杆件内力。截面不要求一定是平面,可以是任意形状的曲面。另外,可以反复多次使用截面法,以求解超过三根杆件内力的问题。

例 4.4 求图 4.9(a)所示的桁架中杆件 6、7 和 8 的内力。

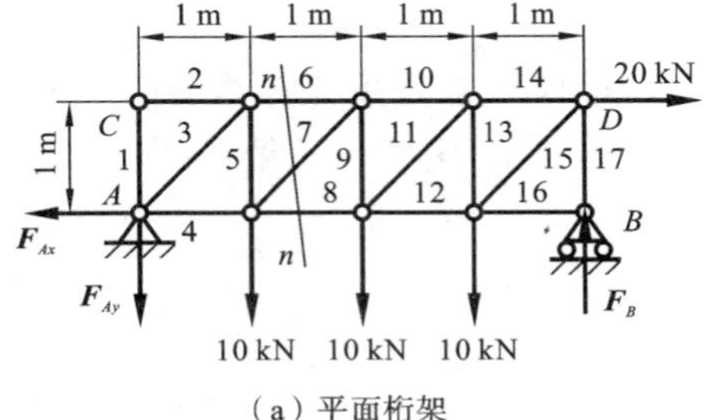

(a) 平面桁架

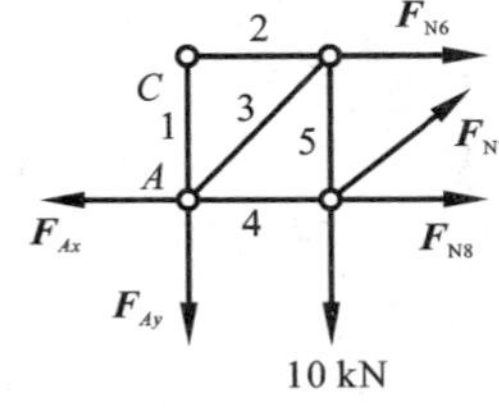

(b) 左侧部分受力

图 4.9 例 4.4 图

解 (1) 求 A 和 B 处的约束力。

以桁架整体为研究对象，受力如图 4.9(a)所示，由平衡方程：

$$\sum F_x = 0, \quad F_{Ax} - 20 = 0$$

$$\sum M_A = 0, \quad 10 \times 1 + 10 \times 2 + 10 \times 3 + 20 \times 1 - F_B \times 4 = 0$$

$$\sum F_y = 0, \quad F_{Ay} + 10 + 10 + 10 - F_B = 0$$

求解得到

$$F_B = 20 \text{ kN}, \quad F_{Ax} = 20 \text{ kN}, \quad F_{Ay} = -10 \text{ kN}$$

(2) 求杆件 6、7 和 8 的内力。

以假想截面 n—n 将桁架结构分为两部分，取左侧部分为研究对象，其受力如图 4.9(b)所示。这是一个平面一般力系，由平衡方程：

$$\sum F_y = 0, \quad F_{Ay} + 10 - F_{N7} \times \frac{\sqrt{2}}{2} = 0$$

$$\sum M_A = 0, \quad 10 \times 1 + F_{N6} \times 1 - F_{N7} \times \frac{\sqrt{2}}{2} \times 1 = 0$$

$$\sum F_x = 0, \quad F_{Ax} - F_{N6} - \frac{\sqrt{2}}{2} F_{N7} - F_{N8} = 0$$

求解得到

$$F_{N6} = -10 \text{ kN}, \quad F_{N7} = 0, \quad F_{N8} = 30 \text{ kN}$$

例 4.5 试求图 4.10(a)所示的桁架中各杆的内力。

解 (1) 求 A 和 B 处的约束力。

以桁架整体为研究对象，受力如图 4.10(a)所示。由平衡方程：

$$\sum M_A = 0, \quad F \times a - F_B \times a = 0$$

$$\sum F_x = 0, \quad F - F_{Ax} = 0$$

$$\sum F_y = 0, \quad F_{Ay} - F_B = 0$$

求解得到

$$F_B = F, \quad F_{Ax} = F, \quad F_{Ay} = F$$

(2) 求各杆的内力。

桁架中每个节点都连接 3 根杆件，所以用节点法难以求解。这里采用截面法，假想将杆 1、5 和 6 截开，取上半部分为研究对象，其受力如图 4.10(b)所示。

由平衡方程：

$$\sum M_G = 0, \quad F_{N5} \times a + F \times \frac{a}{2} = 0$$

$$\sum F_x = 0, \quad F - F_{N6} = 0$$

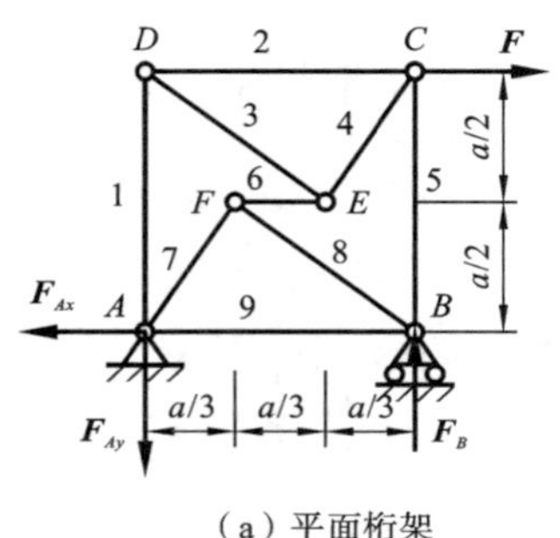

(a) 平面桁架

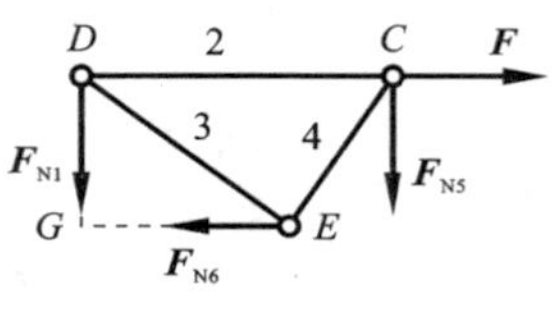

(b) 上半部分受力

图 4.10 例 4.5 图

$$\sum F_y = 0,\quad F_{N1} + F_{N5} = 0$$

求解得到

$$F_{N1} = \frac{F}{2}(\text{拉}),\quad F_{N5} = -\frac{F}{2}(\text{压}),\quad F_{N6} = F(\text{拉})$$

接下来,再采用节点法,求其他杆件的内力。由节点 C 求杆 2 和 4 的内力,由节点 D 求杆 3 的内力,由节点 F 求杆 7 和 8 的内力,由节点 A 求杆 9 的内力。

请同学们自行求解。

4.5 扭转轴的内力

在日常生活和工程实际中,扭转变形是非常常见的一种变形。例如,由汽车方向盘带动的转向操纵杆、拧紧螺丝的螺丝刀,以及机械系统的传动轴等,在工作时都会发生扭转变形。对于发生扭转变形的杆件,受力的主要特点是:**承受矩矢量沿杆件轴线方向或作用面垂直于杆件轴线的平衡力偶系作用**。工程中,我们通常把主要承受扭转变形的直杆称为轴。在沿轴线方向的横截面上,扭转轴的内力只有扭矩。

一般来说,如果轴的一端扭转受限,那么在主动力偶 M 的作用下,受限一端就会承受约束力偶 M_e 的作用,并与主动力偶 M 平衡,如图 4.11(a)所示。根据平衡方程,可以确定约束力偶。

$$M_e - M = 0 \tag{4.3}$$

接下来,就可以利用截面法,求轴在横截面上的内力。假想以截面 $m—m$,将轴截成两段,选取其中任意一段作为研究对象,然后列出平衡方程,就可以获得截面上的内力。不失一般性,选择左段作为研究对象,如图 4.11(b)所示。显然,为了与力偶 M_e 平衡,截面上必须有扭矩 T 作用,并且满足

$$M_e - T = 0 \tag{4.4}$$

选取右段作为研究对象,也可以得到相同的结果,如图 4.11(c)所示。

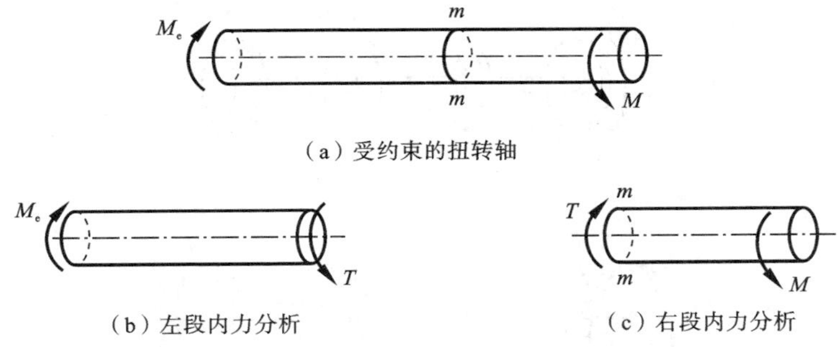

图 4.11 受约束的扭转轴的内力分析

在机械传动系统中，一般通过主动轮驱动轴转动，轴再带动从动轮转动，如图 4.12 所示。主动轮和从动轮作用于轴上的外力偶使轴保持平衡。外力偶矩的大小可以根据主动轮或从动轮的输入或输出功率来计算。

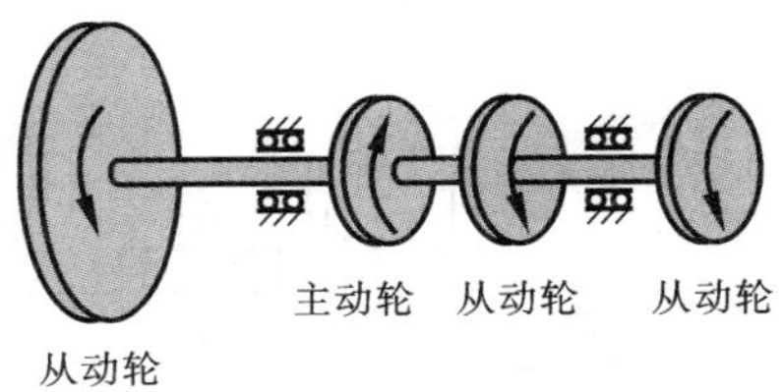

图 4.12 机械传动系统的轮和轴

$$M=\frac{1000P}{2\pi\times\frac{n}{60}}=9549\times\frac{P}{n} \tag{4.5}$$

式中：M 为外力偶矩，单位为 N·m；P 为主动轮或从动轮的输入或输出功率，单位为 kW；n 为转速，单位为转/分或 r/min。

对于受多个外力偶同时作用的轴，首先，需要根据外力偶的作用位置将轴进行分段；然后，采用截面法，得到轴在每一段上的扭矩；最后，绘制扭矩图，以展示扭矩沿轴线方向的变化情况。

例 4.6 传动轴如图 4.13(a)所示，主动轮 A 的输入功率 $P_A=50$ kW，三个从动轮的输出功率分别为 $P_B=20$ kW，$P_C=20$ kW，$P_D=10$ kW，轴的转速 $n=300$ r/min。画出轴的扭矩图。

解 (1) 根据式(4.5)求得作用于各轮上的外力偶矩：

$$M_A=9549\times\frac{P_A}{n}=9549\times\frac{50}{300}=1592\ (\text{N}\cdot\text{m})$$

$$M_B=M_C=9549\times\frac{P_B}{n}=9549\times\frac{20}{300}=637\ (\text{N}\cdot\text{m})$$

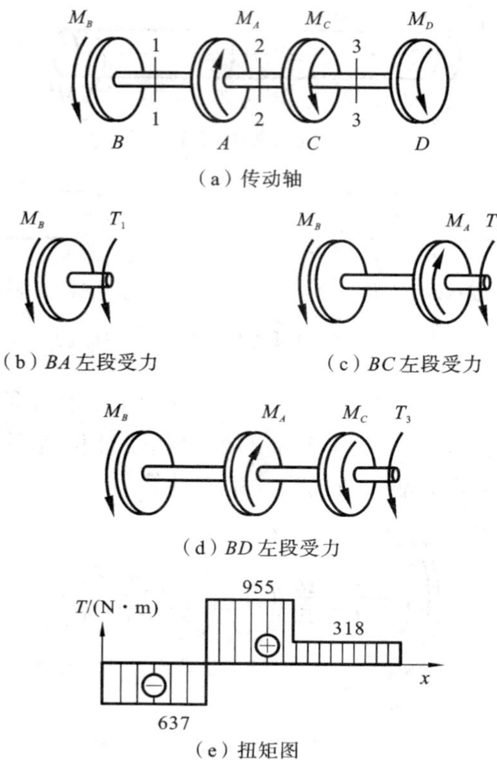

图 4.13 例 4.6 图

$$M_D = 9549 \times \frac{P_A}{n} = 9549 \times \frac{10}{300} = 318\ (\text{N} \cdot \text{m})$$

(2) 采用截面法,求截面扭矩。

假想用截面 1—1 将轴分成两段,取左段分析,受力如图 4.13(b)所示,T_1 表示 1—1 截面上的扭矩。由平衡方程:

$$\sum M_x = 0, \quad T_1 + M_B = 0$$

求解得到

$$T_1 = -M_B = -637\ \text{N} \cdot \text{m}$$

假想用截面 2—2 将轴分成两段,取左段分析,受力如图 4.13(c)所示,T_2 表示 2—2 截面上的扭矩。由平衡方程:

$$\sum M_x = 0, \quad T_2 + M_B - M_A = 0$$

求解得到

$$T_2 = M_A - M_B = 955\ \text{N} \cdot \text{m}$$

假想截面 3—3 将轴分成两段，取左段分析，受力如图 4.13(d)所示，T_3 表示截面 3—3 上的扭矩。由平衡方程：

$$\sum M_x = 0,\quad T_3 + M_B - M_A + M_C = 0$$

求解得到

$$T_3 = M_A - M_B - M_C = 318\ \text{N} \cdot \text{m}$$

(3) 画扭矩图。

轴的扭矩图如图 4.13(e)所示。

例 4.7 如图 4.14(a)所示的固定支撑轴，A 端受固定端约束，轴上作用三个主动力偶，$M_B = 30\ \text{kN} \cdot \text{m}$，$M_C = M_D = 10\ \text{kN} \cdot \text{m}$。画出它的扭矩图。

解 (1) 求固定端约束力偶。

轴受力如图 4.14(a)所示。由平衡方程：

$$\sum M_x = 0,\quad M_A + M_B - M_C - M_D = 0$$

求解得到

$$M_A = -10\ \text{kN} \cdot \text{m}$$

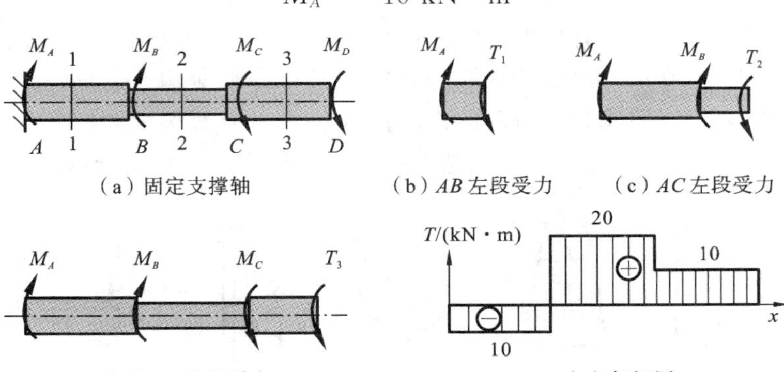

图 4.14 例 4.7 图

(2) 截面法求截面扭矩。

假想用截面 1—1 将轴分成两段，取左段分析，受力如图 4.14(b)所示，T_1 表示截面 1—1 上的扭矩。由平衡方程：

$$\sum M_x = 0,\quad T_1 - M_A = 0$$

求解得到

$$T_1 = M_A = -10\ \text{kN} \cdot \text{m}$$

假想用截面 2—2 将轴分成两段，取左段分析，受力如图 4.14(c)所示，T_2 表示截面 2—2 上的扭矩。由平衡方程：

$$\sum M_x = 0,\quad T_2 - M_B - M_A = 0$$

求解得到

$$T_2 = M_A + M_B = 20\ \text{kN} \cdot \text{m}$$

假想用截面3—3将轴分成两段,取左段分析,受力如图4.14(d)所示,T_3 表示截面3—3上的扭矩。由平衡方程:

$$\sum M_x = 0,\quad T_3 - M_B - M_A + M_C = 0$$

求解得到

$$T_3 = M_A + M_B - M_C = 10\ \text{kN} \cdot \text{m}$$

(3) 画扭矩图。

固定支撑轴的扭矩图如图4.14(e)所示。

4.6 弯曲梁的内力

当杆件承受垂直于其轴线的外力或在过其轴线的平面内作用外力偶(即外力偶矩矢方向垂直于杆件轴线)时,杆件的轴线因变形而由直线变为曲线。我们把这种变形称为弯曲变形。工程中,我们通常把主要承受弯曲变形的杆件称为梁。

梁的常见横截面类型有矩形、梯形、圆形、工字形和槽形等,它们通常有至少一根对称轴,如图4.15所示。由梁的轴线与其中一根对称轴所构成的面,称为纵向对称面。当所有外力的作用线和外力偶的作用面都位于纵向对称面内时,梁弯曲以后的轴线也将位于纵向对称面内,我们把这种弯曲变形称为**平面弯曲**(plane bending)。

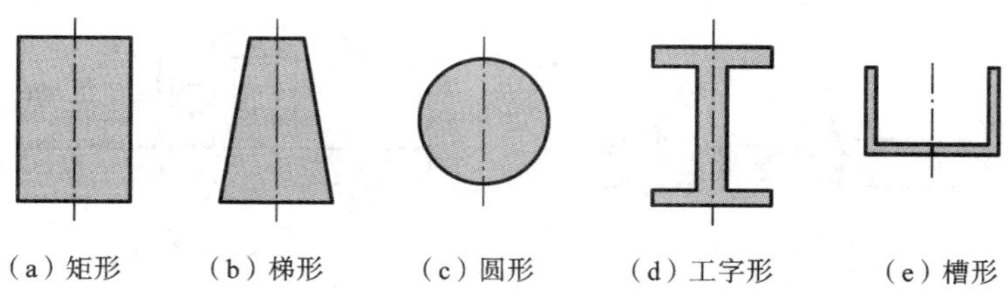

图4.15 梁的常见横截面类型

4.6.1 梁的外力、约束和类型

作用在梁上的外力主要有三种:集中力、分布力和力偶。

梁的常见约束类型也有三种:可动铰支座或滚动支座、固定铰支座和固定端。对于平面弯曲问题,可动铰支座有垂直于支承面的约束力;固定铰支座有垂直于梁轴线和平行于梁轴线的两个约束力分力;固定端既有垂直于梁轴线和平行于梁轴线的两个约束力分力,又有限制梁转角位移的约束力偶。

在发生平面弯曲的梁上作用的所有力和力偶,构成一个平面一般力系。因此,以梁整体作为研究对象,可以列出三个平衡方程,求解三个未知的约束力。如果作用在梁上的约束力正好是三个，那么根据平衡方程就可以确定全部约束力，这样的梁称为静定梁。仅靠求解平衡方程不能确定全部约束力的梁，称为静不定梁，或超静定梁。

根据所受约束的类型和约束所处的位置，静定梁可以分为**简支梁**、悬臂梁和外伸梁。一端受固定铰支座约束，另一端受可动铰支座约束的梁，称为简支梁，如图 4.16(a)所示。一端受固定端约束，另一端保持自由（即不受约束）的梁，称为**悬臂梁**，如图 4.16(b)所示。如果固定铰支座或可动铰支座出现在梁的中部，那么这样的梁称为**外伸梁**，如图 4.16(c)所示。

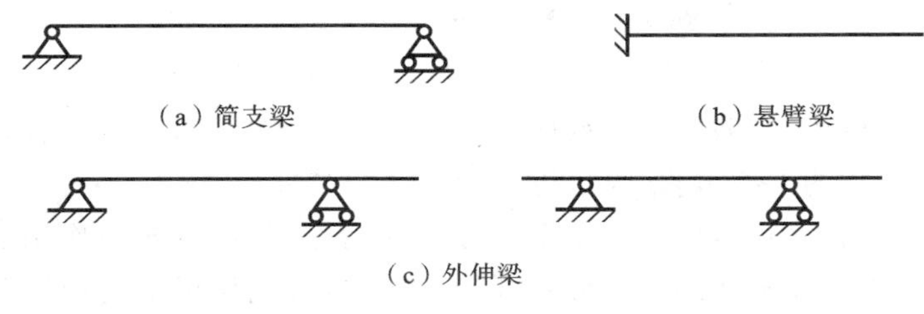

图 4.16 梁的分类

4.6.2 梁的内力分析

在通过对梁整体进行受力平衡分析，获得所有约束力之后，就可以利用截面法分析梁的内力了。对于图 4.17(a)所示的梁，假设其上作用的所有外力和外力偶已知，现在要求到梁一端 A 点距离为 x 的任意横截面 $m—m$ 上的内力。

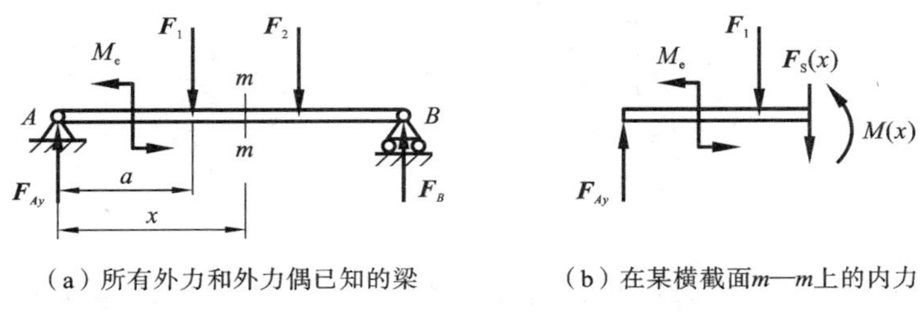

图 4.17 梁的内力

首先应用截面法假想地将梁在截面 $m—m$ 处截开，并且不失一般性，选择截断后的左段为研究对象。将该梁段上作用的所有外力和外力偶向截面 $m—m$ 的形心 C 进行简化，得到主矢 $\boldsymbol{F}'_R(x)$ 和主矩 $\boldsymbol{M}_C(x)$，它们都是截面沿梁轴线方向的位置坐标 x 的函数。由于在梁上作用的所有外力和外力偶都位于纵向对称面内，简化获得的主矢 $\boldsymbol{F}'_R(x)$ 和主矩 $\boldsymbol{M}_C(x)$ 也必定位于纵向对称面内。因此，当梁发生平面弯曲变形时，在梁的横截面上将出现两种内力：(1) 与主矢 $\boldsymbol{F}'_R(x)$ 平衡的剪力 $F_S(x)$，它的作用线位于横截面内；(2) 与主矩 $\boldsymbol{M}_C(x)$ 平衡的弯矩 $M(x)$，其矢量位于横截面内，如

图 4.17(b)所示。

按照 4.2 节对内力符号的规定，对于左段梁，截面 $m—m$ 为它的右截面，因此剪力 $F_S(x)$以向下为正，弯矩 $M(x)$以逆时针方向为正。以左段梁为研究对象，建立平衡方程，有

$$\begin{cases} F_{Ay}-F_1-F_S(x)=0 \\ M(x)+F_1(x-a)-F_{Ay}x+M_e=0 \end{cases} \tag{4.6}$$

求解得到

$$\begin{cases} F_S(x)=F_{Ay}-F_1 \\ M(x)=F_{Ay}x-F_1(x-a)-M_e \end{cases} \tag{4.7}$$

如果选取右段梁，则截面为左截面。此时，剪力以向上为正，弯矩以顺时针方向为正。根据右段梁的平衡方程，也可以得到同样的结果。

分析整根梁的内力时，要根据集中力和力偶的作用点、分布力作用的起止点等，对梁进行分段，然后在不同的梁段分别采用截面法，得到该梁段的剪力和弯矩，最后绘制剪力图和弯矩图，以表达剪力和弯矩沿梁轴线的变化规律。

例 4.8 如图 4.18(a)所示的悬臂梁，承受载荷 F 作用。试分析梁的内力，并画出剪力图和弯矩图。

解 (1) 求约束反力。

梁在 A 端受固定端约束，由于主动力 F 沿竖直方向，因此 A 端有一个竖直方向的约束力 F_{Ay}和约束力偶 M_A。由平衡方程：

$$\sum F_y=0,\quad F_{Ay}+F=0$$

$$\sum M_A=0,\quad M_A+Fl=0$$

求解得到

$$F_{Ay}=-F,\quad M_A=-Fl$$

(2) 求截面内力。

以梁在 A 端横截面的形心为 x 轴的坐标原点，并在距离 A 端 x 处假想将梁截开，取左段(AC 段)为研究对象，其受力如图 4.18(b)所示。由平衡方程：

$$\sum F_y=0,\quad F_{Ay}-F_S(x)=0$$

$$\sum M_C=0,\quad M_A+M(x)-F_{Ay}x=0$$

求解得到距离 A 端 x 处横截面上的剪力和弯矩：

$$F_S(x)=-F$$

$$M(x)=F(l-x)$$

(3) 画剪力图和弯矩图。

上面两式表明，梁在不同位置截面上的剪力均为$-F$，因此剪力图为一条平行

于 x 轴的水平线，如图 4.18(c)所示；弯矩为关于位置坐标 x 的一次函数，因此弯矩图是一条斜直线。当 $x=0$ 时，$M(0)=Fl$；而当 $x=l$ 时，$M(l)=0$，如图 4.18(d)所示。

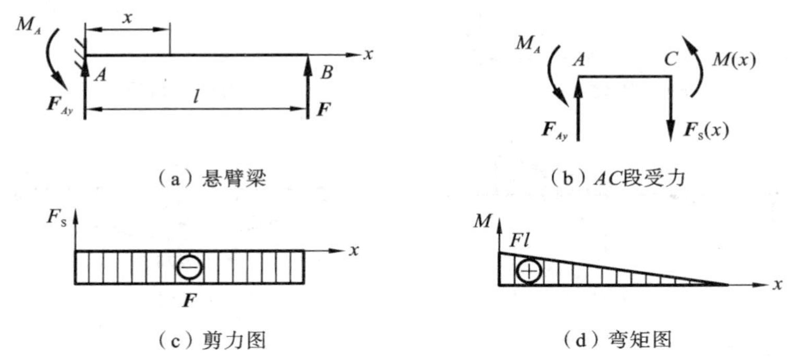

图 4.18　例 4.8 图

例 4.9　如图 4.19(a)所示的简支梁，承受集度为 q 的均布力作用，试分析梁的内力，并画剪力图和弯矩图。

解　(1) 求约束力。

梁在 A 端受固定铰支座约束，在 B 端受可动铰支座约束。梁受力如图 4.19(a)所示，由平衡方程：

$$\sum F_y = 0,\quad F_{Ay} + F_B + ql = 0$$

$$\sum M_A = 0,\quad F_B l + \frac{1}{2}ql^2 = 0$$

求解得到

$$F_{Ay} = -\frac{1}{2}ql,\quad F_B = -\frac{1}{2}ql$$

(2) 求截面内力。

以梁在 A 端横截面的形心为 x 轴的坐标原点，并在距离 A 端 x 处假想将梁截开，取左段(AC 段)为研究对象，其受力如图 4.19(b)所示。由平衡方程：

$$\sum F_y = 0,\quad F_{Ay} + qx - F_S(x) = 0$$

$$\sum M_C = 0,\quad F_{Ay}x + \frac{1}{2}qx^2 - M(x) = 0$$

求解得到距离 A 端 x 处横截面上的剪力和弯矩：

$$F_S(x) = qx - \frac{1}{2}ql$$

$$M(x) = \frac{1}{2}qx^2 - \frac{1}{2}qlx$$

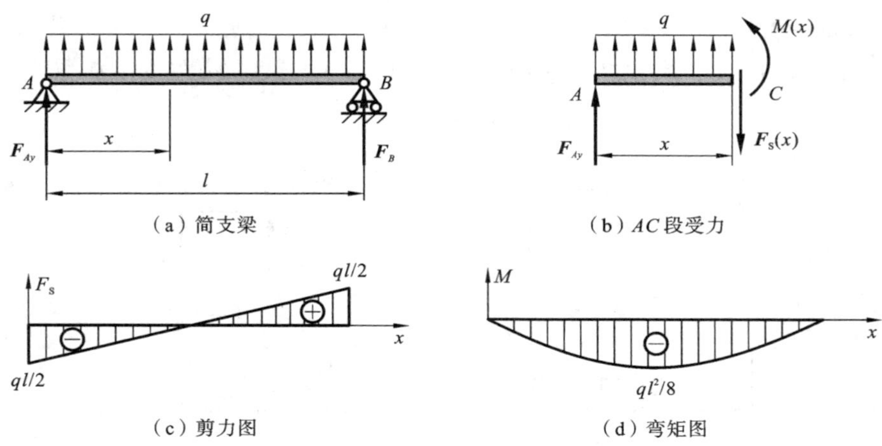

图 4.19　例 4.9 图

(3) 画剪力图和弯矩图。

上面两式表明,梁的剪力是关于位置坐标 x 的一次函数,因此剪力图是一条斜直线,如图 4.19(c)所示。当 $x=0$ 时,$F_S(0)=-\frac{1}{2}ql$;当 $x=l$ 时,$F_S(l)=\frac{1}{2}ql$。梁的弯矩是关于位置坐标 x 的二次函数,因此弯矩图是一条抛物线,如图 4.19(d)所示。当 $x=0$ 时,$M(0)=0$;当 $x=l$ 时,$M(l)=0$;当 $x=\frac{l}{2}$,弯矩取到极值 $-\frac{1}{8}ql^2$。

例 4.10　求图 4.20(a)所示简支梁各截面的内力,并画出内力图。

解　(1) 求约束力。

简支梁受力如图 4.20(a)所示,列平衡方程,有

$$\sum F_y = 0,\quad F_{Ay} - F - F + F_B = 0$$

$$\sum M_A = 0,\quad F_B(2a+b) - Fa - F(a+b) = 0$$

求解得到

$$F_{Ay} = F_B = F$$

(2) 求截面内力。

当 $0 \leqslant x < a$ 时,左段受力如图 4.20(b)所示,由平衡方程可以得到

$$F_{S1}(x) = F_{Ay} = F$$

$$M_1(x) = F_{Ay}x = Fx$$

当 $a \leqslant x < a+b$ 时,左段受力如图 4.20(c)所示,由平衡方程可以得到

$$F_{S2}(x) = 0$$

$$M_2(x) = Fa$$

当 $a+b \leqslant x < 2a+b$ 时,左段受力如图 4.20(d)所示,由平衡方程可以得到

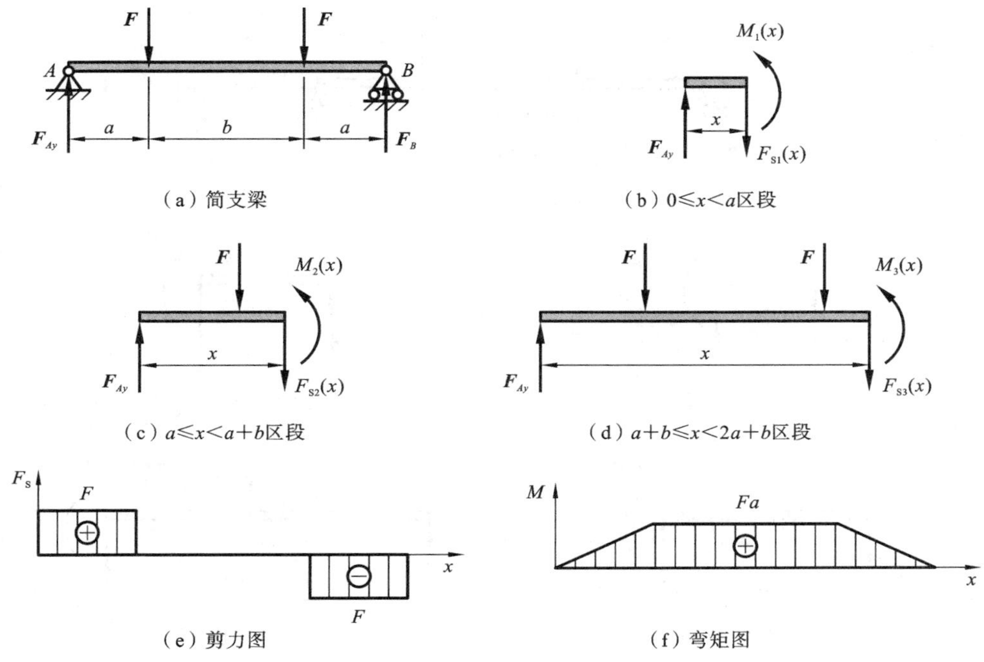

图 4.20 例 4.10 图

$$F_{S3}(x)=-F$$

$$M_3(x)=F(2a+b)-Fx$$

(3) 画内力图。

梁的剪力图和弯矩图分别如图 4.20(e)和图 4.20(f)所示。从图中可以看出，梁在 $a\leqslant x<a+b$ 区段，内力只有弯矩没有剪力，这种情况称为**纯弯曲**(pure bending)。如果在梁横截面上既有弯矩也有剪力，则这种情况称为**横力弯曲**(transverse bending)。

例 4.11 如图 4.21(a)所示的简支梁，受集度 $q=9$ kN/m 分布力，集中力 $F=45$ kN 和力偶 $M=48$ kN·m 作用。画出其内力图。

解 (1) 求约束力。

简支梁受力如图 4.21(a)所示，由平衡方程：

$$\sum F_y=0,\quad F_{Ay}-F-4q+F_B=0$$

$$\sum M_A=0,\quad 12F_B-M-4F-10\times 4q=0$$

求解得到

$$F_{Ay}=32\ \text{kN},\quad F_B=49\ \text{kN}$$

(2) 求截面内力。

以 A 点为原点，建立坐标如图 4.21(a)所示。选择集中力、力偶作用点和分布力

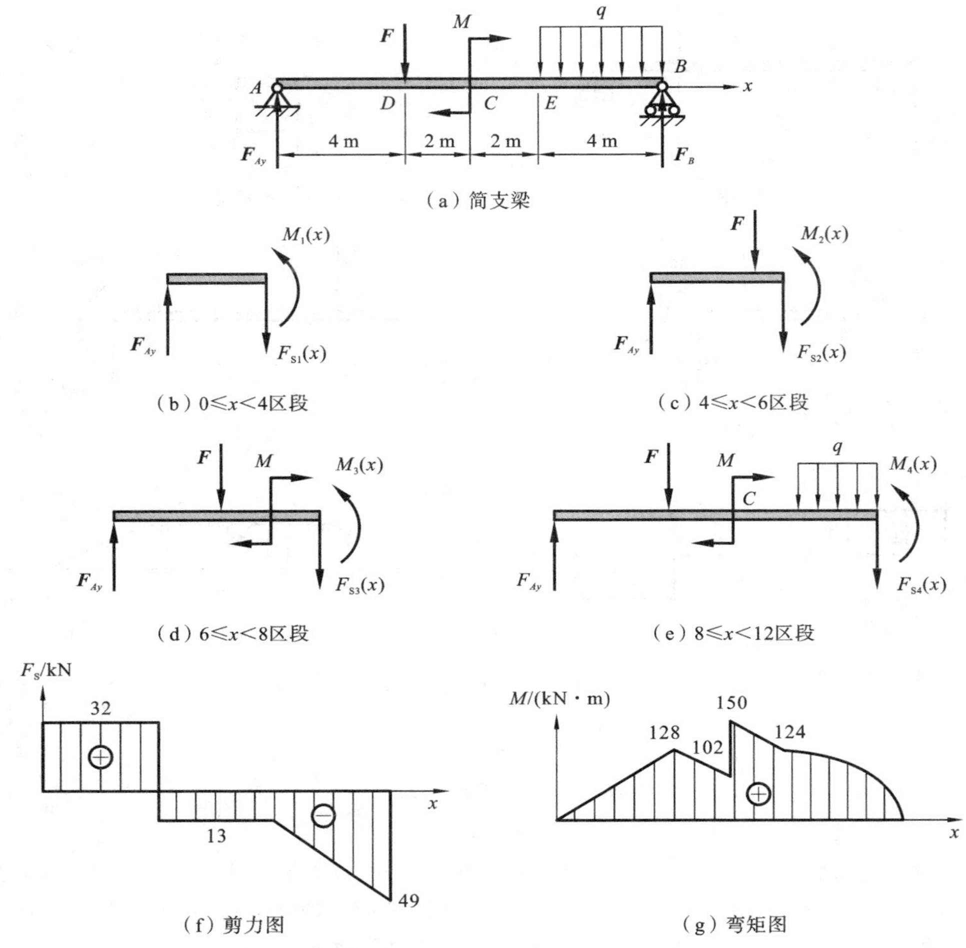

图 4.21　例 4.11 图

的起止处为分段点。分段利用截面法，求截面内力。

当 $0 \leqslant x < 4$ 时，左段受力如图 4.21(b)所示，由平衡方程可以得到

$$F_{S1}(x) = F_{Ay} = 32 \text{ kN}$$

$$M_1(x) = F_{Ay}x = 32x \text{ kN} \cdot \text{m}$$

当 $4 \leqslant x < 6$ 时，左段受力如图 4.21(c)所示，由平衡方程可以得到

$$F_{S2}(x) = F_{Ay} - F = -13 \text{ kN}$$

$$M_2(x) = F_{Ay}x - F(x-4) = 180 - 13x \text{ kN} \cdot \text{m}$$

当 $6 \leqslant x < 8$ 时，左段受力如图 4.21(d)所示，由平衡方程可以得到

$$F_{S3}(x) = F_{Ay} - F = -13 \text{ kN}$$

$$M_3(x)=F_{Ay}x-F(x-4)+M=228-13x\ \text{kN}\cdot\text{m}$$

当 $8\leqslant x<12$ 时，左段受力如图 4.21(e)所示，由平衡方程可以得到

$$F_{S4}(x)=F_{Ay}-F-q(x-8)=59-9x\ \text{kN}$$

$$\begin{aligned}M_3(x)&=F_{Ay}x-F(x-4)+M-\frac{1}{2}q\,(x-8)^2\\&=228-13x-\frac{1}{2}q\,(x-8)^2\ \text{kN}\cdot\text{m}\end{aligned}$$

(3) 画内力图。

梁的剪力图和弯矩图分别如图 4.21(f)和图 4.21(g)所示。

4.6.3　梁的平衡微分方程

当发生平面弯曲的梁整体处于平衡状态时，梁的每一个微段也会是平衡的，如图 4.22(a)所示。采用截面法，在梁轴线坐标 x 处截取长度为 $\mathrm{d}x$ 的一个微段，在微段上作用着一个向上的集度为 q 的分布力。由于作用在梁横截面上的剪力和弯矩都是轴线坐标 x 的函数，因此可以假定在微段的左截面上作用有剪力 $F_S(x)$ 和弯矩 $M(x)$，而在微段的右截面上作用有剪力 $F_S(x+\mathrm{d}x)=F_S(x)+\mathrm{d}F_S$ 和弯矩 $M(x+\mathrm{d}x)=M(x)+\mathrm{d}M$，如图 4.22(b)所示。以该微段为研究对象，并以微段右截面形心作为简化中心，列平衡方程：

$$\begin{cases}F_S+q\mathrm{d}x-(F_S+\mathrm{d}F_S)=0\\ M+\mathrm{d}M-q\mathrm{d}x\,\dfrac{\mathrm{d}x}{2}-F_S\mathrm{d}x-M=0\end{cases}\tag{4.8}$$

求解得到

$$\begin{cases}\dfrac{\mathrm{d}F_S}{\mathrm{d}x}=q\\ \dfrac{\mathrm{d}M}{\mathrm{d}x}=F_S\end{cases}\tag{4.9}$$

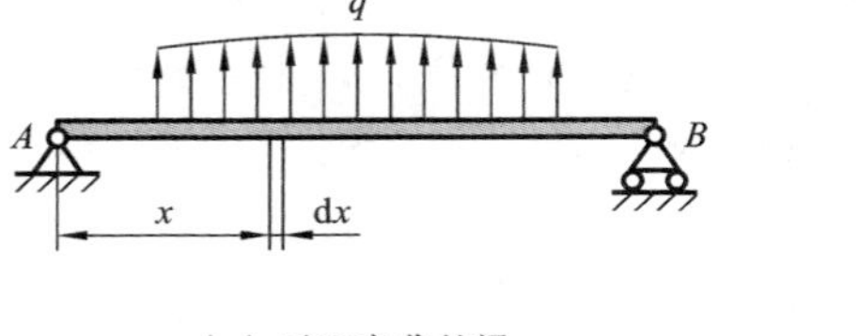

(a) 平面弯曲的梁　　(b) 微段的受力图

图 4.22　梁的微段平衡分析

这表明，**剪力图上任意一点的斜率等于作用在梁上该点处的分布力集度，弯矩图上任意一点的斜率等于剪力图上该点处的剪力。**

进一步,还可以得到

$$\frac{d^2M}{dx^2}=\frac{dF_S}{dx}=q \tag{4.10}$$

这就是**梁的平衡微分方程**,它反映梁上分布力集度 $q(x)$、剪力 $F_S(x)$和弯矩 $M(x)$三者之间的微分关系。

4.6.4 剪力图和弯矩图的特征

根据梁的平衡微分方程,剪力图和弯矩图具有以下特征。

(1) 在集中力作用处,剪力图会发生突变,突变的大小和方向由集中力的大小和方向决定。与此同时,弯矩图的斜率也会在此处发生相应的突变。

(2) 在力偶作用处,剪力图不发生变化,但是弯矩图会发生突变,突变的大小和方向由力偶的大小和方向决定。

(3) 在无分布力作用的梁段,由于 $q(x)=0$,剪力 $F_S(x)$会保持不变,剪力图与梁轴线保持平行;弯矩图为一条倾斜的直线,其斜率由 $F_S(x)$决定。

(4) 在受均匀分布力作用的梁段,由于 $q(x)$是不为零的常数,剪力图是一条倾斜的直线,其斜率由 $q(x)$决定;弯矩图为二次抛物线。当分布力向上,即 $q(x)>0$ 时,弯矩图为向上凹的抛物线;当分布力向下,即 $q(x)<0$ 时,弯矩图为向上凸的抛物线。当 $F_S(x)=0$ 时,弯矩达到极值。

(5) 在线性分布力作用的梁段,由于 $q(x)$是 x 的一次函数,剪力 $F_S(x)$和弯矩 $M(x)$分别是 x 的二次和三次函数,因此剪力图是二次抛物线。当 $q(x)=0$ 时,剪力达到极值。弯矩图为三次曲线,它的凹凸性由 $q(x)$的正负决定。

(6) 梁的平衡微分方程可以改为积分形式:$\Delta F_S=\int q(x)dx$ 和 $\Delta M=\int F_S(x)dx$。对于任意的梁段,**分布力图形在该梁段的面积,决定剪力图在该梁段的增量;剪力图在该梁段的面积,决定弯矩图在该梁段的增量。**

例 4.12 试利用梁的平衡微分方程,作例 4.11 中梁的剪力图和弯矩图。

解 (1) 根据例 4.11 的分析结果,梁在 A 和 B 两端受到的约束力分别为

$$F_{Ay}=32\ \text{kN},\quad F_B=49\ \text{kN}$$

(2) 确定特征点。

根据梁的平衡微分方程,在集中力作用处,剪力图会发生突变;在力偶作用处,弯矩图会发生突变;在受均匀分布力作用的梁段,剪力图是一条斜直线,弯矩图为二次抛物线。因此,集中力和力偶的作用点及均匀分布力的起点和终点,是**剪力图和弯矩图的特征点。**A、B、C、D、E 点就是本问题的特征点。

(3) 计算特征点的剪力值,画剪力图。

A 点:左侧 $F_{SA}^{L}=0$ kN;右侧 $F_{SA}^{R}=F_{Ay}=32$ kN。

D 点：左侧 $F_{SD}^{L}=F_{SA}^{R}=32\ kN$；右侧 $F_{SD}^{R}=F_{SD}^{L}-F=-13\ kN$。

C 点：$F_{SC}=F_{SD}^{R}=-13\ kN$。

E 点：$F_{SE}=F_{SC}=-13\ kN$。

B 点：左侧 $F_{SB}^{L}=F_{SE}-4q=-49\ kN$；右侧 $F_{SB}^{R}=F_{SB}^{L}+F_{B}=0\ kN$。

在 BE 段，$q=$常数，并且 $q<0$，因此剪力图为斜直线，斜率为负。其余各段 $q=0$，均为水平线，如图 4.21(f)所示。

(4) 计算特征点的弯矩值，画弯矩图。

A 点：$M_A=0\ kN\cdot m$。

D 点：$M_D=M_A+32\times4=128\ (kN\cdot m)$。

C 点：左侧 $M_C^L=M_E-13\times2=102\ (kN\cdot m)$；右侧 $M_C^R=M_C^L+M=150\ (kN\cdot m)$。

E 点：$M_E=M_C^R-13\times2=124\ (kN\cdot m)$。

B 点：$M_B=M_E-(13+49)\times2=0\ (kN\cdot m)$。

在 BE 段，$q=$常数，并且 $q<0$，剪力为负，剪力图的斜率也为负，因此弯矩图为开口向下的下降抛物线。其余各段 $q=0$，弯矩图为斜直线，如图 4.21(g)所示。

例 4.13 梁 AB 和梁 BC 在 B 处铰接，如图 4.23(a)所示，试作剪力图和弯矩图。

解 (1) 求约束力。

选择 AB 段为研究对象，其受力如图 4.23(b)所示，由平衡方程：

$$\sum F_y=0,\quad F_{Ay}-qa+F_B=0$$

$$\sum M_A=0,\quad F_Ba-\frac{1}{2}qa^2=0$$

求解得到

$$F_{Ay}=F_B=\frac{1}{2}qa$$

选择结构整体为研究对象，其受力如图 4.23(a)所示，由平衡方程：

$$\sum F_y=0,\quad F_{Ay}-qa-F+F_E=0$$

$$\sum M_A=0,\quad \frac{1}{2}qa^2+M+F\cdot3a-F_E\cdot4a-M_E=0$$

求解得到

$$F_E=\frac{3}{2}qa,\quad M_E=-\frac{3}{2}qa^2$$

(2) 确定特征点。

根据受力特征，A、B、C、D 和 E 点为本问题的特征点。

(3) 计算特征点剪力值，画剪力图。

A 点：左侧 $F_{SA}^{L}=0$；右侧 $F_{SA}^{R}=F_{Ay}=\frac{1}{2}qa$。

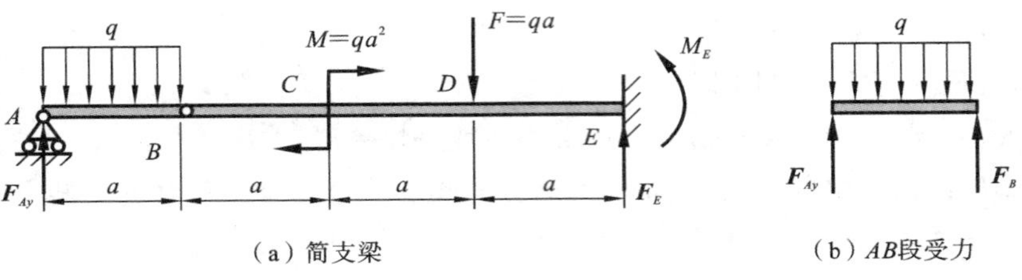

(a) 简支梁　　(b) AB段受力

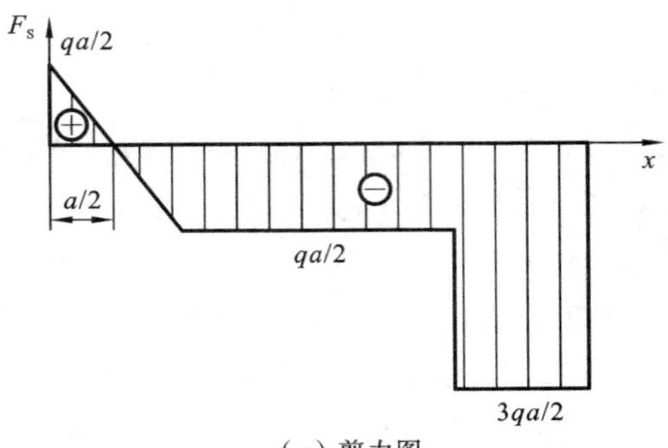

(c) 剪力图

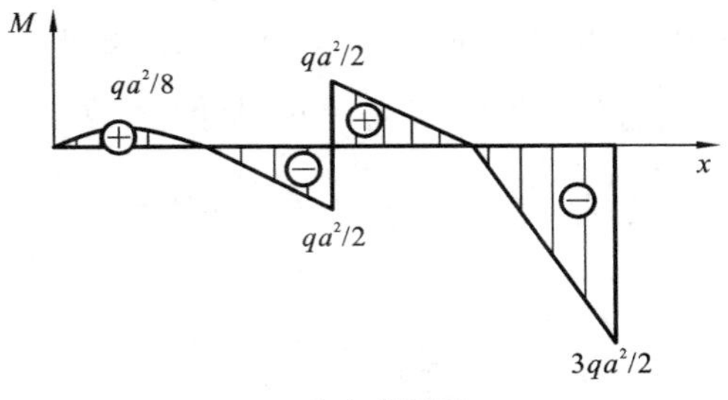

(d) 弯矩图

图 4.23　例 4.13 图

B 点:$F_{SB}=F_{SA}^{R}-qa=-\dfrac{1}{2}qa$。

C 点:$F_{SC}=F_{SB}=-\dfrac{1}{2}qa$。

D 点:左侧 $F_{SD}^{L}=F_{SC}=-\dfrac{1}{2}qa$;右侧 $F_{SD}^{R}=F_{SD}^{L}-F=-\dfrac{3}{2}qa$。

E 点:左侧 $F_{SE}^{L}=F_{SD}^{R}=-\dfrac{3}{2}qa$;右侧 $F_{SE}^{R}=F_{SE}^{L}+F_{B}=0$。

在 AB 段,$q=$常数,并且 $q<0$,因此剪力图为斜直线,斜率为负。其余各段 $q=0$,剪力图均为水平线,如图 4.23(c)所示。

(4) 计算特征点弯矩值，画弯矩图。

A 点：$M_A=0$。

B 点：$M_B=M_A+\frac{qa}{2}\times\frac{a}{2}-\frac{qa}{2}\times\frac{a}{2}=0$。

C 点：左侧 $M_C^L=M_B-\frac{qa}{2}\times a=-\frac{qa^2}{2}$；右侧 $M_C^R=M_C^L+M=\frac{qa^2}{2}$。

D 点：$M_D=M_C^R-\frac{qa}{2}\times a=0$。

E 点：左侧 $M_E^L=M_D-\frac{3qa}{2}\times a=-\frac{3}{2}qa^2$；右侧 $M_E^R=M_E^L+M_E=0$。

在 AB 段，$q=$常数，并且 $q<0$，因此弯矩图为抛物线，弯矩图的斜率为对应位置处的剪力。从图 4.23(c)中可以看出，在距离 A 端 0.5a 处，剪力为 0，因此弯矩有极值，为$\frac{1}{8}qa^2$。在 C 点，作用力偶，弯矩图发生突变。其余各段 $q=0$，弯矩图均为斜直线，如图 4.23(d)所示。

4.7 复杂受力结构的内力

工程中的结构件，受力往往比较复杂。对于复杂受力结构，开展内力分析一般需要按照以下步骤进行：

(1) 选取结构或构件整体作为研究对象，进行受力分析，通过平衡方程求解，获得全部约束力；

(2) 采用截面法，从需要求解内力的截面处截断构件；

(3) 选取截断后构件的一部分作为研究对象，以横截面形心 C 为简化中心，将所有主动力和约束力(包括力偶)，向横截面形心处简化，得到主矢 $\boldsymbol{F}'_R$ 和主矩 $\boldsymbol{M}_C$，进一步得到它们的分量；

(4) 根据平衡条件，得到横截面上的所有内力分量。

例 4.14 图 4.24(a)所示的结构在 A 和 C 点受固定铰支座约束，在杆 AB 上受集中力 $\boldsymbol{F}$ 作用。画出杆 AB 的内力图。

解 (1) 求杆 AB 的约束力。

以杆 AB 为研究对象，其受力如图 4.24(b)所示，由平衡方程：

$$\sum F_y=0,\quad F_{Ay}-F+F_B\sin30^\circ=0$$

$$\sum M_A=0,\quad Fa-F_B\sin30^\circ\cdot 2a=0$$

$$\sum F_x=0,\quad F_{Ax}-F_B\cos30^\circ=0$$

求解得到

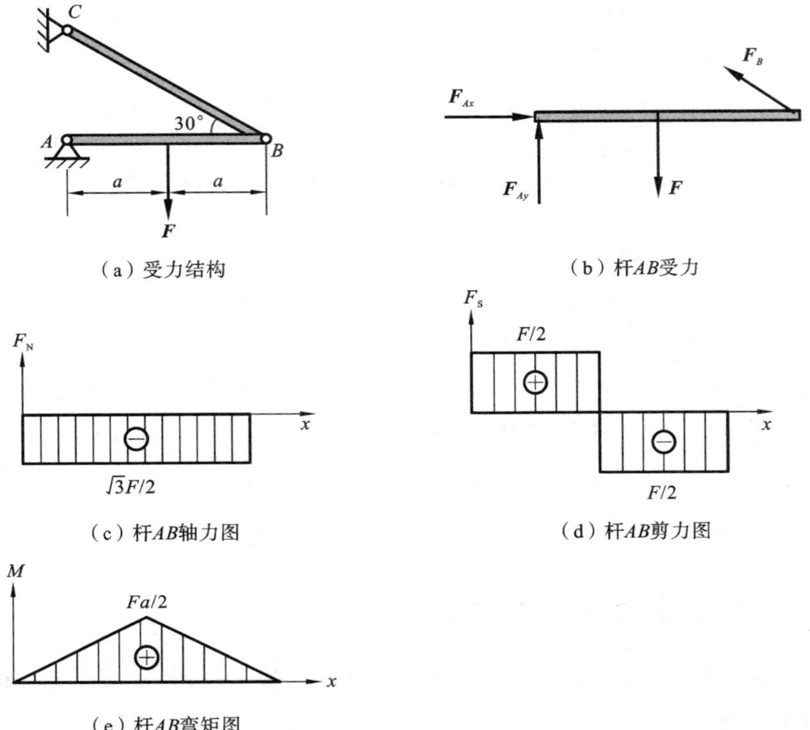

图 4.24 例 4.14 图

$$F_{Ax}=\frac{\sqrt{3}}{2}F,\quad F_{Ay}=\frac{F}{2},\quad F_B=F$$

(2) 画杆 AB 的内力图。

杆 AB 的内力有轴力、剪力和弯矩。轴力的大小等于 F_{Ax}，为压力，如图 4.24(c)所示。

杆 AB 上无分布力作用，因此剪力图在集中力作用的地方发生突变，但在其他地方保持水平，如图 4.24(d)所示。

杆 AB 上无分布载荷作用，无集中力偶作用，弯矩图为斜直线，并在集中力作用的地方发生转折，如图 4.24(e)所示。

例 4.15 在图 4.25(a)中，直角架 ABC 在 A 端受固定端约束，在 C 处受力 $\boldsymbol{F}$ 作用，力 $\boldsymbol{F}$ 处于平行于 Oxy 平面的平面内。试画出 AB 段的内力图。

解 (1) 求 A 端的约束力。

直角架 ABC 受力如图 4.25(b)所示，由空间力系平衡方程：

$$\sum F_x=0,\quad F_{Ax}+\frac{4}{5}F=0$$

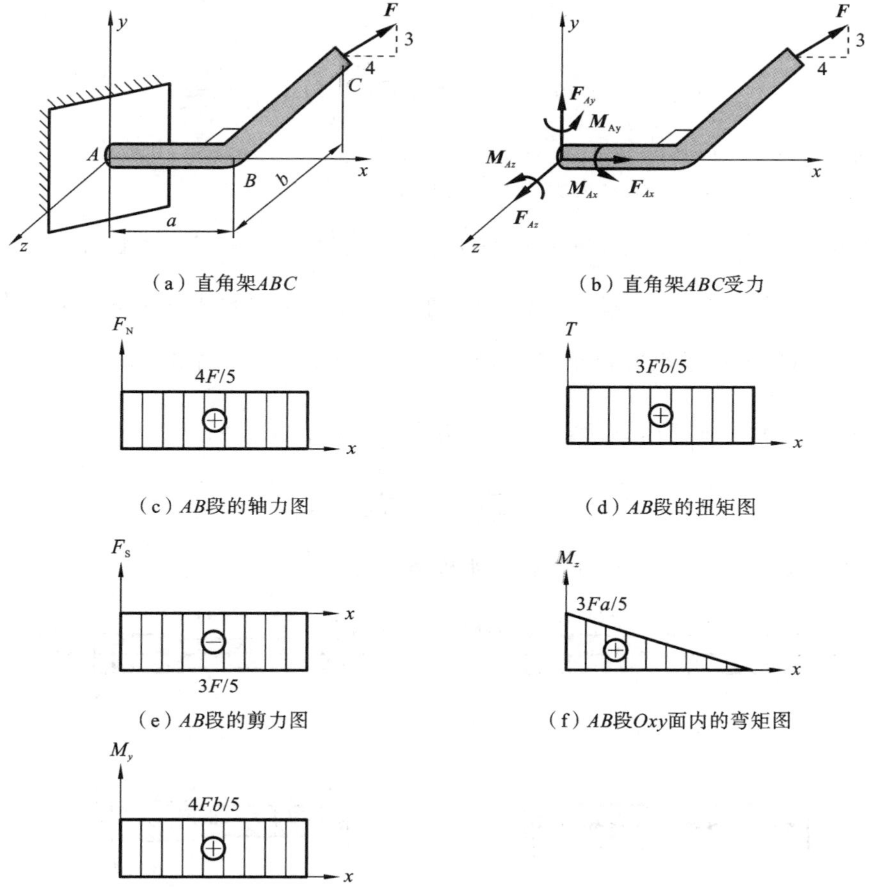

(a) 直角架ABC

(b) 直角架ABC受力

(c) AB段的轴力图

(d) AB段的扭矩图

(e) AB段的剪力图

(f) AB段Oxy面内的弯矩图

(g) AB段Oxz面内的弯矩图

图 4.25 例 4.15 图

$$\sum F_y = 0,\quad F_{Ay} + \frac{3}{5}F = 0$$

$$\sum F_z = 0,\quad F_{Az} = 0$$

$$\sum M_x = 0,\quad M_{Ax} + \frac{3}{5}Fb = 0$$

$$\sum M_y = 0,\quad M_{Ay} - \frac{4}{5}Fb = 0$$

$$\sum M_z = 0,\quad M_{Az} + \frac{3}{5}Fa = 0$$

求解得到

$$F_{Ax}=-\frac{4}{5}F,\quad F_{Ay}=-\frac{3}{5}F,\quad F_{Az}=0$$

$$M_{Ax}=-\frac{3}{5}Fb,\quad M_{Ay}=\frac{4}{5}Fb,\quad M_{Az}=-\frac{3}{5}Fa$$

(2) 画 AB 段的内力图。

根据受力情况,AB 段的内力有轴力、扭矩、剪力和弯矩。

轴力 $F_N=\frac{4}{5}F$,为拉力,如图 4.25(c)所示。扭矩 $T=\frac{3}{5}Fb$,如图 4.25(d)所示。AB 段内没有集中力,剪力图为一水平线,在集中力作用的地方发生突变,如图 4.25(e)所示。AB 段的弯矩有两个分量,$M_z=\frac{3}{5}Fa-\frac{3}{5}Fx$,作用在 Oxy 平面内,如图 4.25(f)所示;$M_y=\frac{4}{5}Fb$,作用在 Oxz 平面内,如图 4.25(g)所示。

习　　题

4.1　试作图 4.26 所示的所有杆件的轴力图。

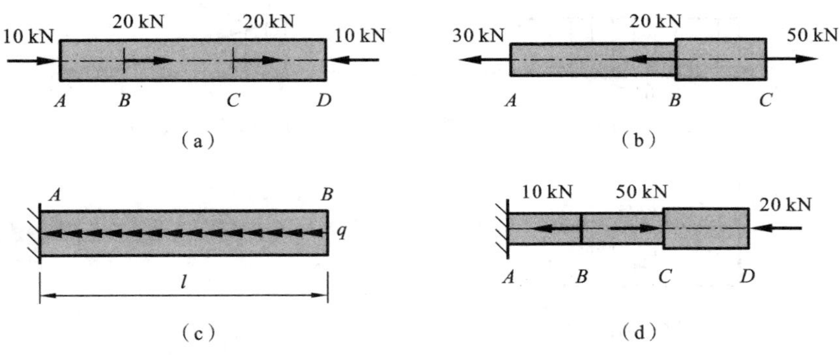

图 4.26　题 4.1 图

4.2　求图 4.27 所示的所有桁架结构中杆 1、2 和 3 的内力。

4.3　试作图 4.28 中各轴的扭矩图。

4.4　试用截面法画出图 4.29 中各梁的剪力图和弯矩图,并确定梁中的最大剪力 $|F_S|_{max}$ 和最大弯矩 $|M|_{max}$。

4.5　利用梁的平衡微分方程,画出图 4.29 中各梁的剪力图和弯矩图。

4.6　在图 4.30 中,直角弯杆 ABC 在 C 点受竖直向下的力 $\boldsymbol{F}$ 作用。试画出它在 AB 段的内力图。

4.7　在图 4.31 中,由梁 AC 和刚性杆件 DB 组成的结构在 C 点受竖直向下的力 $\boldsymbol{F}$ 作用。试画出梁 AC 的内力图。

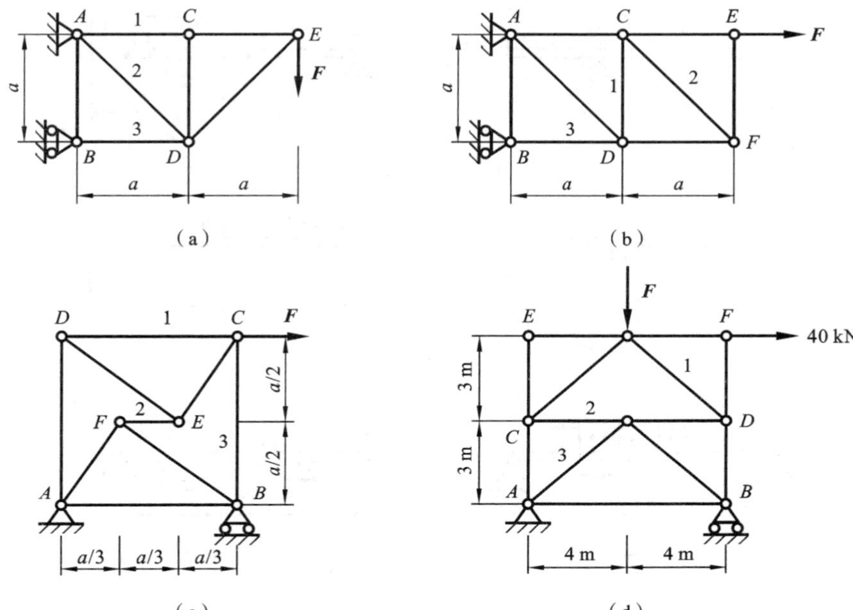

图 4.27　题 4.2 图

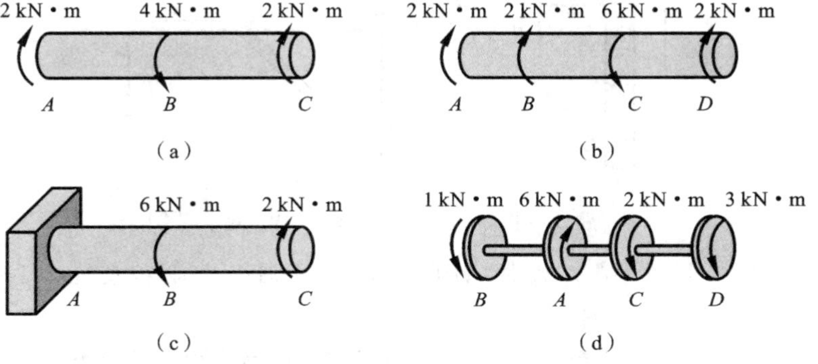

图 4.28　题 4.3 图

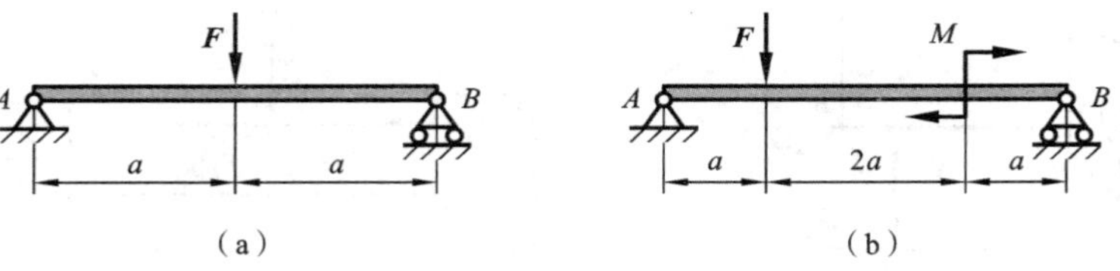

图 4.29　题 4.4 和题 4.5 图

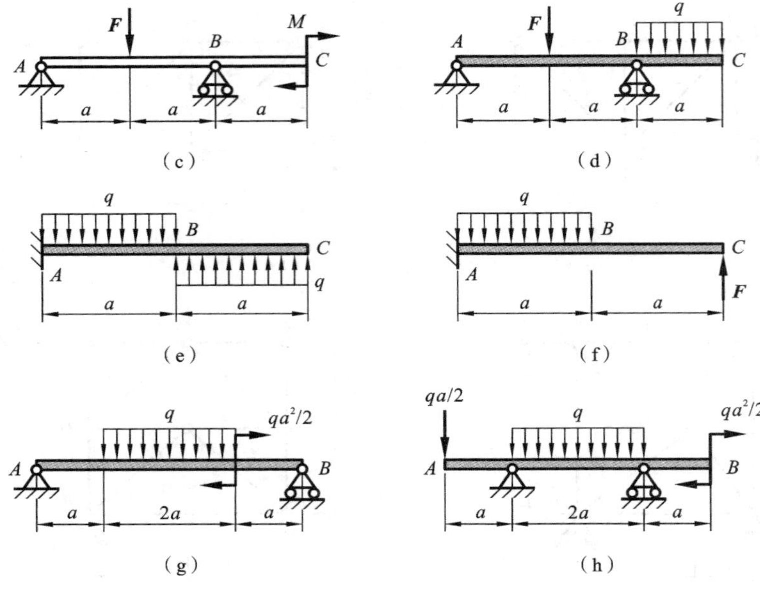

续图 4.29

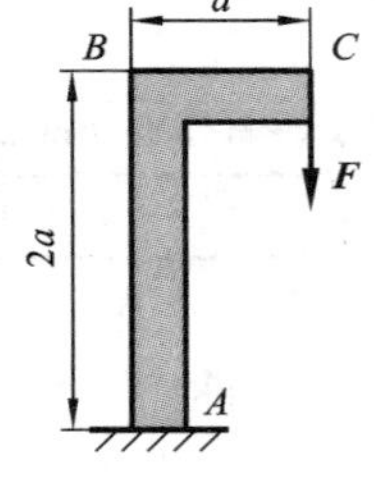

图 4.30　题 4.6 图

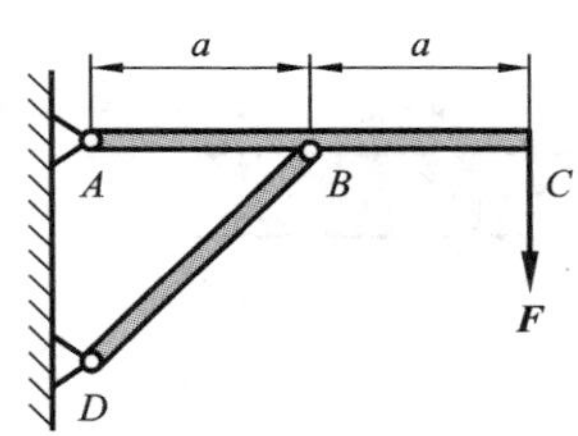

图 4.31　题 4.7 图

4.8　在图 4.32 中,直角弯杆 ABC 在 C 点分别受水平和竖直方向的力作用。试画出它在 AB 段的内力图。

4.9　圆轴 AC 的尺寸和受力如图 4.33 所示,试画出它的内力图。

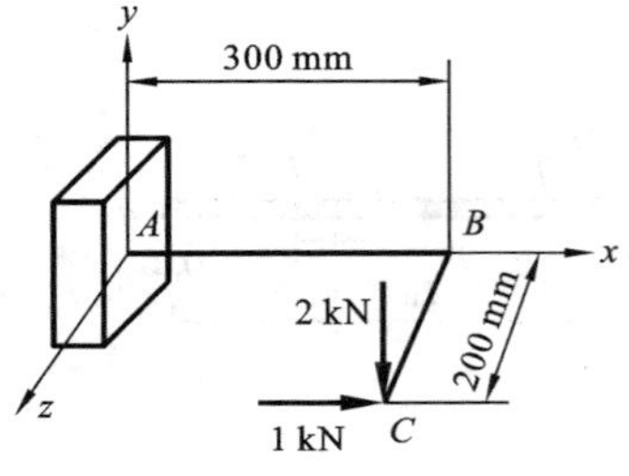

图 4.32　题 4.8 图

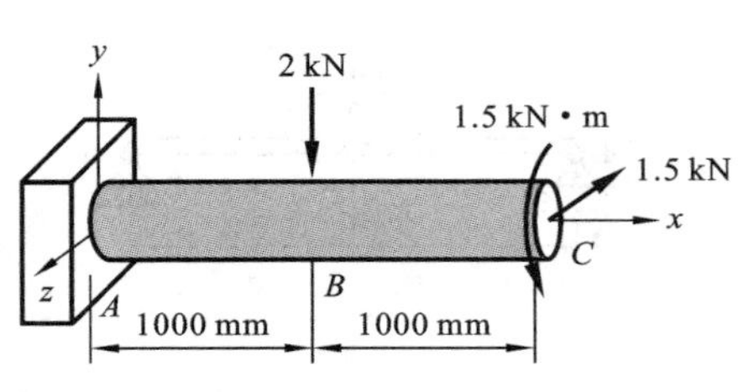

图 4.33　题 4.9 图

第5章　轴向拉压杆的强度和刚度

如果承受的外力超过一定的限度，工程中的零构件就可能发生破坏或者不能正常工作。因此，零构件必须具备足够的承载能力。这种承载能力可以从以下三个方面来考虑。

(1) 足够的强度。零构件因承载过大而发生断裂或者产生影响正常工作的显著变形(通常指产生不可恢复的塑性变形)，被称为破坏。**强度**(strength)**是指零构件抵抗破坏的能力。**

(2) 足够的刚度。一些零构件即使不发生破坏，但是如果整体变形过大，也会对正常工作带来显著影响。例如机床主轴如果变形过大，就会影响加工精度。**刚度**(stiffness)**是指零构件抵抗变形的能力。**

(3) 足够的稳定性。一些受压力作用的细长零构件，如千斤顶的螺杆、矿山支护用的支腿等，当承受的压力过大时，容易发生压弯变形，从而失去原有的平衡形态，不能正常工作。此外，汽车起重机工作时操作不当，可能发生倾覆等。**稳定性**(stability)**是指零构件或结构保持原有平衡形态的能力。**

只有上述三个方面的要求得到满足，零构件才符合安全性的要求。本章首先讨论拉压杆的强度和刚度问题。

5.1　应力和应变

物体的一部分对另一部分作用的内力，是通过联结这两部分的截面施加的，因此物体的真实内力是作用在截面上的分布内力。以截面形心为简化中心，将该分布内力进行简化，得到的简化结果才是由轴力、剪力、扭矩和弯矩组成的内力。从这个意义上说，轴力、剪力、扭矩和弯矩是对作用于截面上的真实内力进行数学处理后的内力。

在物体内部传递的内力，会使材料发生局部变形，而局部变形的累加，又会形成物体的整体变形。如何描述截面上分布内力的强弱？如何描述材料的局部变形？

5.1.1　应力

对于图4.1(a)所示的受空间力系作用处于平衡状态的某物体，在图4.1(b)中，假想截面 $m—m$ 上有任意一点 k，选取一个微小的面积 ΔA，如图5.1(a)所示。假设在 ΔA 上分布内力的合力为 $\Delta \boldsymbol{F}$，那么平均内力集度为

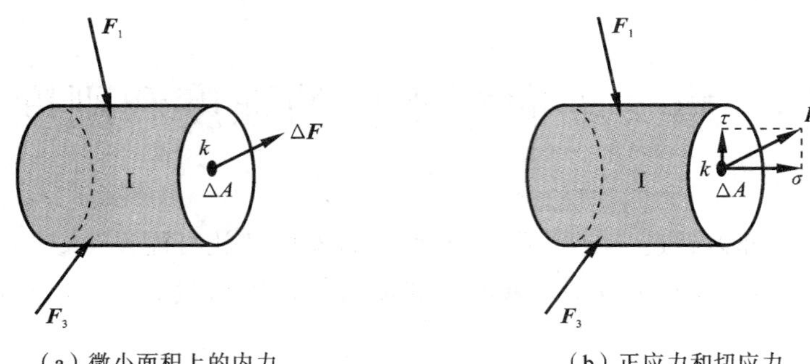

(a) 微小面积上的内力　　(b) 正应力和切应力

图 5.1　截面上的应力

$$\boldsymbol{p}_{\mathrm{m}}=\frac{\Delta \boldsymbol{F}}{\Delta A} \tag{5.1}$$

当 $\Delta A \to 0$ 时,有

$$\boldsymbol{p}=\lim_{\Delta A \to 0} \boldsymbol{p}_{\mathrm{m}}=\lim_{\Delta A \to 0} \frac{\Delta \boldsymbol{F}}{\Delta A} \tag{5.2}$$

我们把 $\boldsymbol{p}$ 称为截面上 k 点的**应力**(stress),反映截面上 k 点的内力集度,即单位面积上的内力,可以用来反映截面上分布内力的强弱。$\boldsymbol{p}$ 是一个矢量,可以分解为沿截面法向的分量 σ 和处于截面内的分量 τ,分别称为正应力和切应力(见图 5.1(b))。应力的单位为帕斯卡(Pa),1 Pa=1 N/m^2。这个单位太小,工程上使用不方便,经常采用 MPa,1 MPa=10^6 Pa。

对于在两端沿轴线方向受一对平衡力 F 作用的轴向拉压杆件,如图 5.2(a)所示,在其横截面上有轴力为 $F_{\mathrm{N}}=F$。假设内力在横截面上分布均匀,则横截面上只有正应力,没有切应力,且正应力为

$$\sigma=\frac{F_{\mathrm{N}}}{A}=\frac{F}{A} \tag{5.3}$$

式中:A 为杆件的横截面面积,如图 5.2(b)所示。

而在该杆件的斜截面上分布的应力为

$$p_{\alpha}=\frac{F}{A_{\alpha}}=\frac{F\cos\alpha}{A} \tag{5.4}$$

式中:α 为斜截面法线方向与杆件轴线方向之间的夹角;$A_{\alpha}=\dfrac{A}{\cos\alpha}$,为斜截面面积,如图 5.2(c)所示。进一步,可以得到斜截面上的正应力和切应力(见图 5.2(d)):

$$\begin{cases}\sigma_{\alpha}=p_{\alpha}\cos\alpha=\dfrac{F\cos^2\alpha}{A}=\dfrac{\sigma}{2}(1+\cos2\alpha)\\[2ex] \tau_{\alpha}=p_{\alpha}\sin\alpha=\dfrac{F\cos\alpha\sin\alpha}{A}=\dfrac{\sigma}{2}\sin2\alpha\end{cases} \tag{5.5}$$

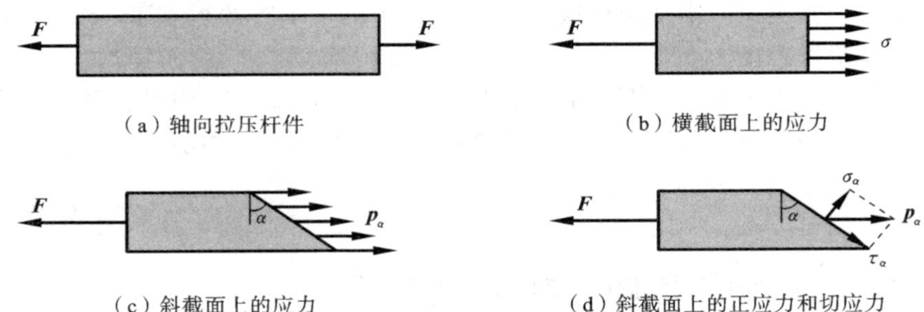

（a）轴向拉压杆件　　（b）横截面上的应力

（c）斜截面上的应力　　（d）斜截面上的正应力和切应力

图 5.2　在轴向拉压杆件横截面和斜截面上的应力

当 $\alpha=0^\circ$ 时，斜截面就是横截面，此时 σ_α 达到最大值，且

$$\sigma_\alpha=\sigma_{\max}=\sigma \tag{5.6}$$

当 $\alpha=45^\circ$ 时，即斜截面与杆件轴线成 45° 角，τ_α 达到最大值，且

$$\tau_\alpha=\tau_{\max}=\frac{\sigma}{2} \tag{5.7}$$

因此，**杆件承受轴向拉压力作用时，最大正应力发生在横截面上，而最大切应力发生在与杆件轴线成 45° 角的斜截面上。**

5.1.2　应变

物体受力以后发生的变形包括尺寸的改变和形状的改变两种。

为了说明上述两种变形，从受力物体中 A 点选取一个单位厚度的微元体 $ABCD$ 进行分析，如图 5.3 所示。微元体在 x 轴和 y 轴方向的尺寸分别为 Δx 和 Δy。在物体受力之后，微元体变形为 $A'B'C'D'$，它在 x 轴和 y 轴方向的尺寸分别为 $\Delta x'$ 和 $\Delta y'$。

因此，微元体沿 x 轴和 y 轴方向的相对尺寸变化分别为

$$\begin{cases}\varepsilon_x=\lim\limits_{\Delta x\to 0}\dfrac{\Delta x'-\Delta x}{\Delta x}\\[2ex] \varepsilon_y=\lim\limits_{\Delta y\to 0}\dfrac{\Delta y'-\Delta y}{\Delta y}\end{cases} \tag{5.8}$$

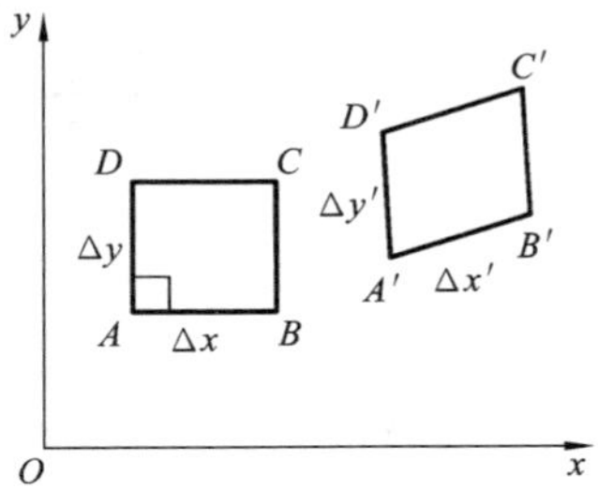

图 5.3　正应变和切应变

它们就是物体在 A 点沿 x 轴和 y 轴方向的**正应变**(normal strain)或**线应变**。微元体的形状变化可以用线段 AB 和 AD 之间直角的改变量来量度，即

$$\gamma=\lim_{\Delta x,\ \Delta y\to 0}(\angle BAD-\angle B'A'D')=\lim_{\Delta x,\ \Delta y\to 0}\left(\frac{\pi}{2}-\angle B'A'D'\right) \tag{5.9}$$

式中：$\angle BAD$ 和 $\angle B'A'D'$ 都取弧度值；γ 是物体在 A 点的切应变(shear strain)。

正应变和切应变分别反映正应力和切应力作用带来的变形效果,表征材料受力以后的局部变形程度。

对于长度为 L 的轴向拉压杆件,杆件受力后长度增加 ΔL,假设杆件变形在长度范围内是均匀的,则杆件只有正应变,没有切应力,且沿长度方向的正应变为

$$\varepsilon=\frac{\Delta L}{L} \tag{5.10}$$

5.2 低碳钢的拉伸应力-应变曲线

应力与应变之间的关系属于材料的重要力学性质,必须通过试验进行研究。低碳钢是指含碳量小于0.3%的碳素钢。它是工程中广泛应用的金属结构材料。这里首先通过试验研究低碳钢在拉伸载荷作用下的应力-应变关系。

根据国家标准,采用图5.4所示的圆形截面和矩形截面的标准拉伸试样,开展低碳钢的拉伸试验。在图5.4中,在 $m—m$ 和 $n—n$ 两截面之间的杆段为试验段,其长度 l 称为标距。对于圆形截面试样,标距与直径之比有两种:$l=10d$ 和 $l=5d$。对于矩形截面试样,标距与试验段横截面面积之比也有两种:$l=11.3\sqrt{A}$和 $l=5.65\sqrt{A}$。

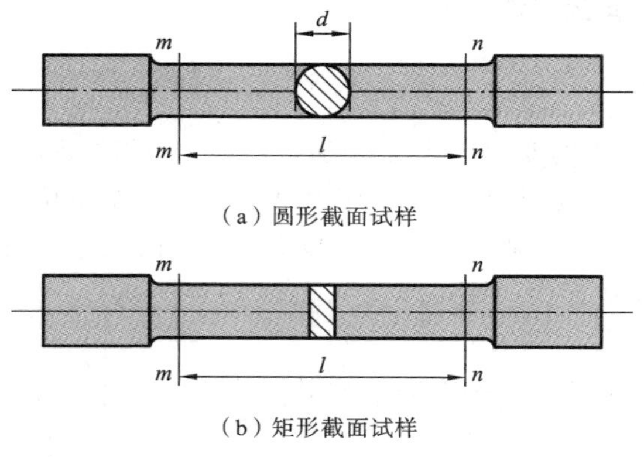

(a) 圆形截面试样

(b) 矩形截面试样

图5.4 标准拉伸试样

试验开始时,首先将试样安装在试验机的上下夹头内,并在标距段内安装测量变形的仪器;然后启动试验机,进行缓慢加载。随着拉力 F 的增大,试样标距段的长度 l 不断增大。记录拉力 F 与对应标距段的伸长量 Δl,并绘制 F-Δl 曲线,再根据式(5.3)和式(5.10)将其转化为应力-应变曲线,即 σ-ε 曲线,如图5.5所示。

低碳钢的拉伸应力-应变曲线可以分成四个阶段。

(1) 弹性阶段,即曲线的 Oab 段。在这一阶段,只有弹性变形,没有塑性变形。**所谓弹性变形,是指卸载可以完全回复的变形;而所谓塑性变形,是指卸载不能回复的变形。**因此,如果在这一阶段曲线的任意一点处卸载,应力和应变将沿着原来的加

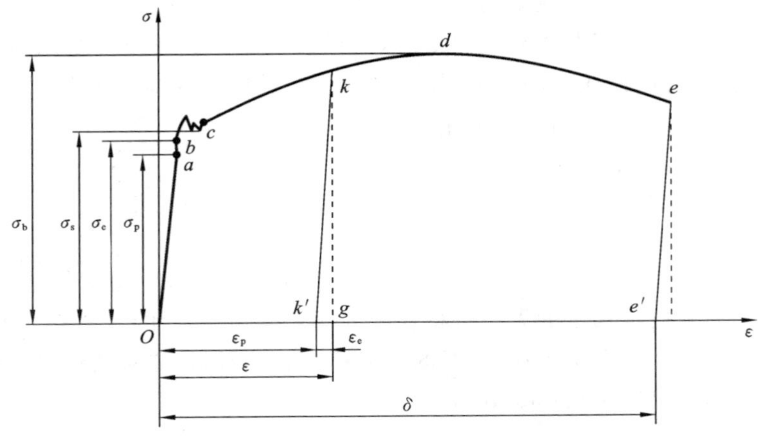

图 5.5　低碳钢的拉伸应力-应变曲线

载路径返回，直到坐标原点 O。点 a 对应的应力称为比例极限，点 b 对应的应力称为弹性极限。由于二者非常接近，工程上并不严格区分。在 Oa 段，σ-ε 曲线为直线，应力-应变关系满足胡克定律，即

$$\sigma = E\varepsilon \tag{5.11}$$

式中：E 为与材料有关的比例常数，是 Oa 段直线的斜率，称为**弹性模量**(elastic modulus)或杨氏模量(Young modulus)。弹性模量与应力具有相同的量纲，常用单位为 GPa，1 GPa$=10^9$ Pa。Oa 段称为线弹性阶段，而 ab 段称为非线性弹性阶段。

(2) 屈服阶段，即曲线的 bc 段。这一阶段产生的变形主要是塑性变形。材料暂时失去对变形的抵抗能力。应变显著增大，但是应力先是略微下降，之后围绕一条水平线做微小波动，形成接近水平线的小锯齿形线段。**这种在应力基本保持不变的情况下发生的应变显著增大的现象，称为屈服或流动。**在屈服阶段，应力波动的最大值和最小值分别称为上屈服极限和下屈服极限。下屈服极限又称为屈服极限(yield stress)或屈服强度，用 σ_s 表示。屈服极限是衡量材料强度的一个重要指标。**所谓强度，是指材料抵抗断裂破坏的能力。**

(3) 强化阶段，即曲线的 cd 段。在这一阶段，材料又恢复了抵抗变形的能力，要使试样继续变形，必须增加拉力。这种现象称为材料的强化。σ-ε 曲线的最高点 d 对应的应力是材料能够承受的极限应力，称为极限强度或抗拉强度，用 σ_b 表示。极限强度是衡量材料强度的另一个重要指标。从屈服阶段或强化阶段的曲线上任意一点 k 卸载，应力和应变将沿着与 Oa 段平行的路径 kk' 下降，直到与横坐标轴相交于 k' 点。交点 k' 的应力为零，应变则为不能回复的塑性变形 ε_p。在加载阶段发生的所有弹性变形 ε_e，都将在应力卸载到零以后完全回复。

(4) 颈缩(neck)阶段或破坏阶段，即曲线的 de 段。在这一阶段，试样由于受随

机的局部杂质或缺陷诱导,在某局部范围内横向尺寸突然急剧缩小,沿轴线方向变形不再均匀,曲线下滑。当曲线到达点 e 时,试样被拉断。试样被拉断以后,弹性变形完全回复。将断开的两段在断裂处对接起来,保持其轴线在同一条直线上,测得破坏时的标距 l_1 和颈缩处的最小截面面积 A_1。

定义**延伸率**(elongation):

$$\delta=\frac{l_1-l}{l}\times 100\% \tag{5.12}$$

延伸率是衡量材料塑性性能的重要指标。延伸率越大,说明材料塑性或延性越好。工程上,通常按延伸率的大小将材料分为两大类:$\delta>5\%$的材料称为塑性或延性材料,如碳钢、黄铜、铝合金等;$\delta<5\%$的材料称为脆性材料,如灰铸铁、玻璃、陶瓷等。

定义**截面收缩率**(reduction of area):

$$\psi=\frac{A-A_1}{A}\times 100\% \tag{5.13}$$

截面收缩率也是衡量材料塑性性能的重要指标。截面收缩率越大,说明材料塑性或延性越好。

5.3 几种典型材料的拉伸和压缩力学性能

5.3.1 拉伸力学性能

不同的材料具有不同的拉伸应力-应变曲线。对于像低碳钢这样的延性材料,如Q235和Q345,拉伸应力-应变曲线有非常明显的四个阶段,如图5.6(a)所示,表征材料力学性能的一些参数,如弹性模量 E、屈服极限 σ_s、极限强度 σ_b 等,很容易确定。对于灰铸铁和玻璃钢等脆性材料,即使拉伸到试样破坏时,材料也没有发生明显的塑性变形,因此只有弹性阶段,没有屈服阶段,也不存在屈服点,如图5.6(b)所示。这类材料的强度指标只有试样达到破坏时的极限强度 σ_b。一些材料具有一定的延性,但是没有明显的屈服平台,因此难以确定它们的屈服极限,如图5.6(c)所示。工程

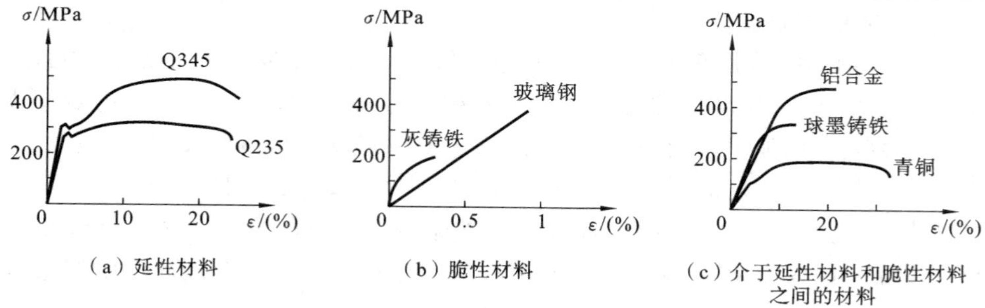

图 5.6 几种典型的拉伸应力-应变曲线

上，一般采用 0.2% 的塑性应变所对应的应力作为**名义屈服极限**（nominal yield stress），记作 $\sigma_{0.2}$，如图 5.7 所示。

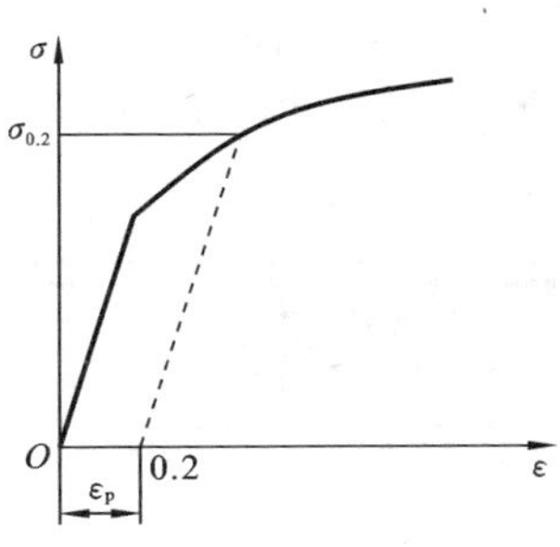

图 5.7　名义屈服极限

5.3.2　压缩力学性能

材料的压缩力学性能需要通过压缩试验确定。

一般来说，延性材料的压缩应力-应变曲线与拉伸应力-应变曲线关于原点对称，因此具有比较好的对称性，如图 5.8(a)所示。可以参照拉伸应力-应变曲线确定材料在压缩时的弹性模量 E 和屈服极限 σ_s。但是，延性材料一般不存在压缩极限强度。

脆性材料通常对压缩破坏的抵抗能力很强，而对拉伸破坏的抵抗能力稍弱，因此压缩应力-应变曲线与拉伸应力-应变曲线相比，存在较大区别。压缩极限强度 σ_{bc} 远大于拉伸极限强度 σ_{bt}，如图 5.8(b)所示。

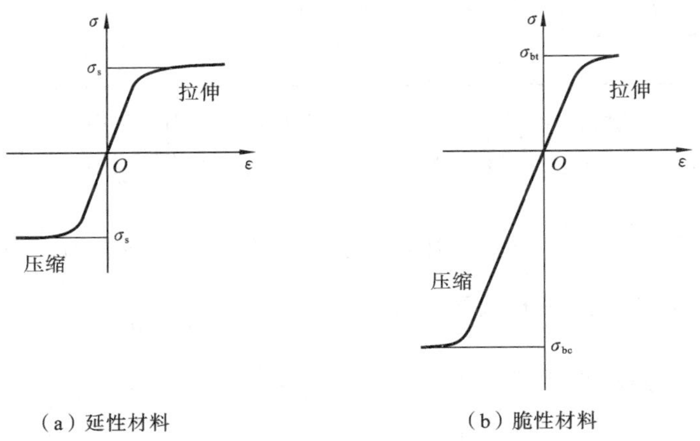

(a) 延性材料　　(b) 脆性材料

图 5.8　拉伸和压缩应力-应变曲线

5.3.3 泊松效应和泊松比

在开展材料的拉伸或压缩试验时,试样在沿加载方向(即纵向)伸长或缩短的同时,在垂直于加载的方向(即横向)会发生相应的缩短或伸长,这种现象称为**泊松效应**(Poisson effect),如图 5.9 所示。

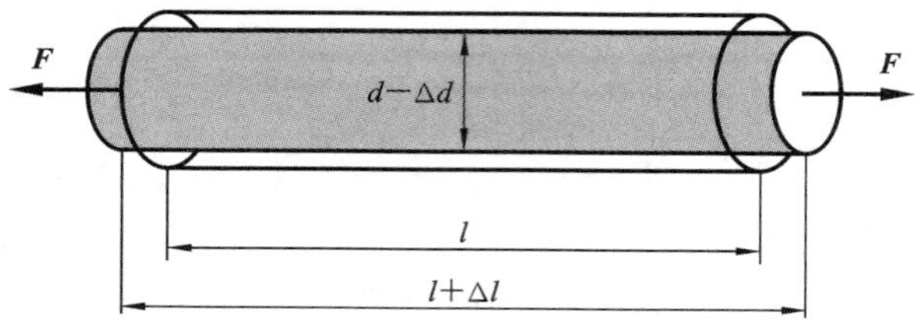

图 5.9 泊松效应

实验证实,在线弹性阶段,横向正应变 $\varepsilon'=-\dfrac{\Delta d}{d}$ 与纵向正应变 $\varepsilon=\dfrac{\Delta l}{l}$ 之间的比值总是保持为常数,则有

$$\nu=-\frac{\varepsilon'}{\varepsilon} \tag{5.14}$$

ν 称为材料的**泊松比**(Poisson ratio)。对于大多数金属材料来说,在线弹性阶段泊松比为 0.25～0.35。表 5.1 给出了几种常见材料的弹性模量和泊松比。

表 5.1 几种常见材料的弹性模量和泊松比

	钢与合金钢	铝合金	铜	铸铁	木(顺纹)
E/GPa	200～220	70～72	100～120	60～160	8～12
ν	0.25～0.30	0.26～0.34	0.33～0.35	0.23～0.27	—

例 5.1 三个方向尺寸分别为 a、b 和 c 的长方体试样,如图 5.10 所示。材料弹性模量为 E,泊松比为 ν,沿长度方向的轴线受一对平衡力 F 作用。求长方体试样的体积变化率。

解 采用截面法,容易得到试样在沿长度方向的任一横截面上的轴力为 $F_N=F$,因此根据式(5.3)得任一横截面上的正应力为 $\sigma_x=\dfrac{F_N}{A}=\dfrac{F}{bc}$。

根据式(5.11),纵向正应变为 $\varepsilon_x=\dfrac{\sigma_x}{E}=\dfrac{F}{bcE}$。再根据式(5.14),横向正应变为 $\varepsilon_y=\varepsilon_z=-\nu\varepsilon_x=-\dfrac{\nu F}{bcE}$。

变形后,试样三个方向的尺寸分别为:$(1+\varepsilon_x)a$、$(1+\varepsilon_y)b$ 和 $(1+\varepsilon_z)c$。

由于在弹性阶段应变非常小,因此变形后的体积为 $(1+\varepsilon_x+\varepsilon_y+\varepsilon_z)abc$。

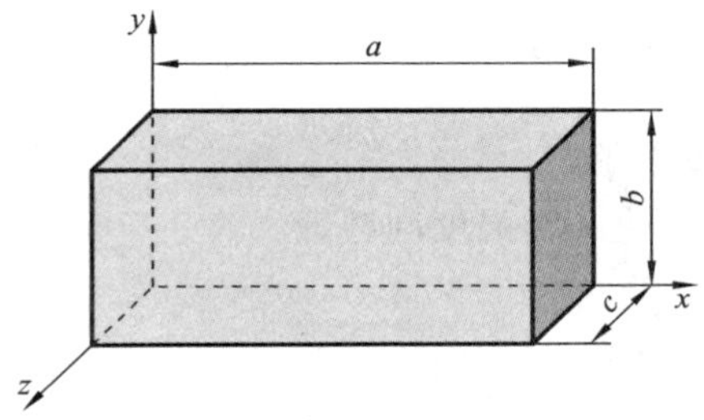

图 5.10　例 5.1 图

可得体积变化率，为

$$\frac{\Delta V}{V}=\varepsilon_x+\varepsilon_y+\varepsilon_z=(1-2\nu)\frac{F}{bcE}$$

5.4　拉压杆件的强度条件

在低碳钢的拉伸试验中，当试样横截面上的正应力达到屈服极限 σ_s 时，试样会发生显著塑性变形，而当正应力达到极限强度 σ_b 时，试样就会发生断裂。在工程上，构件在服役中发生显著塑性变形或断裂，都是不容许的。

材料的屈服极限 σ_s 和极限强度 σ_b 统称为极限应力，用 σ_u 表示。对于延性材料，屈服极限小于极限强度，因此通常以屈服极限作为极限应力，以确保安全；对于脆性材料，极限强度是唯一强度指标，因此极限强度就是极限应力。

根据计算获得的构件在服役条件（或一定的外力作用）下的应力，称为工作应力。一般来说，工作应力只要小于材料的极限应力，构件就是安全的。因此，为了充分利用材料，设计时应该使构件工作应力尽可能接近材料的极限应力。但是，这实际上是不可能的。这是因为：(1)对构件所受外力的数量、大小、方向和作用位置等的观测或估计都可能与实际情况存在一定误差；(2)材料力学性能具有一定的分散性，实际使用的材料的力学性能与试验材料的相比，并不完全一致；(3)计算方法和模型假设都具有一定的近似性，等等。为了确保安全，需要根据破坏可能带来的后果严重程度，给予构件一定的安全储备。引入一个大于 1 的**安全因数**(safety factor)，定义**许用应力**(allowable stress)为

$$[\sigma]=\frac{\sigma_u}{n} \tag{5.15}$$

许用应力是工作应力的最大许用值。

对于轴向拉压杆件，为保证其在工作时不致因强度不够而失效，杆件内部的最大工作应力不得超过许用应力，即要求

$$\sigma_{max}=\left(\frac{F_N}{A}\right)_{max}\leqslant[\sigma] \tag{5.16}$$

这就是拉压杆件的**强度条件**。

利用强度条件,可以解决三类强度问题。

(1) 校核杆件强度。

在已知拉压杆件的截面尺寸、许用应力和所受外力的情况下,通过比较工作应力和许用应力的大小,判断构件强度是否符合安全要求。

(2) 确定杆件所需的最小截面面积。

在已知拉压杆件的许用应力和所受外力的情况下,根据式(5.16)的强度条件,确定杆件所需的最小截面面积。

(3) 确定构件所能承受的最大轴力。

在已知拉压杆件的截面尺寸和许用应力的情况下,根据式(5.16)的强度条件,确定杆件所能承受的最大轴力。

例 5.2　一空心圆形截面杆的两端承受轴向拉力 $F=20$ kN 作用。已知杆的外径 $D=20$ mm,内径 $d=15$ mm,材料的屈服应力 $\sigma_s=235$ MPa,安全因数 $n=1.5$,试校核杆的强度。

解　杆件横截面上的正应力为

$$\sigma=\frac{4F}{\pi(D^2-d^2)}=\frac{4\times20000}{\pi(20^2-15^2)}=146\ (\text{MPa})$$

由式(5.15)可知,材料的许用应力为

$$[\sigma]=\frac{\sigma_s}{n}=\frac{235}{1.5}=157\ (\text{MPa})$$

因此,有 $\sigma<[\sigma]$。这表明杆件强度满足要求。

例 5.3　如图 5.11(a)所示受轴向力作用的杆,材料为硬铝,AB 段的横截面面积 $A_1=80$ mm^2,BC 段的横截面面积 $A_2=70$ mm^2,CD 段的横截面面积 $A_3=80$ mm^2,材料的拉压许用应力均为$[\sigma]=100$ MPa。试校核其强度。

解　(1) 求截面内力并画出轴力图。

利用截面法,分别得到杆件 AB、BC 和 CD 段的轴力,$F_{N1}=9$ kN,$F_{N2}=-6$ kN,$F_{N3}=4$ kN。轴力图如图 5.11(b)所示。

(2) 计算各段横截面上的正应力:

$$\sigma_1=\frac{F_{N1}}{A_1}=\frac{9000}{80}=112.5\ (\text{MPa})$$

$$\sigma_2=\frac{F_{N2}}{A_2}=\frac{-6000}{70}=-85.7\ (\text{MPa})$$

$$\sigma_3=\frac{F_{N3}}{A_3}=\frac{4000}{80}=50\ (\text{MPa})$$

可见，AB 段受拉，$\sigma_1=112.5\ \text{MPa}>[\sigma]=100\ \text{MPa}$，强度不足；$BC$ 段受压，$\sigma_2=87.5\ \text{MPa}<[\sigma]=100\ \text{MPa}$，强度满足要求；$CD$ 段受拉，$\sigma_3=50\ \text{MPa}<[\sigma]=100\ \text{MPa}$，强度满足要求。

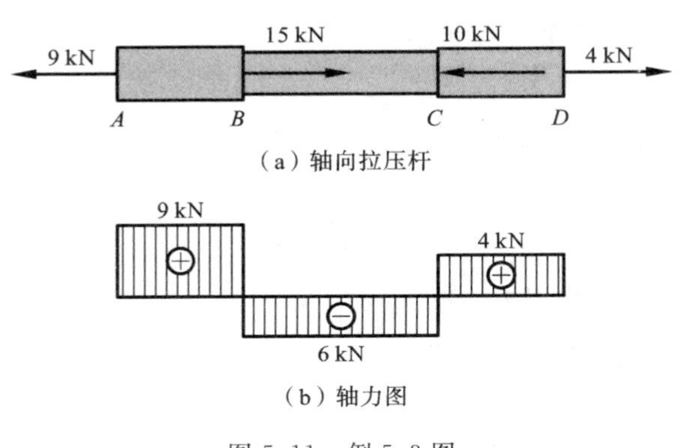

图 5.11　例 5.3 图

(3) 为满足强度条件，需要重新设计 AB 段的横截面面积，有

$$A_1\geqslant\frac{F_{N1}}{[\sigma]}=\frac{9000}{100}=90\ (\text{mm}^2)$$

例 5.4　如图 5.12(a)所示的结构，在节点 B 承受载荷 $\boldsymbol{F}$ 作用。已知两杆的横截面面积均为 $A=100\ \text{mm}^2$，材料许用拉应力 $[\sigma_t]=200\ \text{MPa}$，许用压应力 $[\sigma_c]=150\ \text{MPa}$，试计算载荷 $\boldsymbol{F}$ 的最大值。

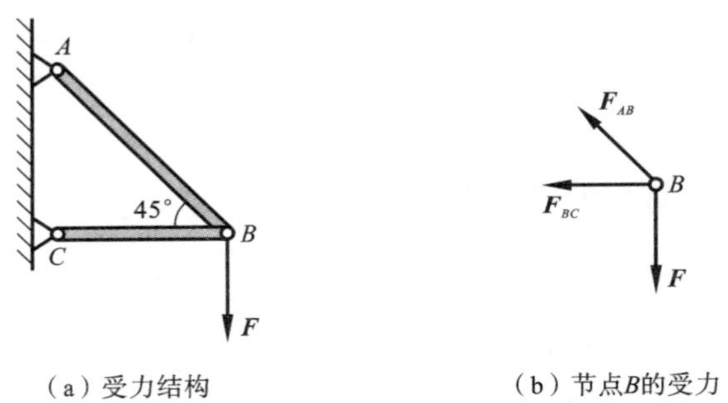

图 5.12　例 5.4 图

解　(1) 求杆件内力。

以 B 点为研究对象，受力如图 5.12(b)所示，根据平衡方程：

$$\sum F_x=0,\quad F_{BC}+F_{AB}\cos45^\circ=0$$

$$\sum F_y = 0,\quad -F + F_{AB}\sin 45^\circ = 0$$

求解可得

$$F_{AB}=\sqrt{2}F,\quad F_{BC}=-F$$

因此，杆 AB 的内力为 $F_{NAB}=\sqrt{2}F$，为拉力；杆 BC 的内力为 $F_{NBC}=-F$，为压力。

(2) 由强度条件确定许用载荷。

对于杆 AB，有 $F_{NAB}\leqslant A[\sigma_t]$，即

$$\sqrt{2}F\leqslant 100\times 200=20000\ (\text{N})$$

因此有

$$F\leqslant 10\sqrt{2}\ \text{kN}$$

对于杆 BC，有 $F_{NBC}\leqslant A[\sigma_c]$，即

$$F\leqslant 100\times 150=15000\ (\text{N})$$

因此有

$$F\leqslant 15\ \text{kN}$$

(3) 为确保结构安全，杆 AB 和杆 BC 均应满足强度条件。因此，最大许用载荷为

$$F_{\max}=\min\{15,10\sqrt{2}\}=10\sqrt{2}\ (\text{kN})$$

5.5　拉压杆件的变形

承受轴向拉压力作用的杆件，会产生沿轴向的伸长或压缩变形。如果杆件横截面上的轴力为 F_N，横截面积为 A，则横截面上的正应力为 $\sigma=\dfrac{F_N}{A}$。根据胡克定律，有

$$\varepsilon=\frac{\sigma}{E}=\frac{F_N}{EA} \tag{5.17}$$

由此，得到杆件沿轴线方向的**伸长量**(elongation)：

$$\Delta L=\varepsilon L=\frac{F_N L}{EA} \tag{5.18}$$

式中：EA 称为杆件的**抗拉压刚度**(tension and compression stiffness)。

式(5.18)适用于杆件横截面轴力 F_N、面积 A 和材料弹性模量 E 都沿杆件轴线保持不变的情况。如果杆件横截面轴力 F_N、面积 A 和材料弹性模量 E 沿杆件轴线分段保持为常数，那么必须首先进行分段处理，然后计算每一段的伸长量，最后再求和得到总的伸长量。

如果横截面轴力和面积沿轴线平缓变化，即有 $F_N=F_N(x)$ 和 $A=A(x)$，则可在轴线任意位置 x 处取长为 dx 的微段，该微段的伸长量为

$$d(\Delta L)=\frac{F_N(x)dx}{EA(x)} \tag{5.19}$$

将式(5.19)积分,可得杆件总的伸长量:

$$\Delta L=\int_0^L \frac{F_N(x)dx}{EA(x)} \tag{5.20}$$

例 5.5　图 5.13(a)所示杆 CD 为钢杆,截面面积 $A_1=320\ \text{mm}^2$,弹性模量 $E_1=210\ \text{GPa}$;AC 段为铜杆,截面面积 $A_2=800\ \text{mm}^2$,弹性模量 $E_2=100\ \text{GPa}$,求各段的应力和杆的总伸长量。

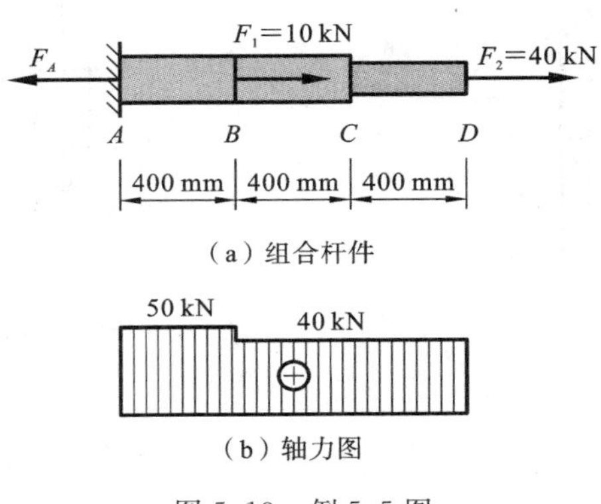

图 5.13　例 5.5 图

解　(1) 求约束反力。

A 端为固定端,由于杆只有轴向方向的外力,因此 A 端只有一个约束力 F_A,由平衡方程可以得到

$$F_A=F_1+F_2=10+40=50\ (\text{kN})$$

(2) 画内力图。由截面法可以求出 AB 段和 BD 段截面内力,并绘制轴力图,如图 5.13(b)所示。

(3) 求各段应力:

$$\sigma_{AB}=\frac{F_{NAB}}{A_2}=\frac{50\times1000}{800}=62.5\ (\text{MPa})$$

$$\sigma_{BC}=\frac{F_{NBC}}{A_2}=\frac{40\times1000}{800}=50\ (\text{MPa})$$

$$\sigma_{CD}=\frac{F_{NCD}}{A_1}=\frac{40\times1000}{320}=125\ (\text{MPa})$$

(4) 求各段变形及杆件总变形:

$$\Delta l_{AB}=\frac{F_{NAB}l}{E_2A_2}=\frac{50\times1000\times400}{100\times10^3\times800}=0.25\ (\text{mm})$$

$$\Delta l_{BC}=\frac{F_{NBC}l}{E_2A_2}=\frac{40\times1000\times400}{100\times10^3\times800}=0.2\ (\text{mm})$$

$$\Delta l_{CD}=\frac{F_{NCD}l}{E_1A_1}=\frac{40\times1000\times400}{210\times10^3\times320}=0.24\ (\text{mm})$$

杆件的总伸长量等于各段变形的代数和,即

$$\Delta l_{AD}=\Delta l_{AB}+\Delta l_{BC}+\Delta l_{CD}=0.25+0.2+0.24=0.69\ (\text{mm})$$

例 5.6 如图 5.14(a)所示的长度为 l、横截面面积为 A 的等截面直杆,密度为 ρ,弹性模量为 E。求由自重引起的最大应力 $\sigma_{\max}$ 以及杆的总伸长量 Δl。

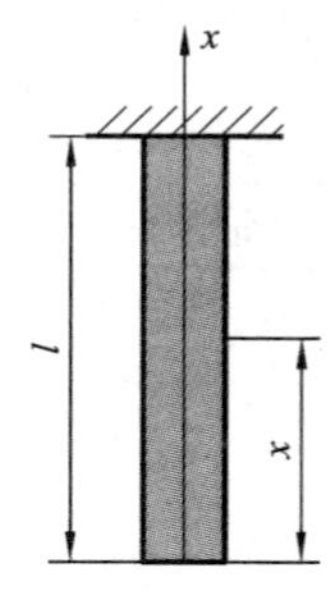

(a) 等截面直杆

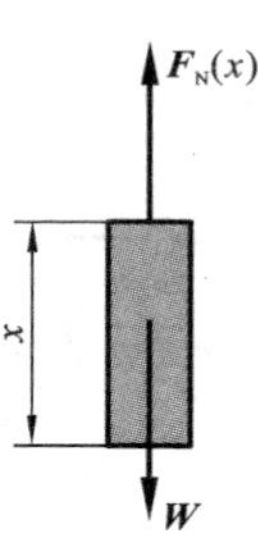

(b) 下端长度为 x 部分的受力

图 5.14 例 5.6 图

解 (1) 求距下端 x 处截面的内力,其受力如图 5.14(b)所示。由平衡方程可以得到杆件轴力:

$$F_N(x)=W=\rho gAx$$

(2) 求最大应力。

在固定端处轴力最大,因此最大应力为

$$\sigma_{\max}=\frac{F_N(l)}{A}=\frac{\rho gAl}{A}=\rho gl$$

(3) 求杆件的总伸长量:

$$\Delta l=\int_0^l\frac{F_N(x)\mathrm{d}x}{EA}=\int_0^l\frac{\rho gAx\,\mathrm{d}x}{EA}=\frac{\rho gl^2}{2E}$$

例 5.7 在图 5.15(a)中,梁 AB 为刚性梁,杆 CD 的横截面面积和弹性模量分别为 A 和 E,求杆 CD 的应力和变形。

解 (1) 求杆 CD 的内力。

以梁 AB 为研究对象,其受力如图 5.15(b)所示,由平衡方程:

$$\sum M_A=0,\quad F_{CD}a-2Fa=0$$

求解得到

$$F_{CD}=2F$$

(2) 求 CD 杆的应力。

$$\sigma_{CD}=\frac{F_{CD}}{A}=\frac{2F}{A}$$

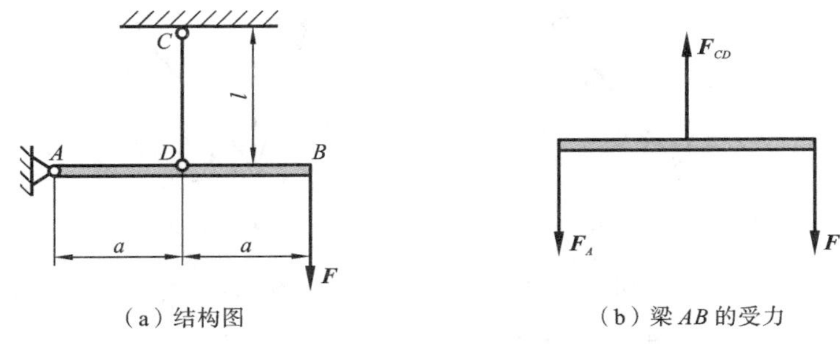

(a) 结构图　　(b) 梁 AB 的受力

图 5.15　例 5.7 图

(3) 求 CD 杆的变形。

$$\Delta l=\frac{F_{CD}l}{EA}=\frac{2Fl}{EA}$$

5.6　拉压静不定问题

在轴向拉压问题中，对于单个杆件来说，由于所有受力都是沿杆件轴线的，只能列出一个平衡方程。因此，如果未知的约束力只有一个，那么可以通过平衡方程求解得到未知力，此时问题是静定的，如图 5.16(a)所示。否则，如果未知的约束力超过一个，那么单纯依靠平衡方程无法求解得到所有未知力，此时问题是静不定的，如图 5.16(b)所示。

(a) 静定　　(b) 静不定

图 5.16　轴向拉压杆件的静定和静不定问题

对于图 5.17 所示的杆系结构，选择 A 点作为研究对象，作用在 A 点的外力和所有杆件的内力构成一个平面汇交力系，只能列出两个平衡方程。因此，如果 A 点的未知内力只有两个，如图 5.17(a)所示，那么可以通过平衡方程求解得到所有未知力，此时问题是静定的。否则，如果未知的内力超过两个，如图 5.17(b)所示，那么单纯依靠平衡方程无法求解得到所有未知内力，此时问题是静不定的。

对于静定问题，可以利用平衡方程求解所有未知约束力和杆件内力，然后利用物理方程(即力和变形之间的物理关系)和几何方程(即应变和伸长量的关系)计算变形。此时，平衡方程、物理方程和几何方程都可以分别独立求解。在静不定问题中，为了保证变形后杆件或结构的连续性，必须满足变形几何关系。变形几何关系又称

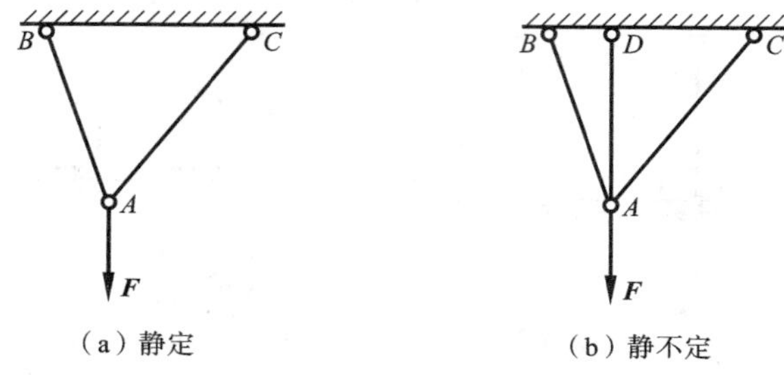

(a) 静定 (b) 静不定

图 5.17 杆系结构的静定和静不定问题

为变形协调条件或变形协调方程。因此,对于静不定问题,其与静定问题不同,除了必须列出平衡方程、几何方程和物理方程以外,还必须补充变形协调方程。这些方程一般不能分别独立求解,因此必须将它们联立起来。

例 5.8 如图 5.18(a)所示的杆 AB,两端固定,在横截面 C 处受轴向载荷 $\boldsymbol{F}$ 作用。设杆拉压刚度 EA 是常数,试求杆端的约束力。

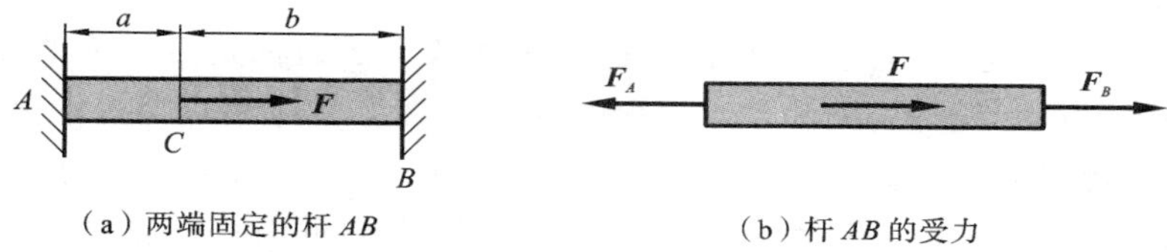

(a) 两端固定的杆 AB (b) 杆 AB 的受力

图 5.18 例 5.8 图

解 杆 AB 只在轴线方向受力,因此在固定端 A 和 B 处各只有一个沿轴向的约束力。只能列出 1 个平衡方程,但是未知力有 2 个,因此这是一个静不定问题。

(1) 平衡方程。

以杆 AB 为研究对象,其受力如图 5.18(b)所示,得到平衡方程:

$$\sum F_x = 0, \quad F_A - F - F_B = 0$$

(2) 变形协调方程。

由于受两个固定端约束,杆受力后总的长度保持不变。因此,如果杆 AC 和 CB 段的变形分别为 Δl_{AC} 和 Δl_{CB},则变形协调方程为

$$\Delta l_{AC} + \Delta l_{CB} = 0$$

(3) 物理方程。

根据图 5.18(b),杆件在 AC 段和 CB 段的轴力分别为

$$F_{NAC} = F_A$$

$$F_{NCB} = F_B$$

再根据式(5.18),杆 AC 和 CB 段的变形分别为

$$\Delta l_{AC}=\frac{F_{NAC}a}{EA}=\frac{F_Aa}{EA}$$

$$\Delta l_{CB}=\frac{F_{NCB}b}{EA}=\frac{F_Bb}{EA}$$

(4) 计算约束反力。

将物理方程代入变形协调方程,可以得到

$$F_Aa+F_Bb=0$$

考虑平衡方程,又可以得到

$$F_A=\frac{Fb}{a+b}$$

$$F_B=-\frac{Fa}{a+b}$$

例 5.9　图 5.19(a)中梁 AB 为刚性梁。杆 1、2 的抗拉压刚度分别为 E_1A_1 和 E_2A_2。试求梁和杆的受力。

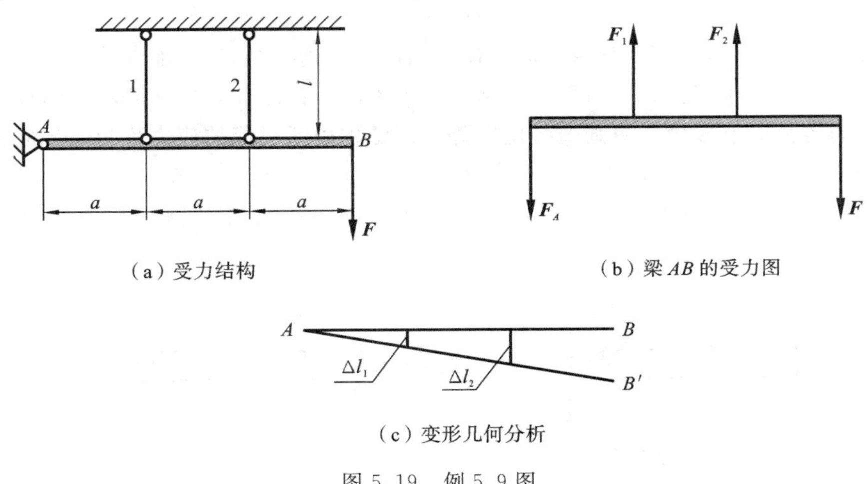

(a) 受力结构　　(b) 梁 AB 的受力图

(c) 变形几何分析

图 5.19　例 5.9 图

解　(1) 平衡方程。

以梁 AB 为研究对象,受力分析如图 5.19(b)所示。这是一个平面平行力系,可以列平衡方程:

$$\sum M_A=0,\quad F_1a+2F_2a-3Fa=0$$

$$\sum F_y=0,\quad F_1+F_2-F_A-F=0$$

这里,一共有 3 个未知力,但只有 2 个平衡方程,因此是一次静不定问题。

(2) 物理方程。

杆 1 和 2 的内力分别为 F_1 和 F_2,因此由式(5.18)可知,它们的伸长量分别为

$$\Delta l_1=\frac{F_1 l}{E_1 A_1}$$

$$\Delta l_2=\frac{F_2 l}{E_2 A_2}$$

(3) 变形协调方程。

杆 1 和 2 变形,刚性梁将绕 A 点发生刚性转动,因此杆 1 和 2 的伸长量之间满足图 5.19(c)所示的几何相似关系。

$$\Delta l_2=2\Delta l_1$$

此即

$$\frac{F_2 l}{E_2 A_2}=\frac{2F_1 l}{E_1 A_1}$$

联立平衡方程、变形协调方程和物理方程并求解,得到杆 1 和 2 的内力和 A 点的约束力:

$$F_1=3F-\frac{12FE_2A_2}{4E_2A_2+E_1A_1},\quad F_2=\frac{6FE_2A_2}{4E_2A_2+E_1A_1},\quad F_A=\frac{6FE_2A_2}{4E_2A_2+E_1A_1}-2F$$

在工程实际中,温度变化或由制造误差引起的强迫安装,都可能在静不定结构中引入额外的应力。这与施加外力引起的结构应力不同。**由温度变化在静不定结构中所引起的应力称为温度应力。由强迫装配在静不定结构中所引起的应力称为装配应力。**

例 5.10 在图 5.20(a)中,杆 AB 长度为 l,横截面面积为 A,两端固定。已知材料的弹性模量为 E,线膨胀系数为 α。若温度升高 ΔT,求杆件两端的约束力及其横截面上的应力。

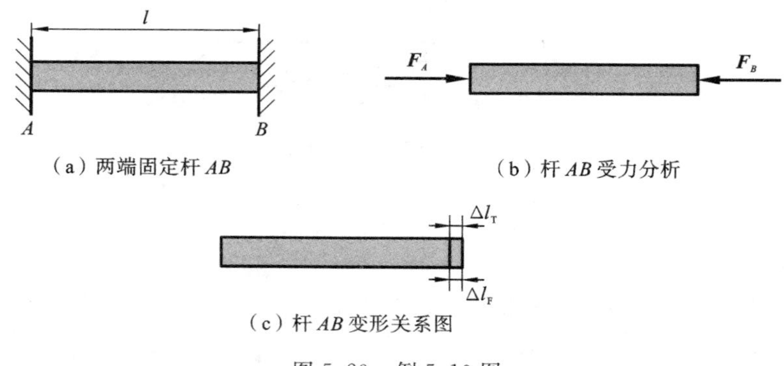

(a) 两端固定杆 AB

(b) 杆 AB 受力分析

(c) 杆 AB 变形关系图

图 5.20 例 5.10 图

解 虽然无外力作用,但温度升高,杆 AB 将因膨胀而伸长。由于两端固定,杆无法伸长。因此,两端的约束将对杆施加沿轴线方向的约束力,如图 5.20(b)所示。

(1) 平衡方程。

杆 AB 上只有两个共线约束力,因此有平衡方程:

$$\sum F_x = 0,\quad F_A - F_B = 0$$

因此

$$F_A = F_B = F$$

(2) 物理方程。

如图 5.20(c)所示,杆在温度升高 ΔT 后的伸长量为

$$\Delta l_{\mathrm{T}} = \alpha \Delta T l$$

杆在两端约束力作用下的缩短量为

$$\Delta l_{\mathrm{F}} = \frac{Fl}{EA}$$

(3) 变形协调方程。

由于温度升高前后杆的总长不变,因此有 $\Delta l_{\mathrm{T}} = \Delta l_{\mathrm{F}}$,即

$$\alpha \Delta T l = \frac{Fl}{EA}$$

可以得到杆件两端的约束力:

$$F = \alpha E A \Delta T$$

(4) 杆件横截面上的应力为

$$\sigma = \frac{F}{A} = \alpha E \Delta T$$

例 5.11　图 5.21(a)所示的刚性梁 AB 用三根杆悬吊。杆的弹性模量 $E=200$ GPa,横截面面积 $A=200\ \mathrm{mm}^2$,长度 $l=1$ m。若杆 2 短了 $\delta=0.5$ mm,求结构强迫装配后三根杆的横截面上的应力。

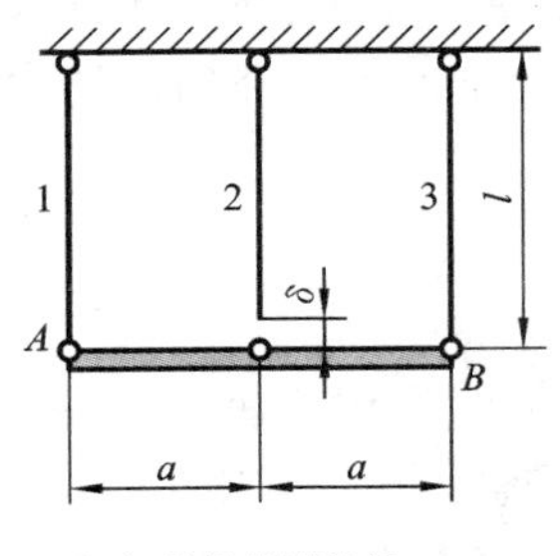

(a) 悬吊的刚性梁AB

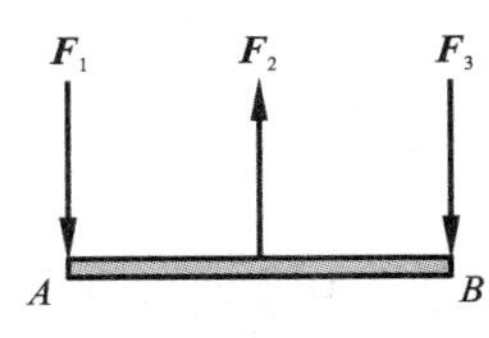

(b) 刚性梁AB的受力

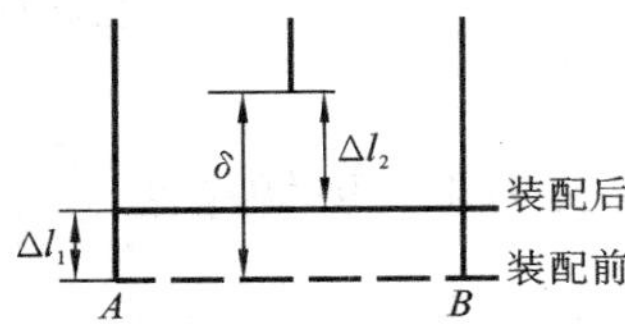

(c) 变形关系

图 5.21　例 5.11 图

解　强迫装配时,杆 2 被拉伸,而杆 1、3 被压缩。此时,刚性梁 AB 的受力如图 5.21(b)所示。

(1) 平衡方程。

$$\sum F_y = 0,\quad F_1 - F_2 + F_3 = 0$$

$$\sum M_A = 0,\quad F_2 a - 2F_3 a = 0$$

求解得到

$$F_1 = F_3,\quad F_2 = 2F_3$$

(2) 变形协调方程。

根据图 5.21(c),杆的变形关系满足:

$$\Delta l_1 + \Delta l_2 = \delta$$

(3) 物理方程。

$$\Delta l_1 = \frac{F_1 l}{EA},\quad \Delta l_2 = \frac{F_2 l}{EA}$$

联立平衡方程、变形协调方程和物理方程并求解,可以得到

$$F_1 = F_3 = \frac{\delta EA}{3l}(\text{压力}),\quad F_2 = \frac{2\delta EA}{3l}(\text{拉力})$$

(4) 三根杆的横截面上的应力。

$$\sigma_1 = \sigma_3 = \frac{F_1}{A} = \frac{\delta E}{3l} = \frac{0.5\times 200\times 10^3}{3\times 1000} = 33.3\ (\text{MPa})\ (\text{压应力})$$

$$\sigma_2 = \frac{F_2}{A} = \frac{2\delta E}{3l} = \frac{2\times 0.5\times 200\times 10^3}{3\times 1000} = 66.7\ (\text{MPa})\ (\text{拉应力})$$

5.7 连接件的强度

在工程实际中,在承受拉压的构件与构件之间,通常采用销钉、螺栓等进行连接。连接件的受力和变形往往比较复杂,工程上一般采用比较实用的简化计算方法。在这类连接件中,广泛存在着拉压、剪切和挤压作用,需要分别进行拉压、剪切和挤压强度分析。拉压强度分析可以按照式(5.16)的强度条件进行。下面主要介绍剪切和挤压强度。

5.7.1 剪切强度

对于图 5.22(a)所示的销钉,其受力如图 5.22(b)所示。作用于截面 1—1 和 2—2 两侧的外力,垂直于销钉轴线,且作用力边界之间的距离很小。当外力过大时,销钉可能沿截面 1—1 和 2—2 被剪断。因此必须考虑剪切强度问题。可能发生剪切破坏的截面 1—1 和 2—2 称为**剪切面**。

利用截面法,假想地将销钉沿剪切面 1—1 剪断,分析剪切面上的内力。以截断后的左段为研究对象,如图 5.22(c)所示,为了保持平衡,剪切面上的内力必须等于外力的合力 F_{R1},并且位于剪切面内,因此该内力一定是剪力,用 F_S 表示。工程上,假设切应力在剪切面上均匀分布,剪切面上切应力的合力就是剪力。因此,有

$$\tau = \frac{F_S}{A} \tag{5.21}$$

式中：A 为剪切面的面积。剪切面的剪切强度条件可以表示为

$$\tau \leqslant [\tau] = \frac{\tau_b}{n_\tau} \tag{5.22}$$

式中：$[\tau]$为许用切应力，其值为材料的剪切强度极限 τ_b 除以剪切安全因数 n_τ。

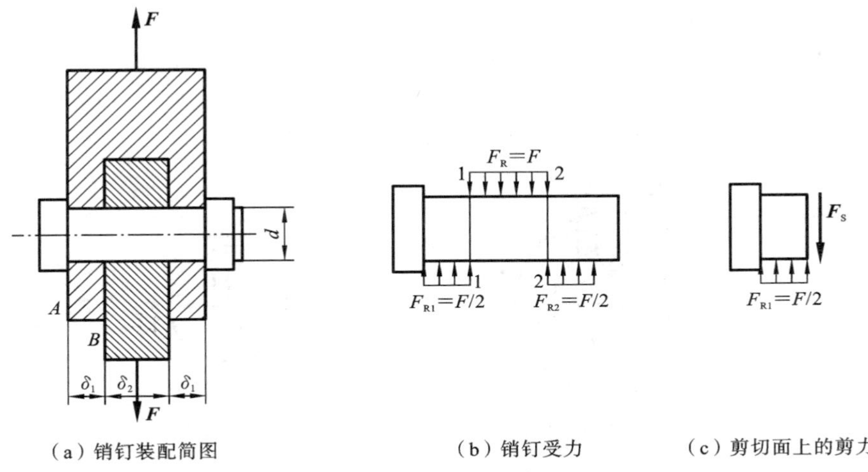

（a）销钉装配简图　（b）销钉受力　（c）剪切面上的剪力

图 5.22　销钉剪切强度分析

5.7.2　挤压强度

在外力作用下，图 5.22(a)中的销钉与孔直接接触。在局部接触的圆柱面上，受到非均匀分布的挤压应力作用，如图 5.23(a)所示。最大挤压应力 σ_{bs} 发生在局部接触的圆柱面的中部。根据大量试验和分析结果，最大挤压应力可以采用下式近似计算。

$$\sigma_{bs} \approx \frac{F_b}{A_{bs}} = \frac{F_b}{\delta d} \tag{5.23}$$

式中：F_b 为挤压力；δ 为孔的深度；d 为销钉或孔的直径；$A_{bs} = \delta d$，称为计算挤压面

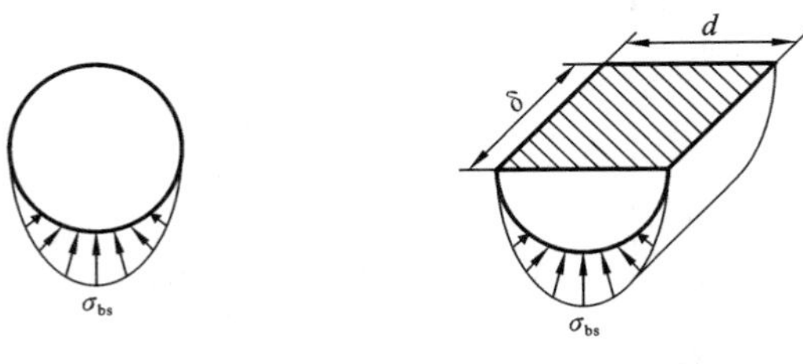

（a）挤压应力分布　（b）计算挤压面积

图 5.23　销钉挤压强度分析

积，它是实际挤压面在垂直于挤压力的平面上的投影，如图 5.23(b)所示。为防止挤压破坏，要求最大挤压应力 σ_{bs} 不得超过连接件的许用挤压应力$[\sigma_{bs}]$，即

$$\sigma_{bs} \leqslant [\sigma_{bs}] \tag{5.24}$$

这就是挤压强度条件。许用挤压应力$[\sigma_{bs}]$通过连接件的极限挤压应力除以安全因数得到。

例 5.12　图 5.24(a)所示的轮与轴间通过平键连接。轴直径 $d=60$ mm，转速 $n=200$ r/min，传递功率为 20 kW。平键宽度 $b=20$ mm，厚度 $l=40$ mm，高度 $h=30$ mm，许用切应力$[\tau]=80$ MPa。试校核平键的剪切强度。

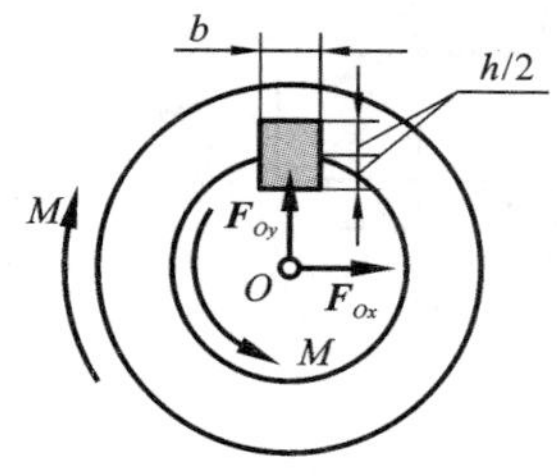

(a) 通过平键连接的轮轴　　(b) 轴的受力图

图 5.24　例 5.12 图

解　(1) 依据式(4.5)，可以得到力偶矩：

$$M=9.549\times\frac{P}{n}=0.955\ \text{kN}\cdot\text{m}$$

(2) 利用截面法，假想沿剪切面将平键截开，取键的下半部分和轴一起作为研究对象，其受力如图 5.24(b)所示。由平衡方程：

$$\sum M_O = 0,\quad M-\frac{1}{2}F_S d = 0$$

求解得到

$$F_S=\frac{2M}{d}=31.8\ \text{kN}$$

(3) 平键的剪切强度计算。

平键的剪切面面积为

$$A=bl=800\ \text{mm}^2$$

平键的切应力为

$$\tau=\frac{F_S}{A}=39.75\ \text{MPa}<[\tau]=80\ \text{MPa}$$

所以，平键的剪切强度足够。

例 5.13　销钉连接如图 5.22(a)所示。已知外力 $F=18$ kN，被连接的构件 A 和 B 的厚度分别为 $\delta_1=5$ mm，$\delta_2=10$ mm，销钉直径 $d=15$ mm。销钉材料的许用切应

力$[\tau]=60$ MPa，许用挤压应力为$[\sigma_{bs}]=200$ MPa。试校核销钉的强度。

解 销钉的受力如图5.22(b)所示，它有两个剪切面1—1和2—2，其上的剪力如图5.22(c)所示，$F_S=\frac{F}{2}=9$ kN。

(1) 销钉的剪切强度。

销钉剪切面上的平均切应力为

$$\tau=\frac{F_S}{A}=\frac{4\times9\times10^3}{\pi d^2}=51\ \text{MPa}<[\tau]=60\ \text{MPa}$$

所以，销钉的剪切强度满足要求。

(2) 销钉的挤压强度。

根据图5.22(b)，销钉两端的挤压力均为$F_{b1}=\frac{F}{2}=9$ kN，中部的挤压力$F_{b2}=F=18$ kN。中部挤压长度刚好是两端挤压长度的2倍，因此它们有相同的挤压应力。

$$\sigma_{bs1}=\sigma_{bs2}=\frac{F}{\delta_2 d}=120\ \text{MPa}<[\sigma_{bs}]=200\ \text{MPa}$$

所以，销钉的挤压强度满足要求。

例5.14 图5.25(a)所示的铆接接头承受轴向载荷F作用。已知板厚$\delta=2$ mm，板宽$b=15$ mm，铆钉直径$d=4$ mm，许用切应力$[\tau]=100$ MPa，许用挤压应力$[\sigma_{bs}]=300$ MPa，许用拉应力$[\sigma]=160$ MPa。试求载荷F的许用值。

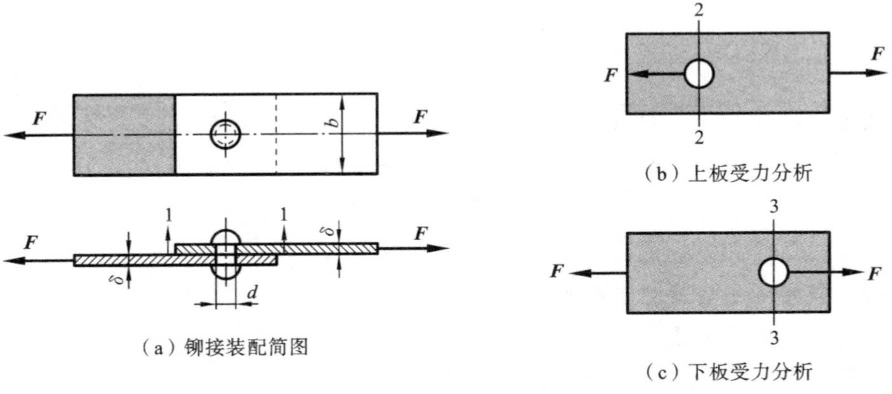

(a) 铆接装配简图
(b) 上板受力分析
(c) 下板受力分析

图5.25 例5.14图

解 (1) 接头破坏形式分析。

铆接接头的破坏形式可能有以下四种：铆钉沿截面1—1被剪断，如图5.25(a)所示；铆钉与板孔壁互相挤压，发生挤压破坏；上板沿截面2—2被拉断，如图5.25(b)所示；下板沿截面3—3被拉断，如图5.25(c)所示。

(2) 铆钉的剪切强度分析。

根据剪切强度条件，有

$$\tau=\frac{F_S}{A}=\frac{F}{A}=\frac{4F}{\pi d^2}\leqslant[\tau]=100\ \text{MPa}$$

求得

$$F\leqslant\frac{[\tau]\pi d^2}{4}=1257\ \text{N}$$

(3) 铆钉和板的挤压强度分析。

根据挤压强度条件，有

$$\sigma_{bs}=\frac{F_b}{\delta d}=\frac{F}{\delta d}\leqslant[\sigma_{bs}]=300\ \text{MPa}$$

求得

$$F\leqslant 300\delta d=2400\ \text{N}$$

(4) 板的拉伸强度分析。

根据拉伸强度条件，有

$$\sigma_{max}=\frac{F}{\delta(b-d)}\leqslant[\sigma]=160\ \text{MPa}$$

求得

$$F\leqslant\delta(b-d)[\sigma]=3520\ \text{N}$$

(5) 确定许用载荷。

综合剪切强度、挤压强度和拉伸强度的要求，可以得到接头的许用载荷，为

$$F_{max}=1257\ \text{N}$$

例 5.15　在图 5.26(a)所示的连接中，上下板厚 $\delta_1=5$ mm，中间板厚 $\delta=12$ mm，铆钉直径 $d=20$ mm。已知钢板和铆钉材料的许用应力均为$[\sigma]=160$ MPa，$[\tau]=100$ MPa，$[\sigma_{bs}]=280$ MPa。若传递载荷 $F=210$ kN，试求许用的铆钉个数 n 和板的宽度 b。

解　假定各销钉受力情况相同。

(1) 销钉的剪切强度。

沿剪切面切开，取上半部分为研究对象，受力分析如图 5.26(b)所示。由平衡方程可以得到

$$F_S=\frac{F}{2n}$$

由剪切强度条件：

$$\tau=\frac{F_S}{A}=\frac{2F}{n\pi d^2}=\frac{2\times210\times10^3}{n\pi\times20^2}\leqslant[\tau]=100\ \text{MPa}$$

可以得到

$$n \geqslant 3.34$$

(2) 板和铆钉的挤压强度。

板和铆钉的$[\sigma_{bs}]$相同，并且中间板的厚度大于上下板厚度之和，即 $\delta > 2\delta_1$，因此这里只需要考虑上下板的挤压强度就可以。对于上板，受力如图 5.26(c)所示，由平衡方程可以得到

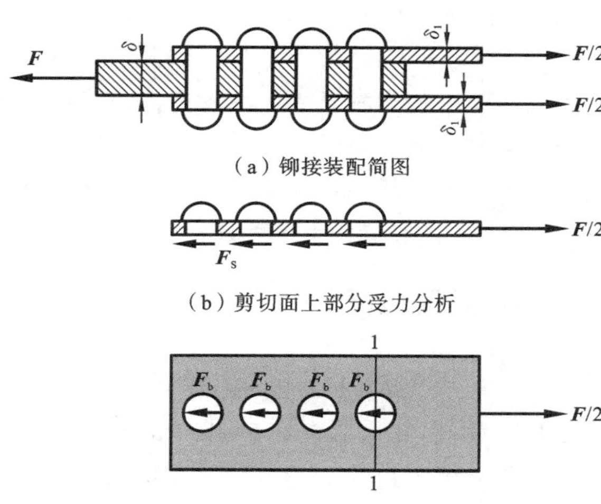

(a) 铆接装配简图

(b) 剪切面上部分受力分析

(c) 单排布置铆钉上板的受力图

(d) 单排布置铆钉上板的轴力图

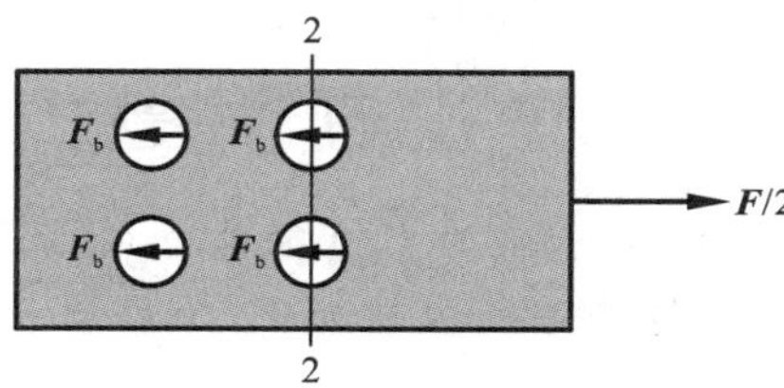

(e) 矩形布置铆钉上板的受力图

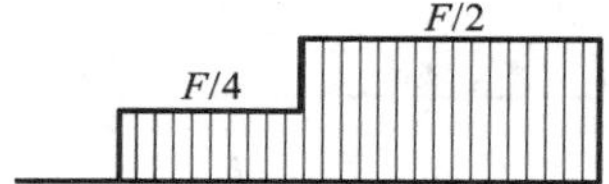

(f) 矩形布置铆钉上板的轴力图

图 5.26　例 5.15 图

$$F_b = \frac{F}{2n}$$

由挤压强度条件：

$$\sigma_{bs} = \frac{F_b}{\delta_1 d} = \frac{F}{2n\delta_1 d} = \frac{210 \times 10^3}{2n \times 5 \times 20} \leqslant [\sigma_{bs}] = 280 \text{ MPa}$$

可以得到

$$n \geqslant 3.75$$

为了同时满足剪切和挤压强度条件，可以取 $n=4$。

(3) 设计板宽。

根据设计需要，可以将 4 个铆钉布置成一排或两排，只要使外力的作用线通过钉群图形的形心，即可假定各钉受力相同。

如若布置成一排，上板受力分析如图 5.26(c)所示，则板的轴力如图 5.26(d)所示，截面 1—1 为危险截面。由板的拉伸强度条件：

$$\sigma_{max} = \frac{F_{Nmax}}{(b-d)\delta_1} = \frac{210 \times 10^3}{2 \times (b-20) \times 5} \leqslant [\sigma] = 160 \text{ MPa}$$

可以求得

$$b \geqslant 151.25 \text{ mm}$$

因此，当铆钉布置成一排时，可以取板宽 $b=152$ mm。

如果布置成两排，铆钉布置如图 5.26(e)所示，则板的轴力如图 5.26(f)所示，截面 2—2 为危险截面。由板的拉伸强度条件：

$$\sigma_{max} = \frac{F_{Nmax}}{(b-2d)\delta_1} = \frac{210 \times 10^3}{2 \times (b-40) \times 5} \leqslant [\sigma] = 160 \text{ MPa}$$

可以求得

$$b \geqslant 171.25 \text{ mm}$$

此时，可以取板宽 $b=172$ mm。

习　　题

5.1　如图 5.27 所示，长度为 l、直径为 d 的圆形截面直杆，沿轴线方向受一对平衡力 F 作用。已知材料弹性模量为 E，泊松比为 ν。求圆形截面直杆的体积变化率。

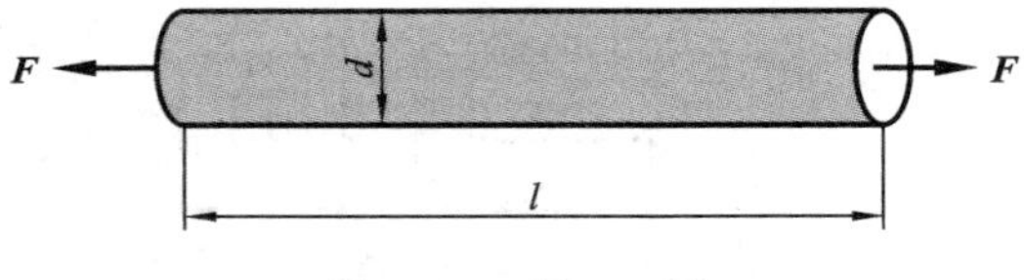

图 5.27　题 5.1 图

5.2　如图 5.28 所示的等截面直杆，横截面面积 $A=500\ \mathrm{mm}^2$，求杆件各段横截面上的应力。

图 5.28　题 5.2 图

5.3　如图 5.29 所示的等截面直杆，横截面面积 $A=1000\ \mathrm{mm}^2$，求杆中横截面上的最大应力。

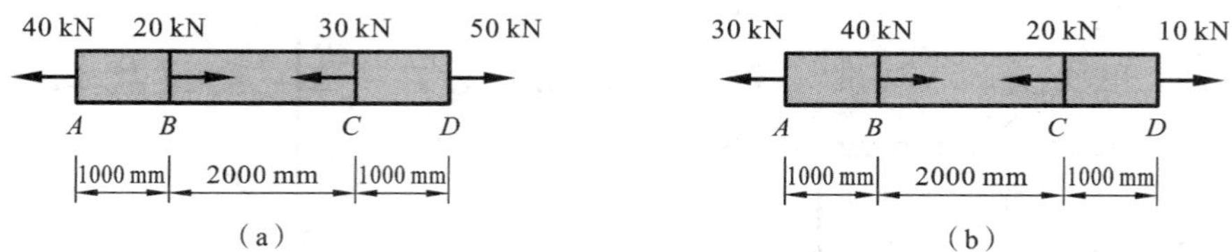

图 5.29　题 5.3 图

5.4　在图 5.30 所示的结构中，杆 AB、AC、BC 和 CD 的横截面面积均为 $A=3000\ \mathrm{mm}^2$，在 B 点沿水平方向作用载荷 $F=100\ \mathrm{kN}$，试求各杆横截面上的正应力。

5.5　图 5.31 所示的钢板受 $F=16\ \mathrm{kN}$ 的拉力作用，板上有两个直径为 $d=20\ \mathrm{mm}$ 的钉孔，钢板厚度 $h=10\ \mathrm{mm}$，宽度 $b=200\ \mathrm{mm}$。试求钢板在危险截面上的平均正应力。

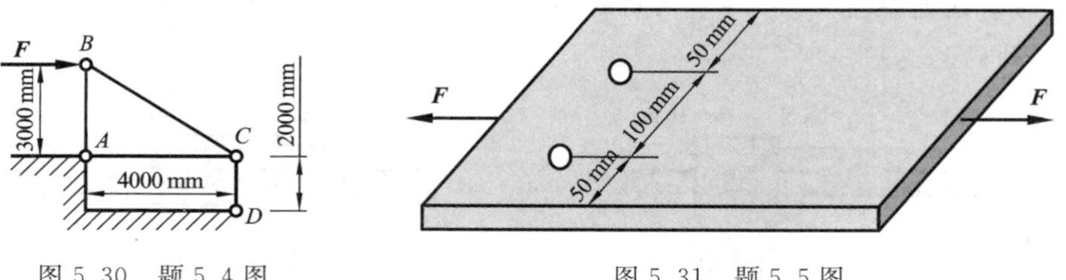

图 5.30　题 5.4 图　　图 5.31　题 5.5 图

5.6　如图 5.32 所示的变截面直杆，AC 段横截面面积 $A_1=500\ \mathrm{mm}^2$，CD 段横截面面积 $A_2=800\ \mathrm{mm}^2$，已知材料的许用应力$[\sigma]=100\ \mathrm{MPa}$，试校核杆的强度。

5.7　如图 5.33 所示的变截面直杆，AB 和 CD 段横截面面积 $A_1=250\ \mathrm{mm}^2$，BC 段横截面面积 $A_2=350\ \mathrm{mm}^2$，已知材料的许用应力$[\sigma]=120\ \mathrm{MPa}$，试校核杆的强度。

5.8　如图 5.34 所示的结构，AB 梁为刚性梁，圆形截面杆 CD 的许用应力$[\sigma]=160\ \mathrm{MPa}$，在 B 点作用的竖直向下的载荷 $F=20\ \mathrm{kN}$，试设计杆 CD 的直径。

5.9　如图 5.35 所示的铰接正方形铸铁框架，边长 $a=100\ \mathrm{mm}$，各杆的横截面面积 $A=20\ \mathrm{mm}^2$，材料许用拉应力$[\sigma_t]=80\ \mathrm{MPa}$，许用压应力$[\sigma_c]=240\ \mathrm{MPa}$。试计

算框架所能承受的最大载荷 F_{max}。

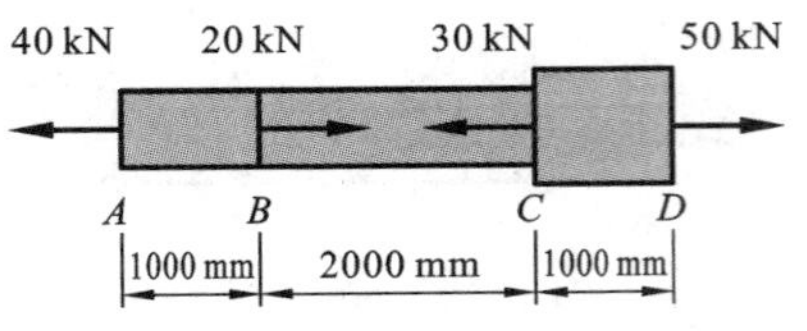

图 5.32　题 5.6 图

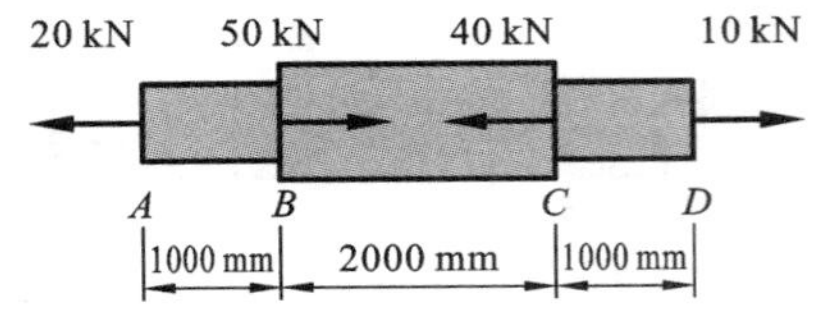

图 5.33　题 5.7 图

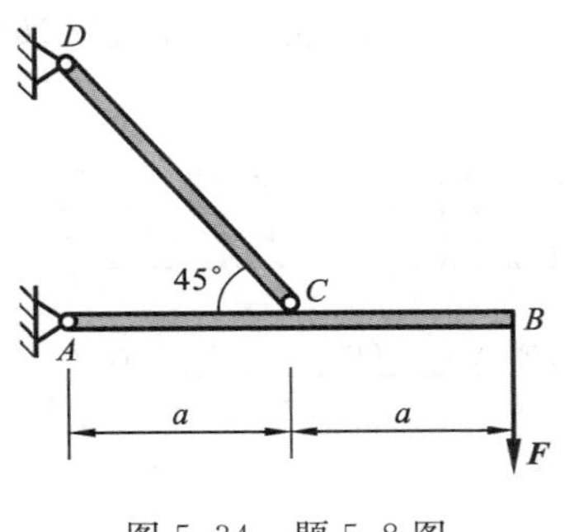

图 5.34　题 5.8 图

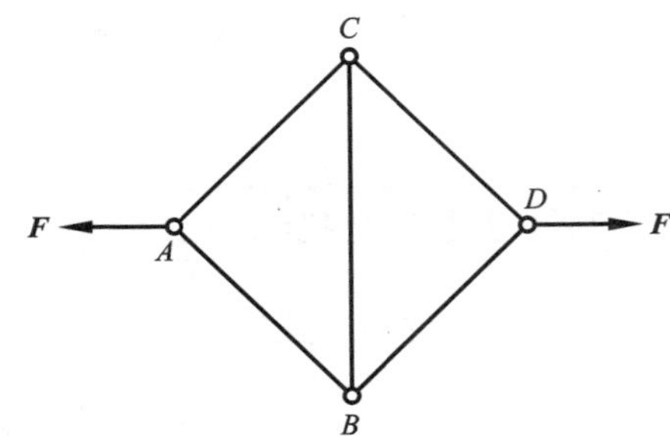

图 5.35　题 5.9 图

5.10　如图 5.36 所示的变截面直杆，AC 段横截面面积 $A_1=500\ \text{mm}^2$，CD 段横截面面积 $A_2=800\ \text{mm}^2$，材料的弹性模量 $E=200$ GPa，求杆件各段的变形以及杆件的总变形。

5.11　如图 5.37 所示的变截面直杆，AB 和 CD 段横截面面积 $A_1=250\ \text{mm}^2$，BC 段横截面面积 $A_2=350\ \text{mm}^2$，材料的弹性模量 $E=200$ GPa，求杆件各段的变形以及杆件的总变形。

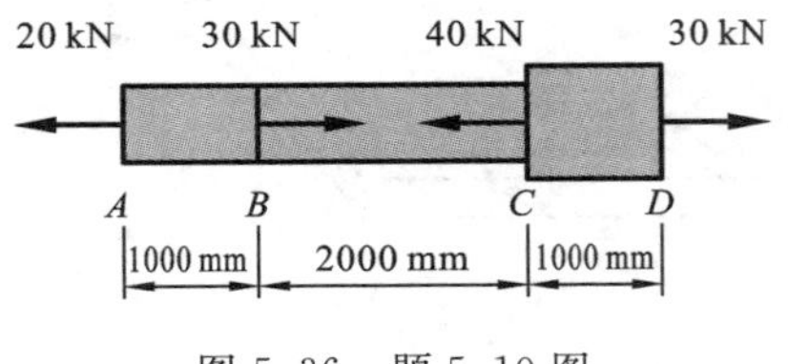

图 5.36　题 5.10 图

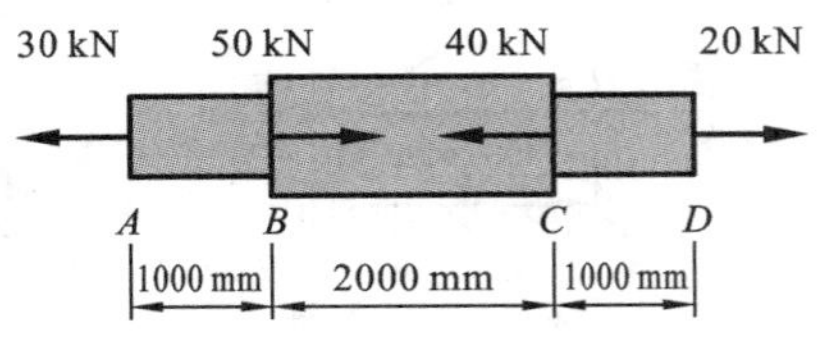

图 5.37　题 5.11 图

5.12　如图 5.38 所示的简易吊架，两杆的长度 $l=800$ mm，横截面面积 $A=400\ \text{mm}^2$，材料的弹性模量 $E=200$ GPa。现测得杆 2 的轴向线应变为 $\varepsilon=3\times10^{-4}$，求外力 F 和杆 1 的变形。

5.13　如图 5.39 所示的圆锥形杆，长度为 l，锥底直径为 d，材料的弹性模量为 E，密度为 ρ，求自重引起的杆的最大正应力以及杆的伸长量。

5.14　如图 5.40 所示的两端固定的等直杆，拉压刚度为 EA，求固定端 A、B 处的约束反力。

5.15　如图 5.41 所示的两端固定的等直杆，AC 和 CB 段的拉压刚度分别为 $2EA$ 和 EA，求固定端 A、B 处的约束反力。

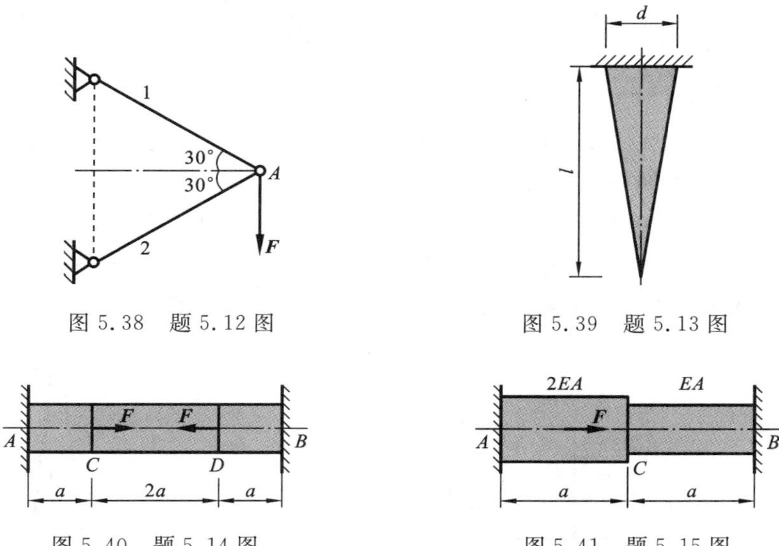

图 5.38　题 5.12 图

图 5.39　题 5.13 图

图 5.40　题 5.14 图

图 5.41　题 5.15 图

5.16　如图 5.42 所示的刚性梁 AB，用三根杆件悬吊。杆件长度 $l=1$ m，横截面面积 $A=200$ mm^2，弹性模量 $E=200$ GPa。若杆 1 短了 $\delta=0.5$ mm，求结构强迫装配后三根杆件横截面上的应力。

5.17　如图 5.43 所示的桁架结构，承受竖直向下的载荷 F 作用，设各杆的拉压刚度均为 EA，杆 1 和杆 2 的长度均为 l，试求各杆的轴力。

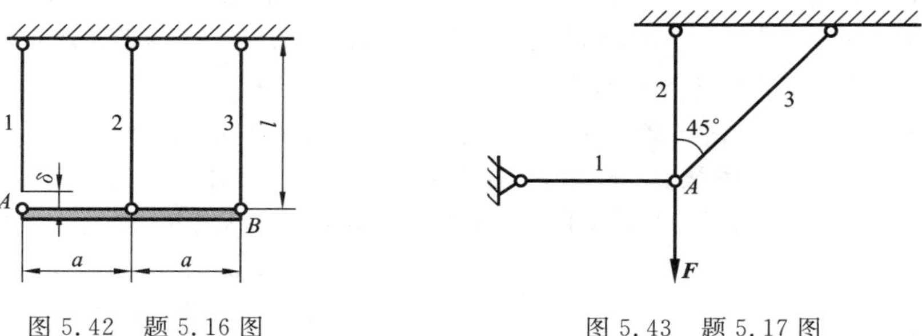

图 5.42　题 5.16 图

图 5.43　题 5.17 图

5.18　图 5.44 所示的钢杆，CB 和 AC 两段的横截面面积分别为 $A_1=500$ mm^2，$A_2=1000$ mm^2，钢材的线膨胀系数 $\alpha_t=12.5\times10^{-6}$ ℃$^{-1}$，$E=210$ GPa。在 $T_1=5$ ℃时将杆两端固定，试求当温度升高到 $T_2=25$ ℃时，杆内产生的温度应力。

5.19　图 5.45 所示的两根材料不同但横截面尺寸相同的杆件，同时固定连接于两端的刚性板上，且 $E_1>E_2$。要使两杆的伸长量相等，试求拉力 $\boldsymbol{F}$ 的偏心距 e。

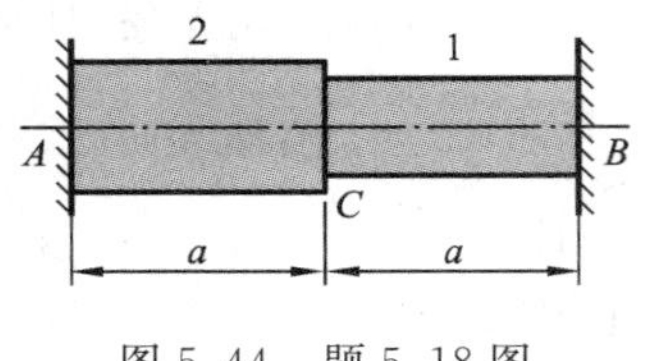

图 5.44　题 5.18 图

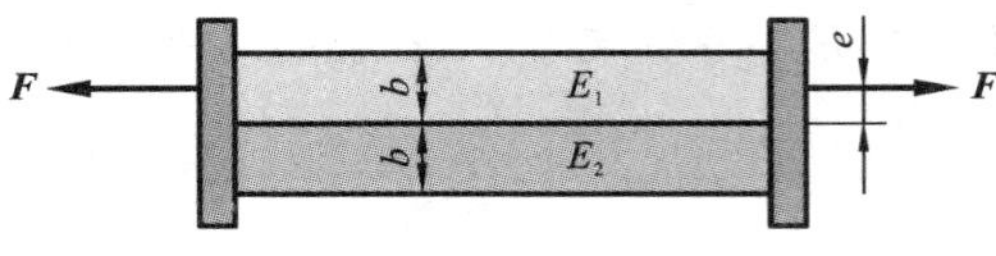

图 5.45　题 5.19 图

5.20　图 5.46 所示为木榫接头的侧视图和俯视图。接头承受 $F=40$ kN 的载荷作用,试求接头的剪切与挤压应力。

5.21　如图 5.47 所示的 5 mm×5 mm 的方键,长度 $l=35$ mm,许用切应力$[\tau]=100$ MPa,许用挤压应力$[\sigma_{bs}]=220$ MPa。若轴的直径 $d=20$ mm,试求方键允许传递给轴的最大扭转力偶矩及此时在手柄处施加的水平力 $\boldsymbol{F}$ 的大小。

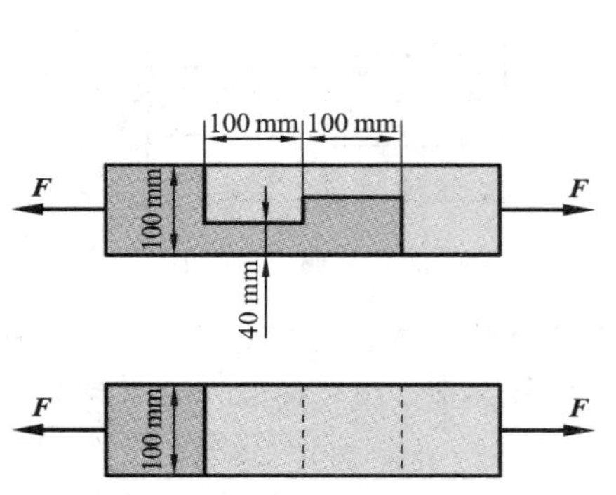

图 5.46　题 5.20 图

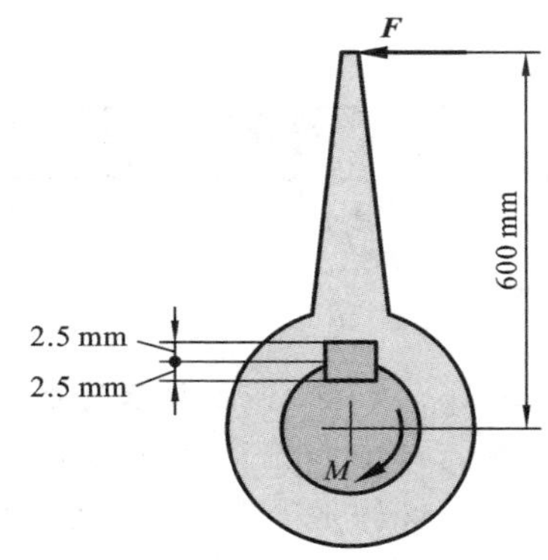

图 5.47　题 5.21 图

5.22　如图 5.48 所示的螺栓连接接头,上下连接板厚度 $d_1=10$ mm,中间板厚度 $d_2=20$ mm。已知 $F=80$ kN,螺栓的许用切应力$[\tau]=130$ MPa,许用挤压应力$[\sigma_{bs}]=340$ MPa。试设计螺栓的直径。

5.23　如图 5.49 所示的接头,承受载荷 $F=80$ kN 作用。已知板宽 $b=80$ mm,板厚 $\delta=10$ mm,铆钉直径 $d=16$ mm,许用应力$[\sigma]=160$ MPa,许用切应力$[\tau]=120$ MPa,许用挤压应力$[\sigma_{bs}]=340$ MPa,板件与铆钉的材料相同。试校核接头的强度。

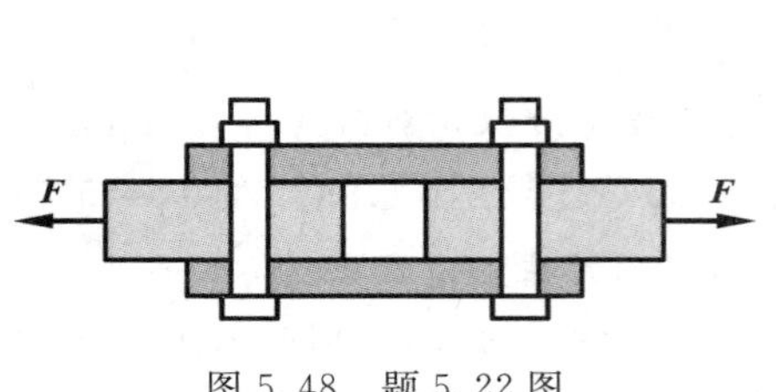

图 5.48　题 5.22 图

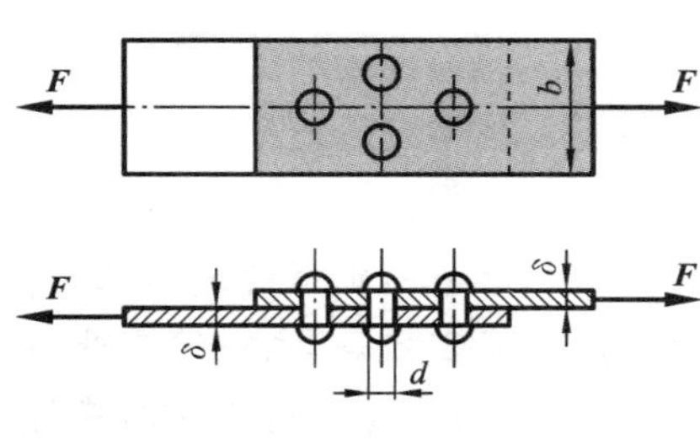

图 5.49　题 5.23 图

第 6 章　扭转圆轴的强度和刚度

在机械系统中，扭转圆轴有很多应用，如传动系统的传动轴、转向系统的转向轴等。在扭转圆轴的横截面上，作用着唯一的内力——扭矩。如果承受的扭矩过大，那么圆轴可能发生破坏或者因变形过大而不能正常工作。因此，为了确保安全和功能的可靠实现，扭转圆轴必须满足一定的强度和刚度要求。

6.1　薄壁圆管扭转时的应力

在一薄壁圆管表面，沿轴线和圆周方向等间距地画上纵向直线和圆周线。它们把圆管表面分成一系列由矩形组成的网格，如图 6.1(a)所示。在圆管两端，施加一对大小相等、方向相反的平衡力偶，使圆管发生很小的扭转变形，如图 6.1(b)所示。观察圆管表面纵向直线、圆周线以及由它们所分隔成的矩形网格在圆管变形前后的变化，可以发现如下现象：

(1) 各圆周线的形状和位置都没有改变，而是仅绕轴线发生了相对转动；

(2) 纵向直线长度不变，但是发生了倾斜；

(3) 网格中的每个矩形，都不改变大小，但是变形为平行四边形。

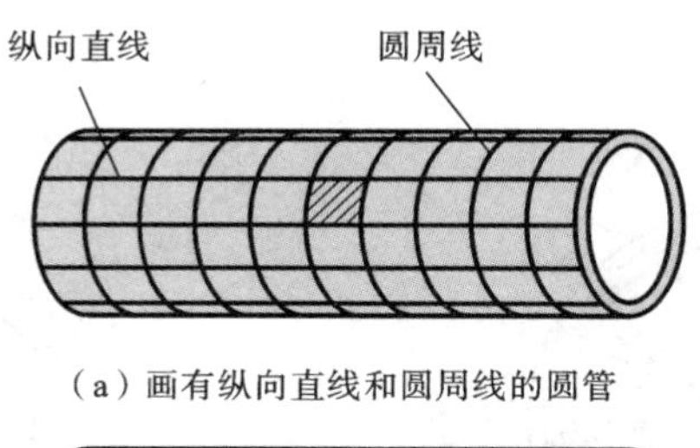

(a) 画有纵向直线和圆周线的圆管

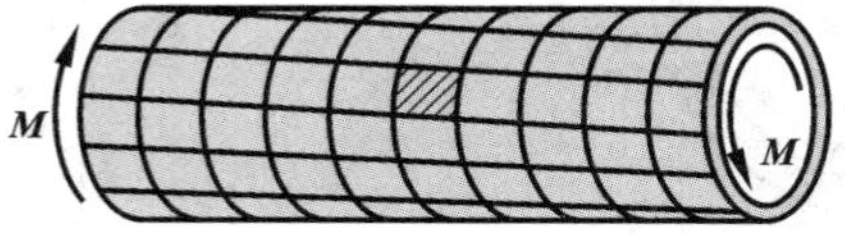

(b) 圆管受扭时的变形

图 6.1　扭转的薄壁圆管

如果用相距无限近的两个横截面和夹角无限小的两个通过轴线的纵截面，假想地从圆管中切出一个微元体 $abdc$，如图 6.2(a)所示。根据现象(1)，圆周线没有伸长或缩短，因此纵截面上没有正应力。根据现象(2)，水平线没有伸长或缩短，因此横截面上没有正应力。但是,根据现象(3),相邻横截面 ab 和 cd 之间发生相对错动,因此分别存在向上和向下的切应力,如图 6.2(b)所示。由于管壁很薄,可以认为切应力沿壁厚方向均匀分布。

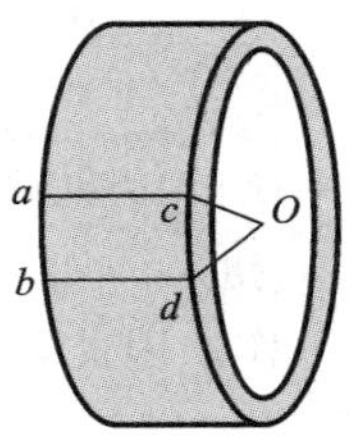

(a) 利用截面法截取微元体

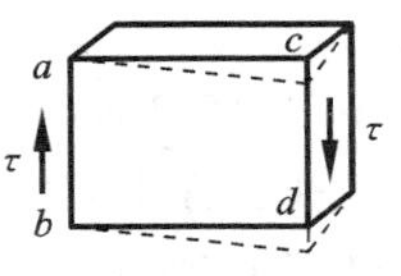

(b) 微元体上的切应力

图 6.2 圆管微元体以及其上分布的应力

6.1.1 横截面上的切应力

设圆管平均半径为 R_0,厚度为 δ,则作用在横截面 cd(面积为 $\mathrm{d}A$)上的剪力为 $\tau \mathrm{d}A$。它对轴线的矩为 $R_0 \tau \mathrm{d}A$。如图 6.3 所示。横截面上所有切应力对轴线的矩的总和应该等于它的扭矩,即

$$T = M = \int_A R_0 \tau \mathrm{d}A = \int_0^{2\pi} R_0 \tau \cdot \delta R_0 \mathrm{d}\theta = 2\pi R_0^2 \tau \delta$$

由此得

$$\tau = \frac{T}{2\pi R_0^2 \delta} \tag{6.1}$$

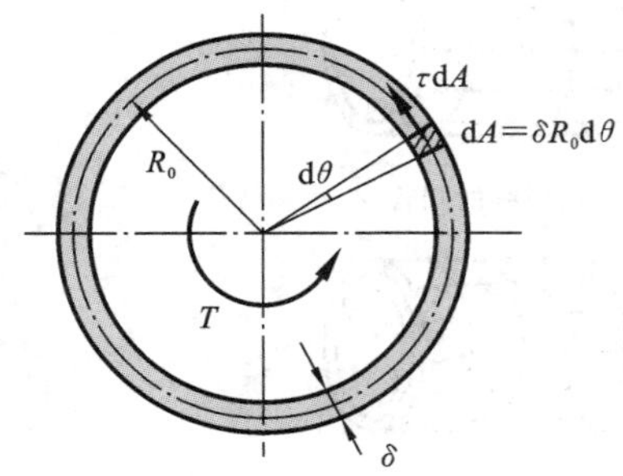

图 6.3 圆管横截面

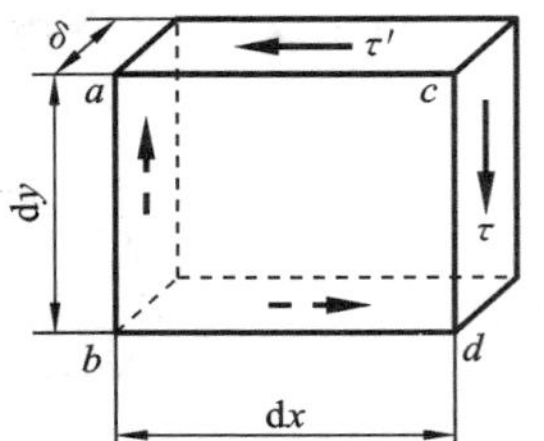

图 6.4 圆管微元体上的切应力

6.1.2 纵截面上的切应力

重画图 6.2(b)所示的微元体,设其沿轴线和圆周线方向的尺寸分别为 $\mathrm{d}x$ 和 $\mathrm{d}y$,径向尺寸为圆管厚度 δ,如图 6.4 所示。根据上面的分析,在微元体左右两侧横

截面 ab 和 cd 上，分别作用着由切应力 τ 构成的剪力 $\tau\delta\mathrm{d}y$。它们大小相等、方向相反，形成一对力偶矩为 $\tau\delta\mathrm{d}y\cdot\mathrm{d}x$ 的力偶。由于微元体处于平衡状态，在它上下的 ac 和 bd 两个纵截面上，必然同时存在切应力 τ'，由此形成力偶矩为 $\tau'\delta\mathrm{d}x\cdot\mathrm{d}y$ 的反向力偶，并与前述力偶形成平衡，即

$$\tau\delta\mathrm{d}y\cdot\mathrm{d}x=\tau'\delta\mathrm{d}x\cdot\mathrm{d}y$$

由此得

$$\tau=\tau' \tag{6.2}$$

这表明，在微元体的两个互相垂直的截面上，垂直于两截面交线的切应力会成对出现，它们大小相等，方向共同指向或背离两截面交线。这就是**切应力互等定理。**

6.2　剪切胡克定律

作用在微元体上的切应力 τ，会引起切应变 γ，从而带来改变微元体形状的作用效果，如图 6.5(a)所示。当切应力 τ 不超过材料的剪切比例极限 τ_p 时，切应力 τ 与切应变 γ 之间存在着类似于拉压胡克定律的关系，即式(5.11)，如图 6.5(b)所示。因此，有

$$\tau=G\gamma \tag{6.3}$$

式中：G 称为材料的**切变模量**，它有与切应力相同的量纲，常用单位为 GPa。上述关系称为**剪切胡克定律。**

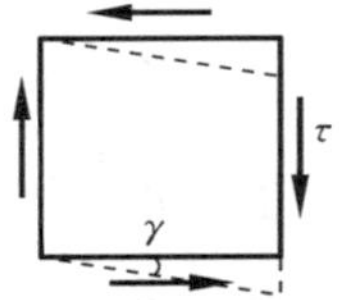

(a) 微元体上的切应力引起的切应变　　(b) 切应力与切应变关系曲线

图 6.5　剪切胡克定律

切变模量因材料而异，一般需要通过试验测定。例如，钢的切变模量约为 80 GPa，铝的切变模量约为 30 GPa。研究表明，**对于各向同性材料，在弹性模量 E、切变模量 G 和泊松比 ν 中只有两个是独立的。**只要知道其中两个，就可以通过以下表达式确定第三个：

$$G=\frac{E}{2(1+\nu)}$$

6.3　圆轴扭转时的应力

由于壁非常薄，薄壁圆管扭转时横截面上的切应力沿径向(或厚度方向)可以认

为是均匀的,因此仅通过静力平衡关系就可以获得切应力的表达式。然而,对于扭转的圆轴,横截面上切应力沿径向的分布可能是非均匀的,必须综合考虑变形的几何关系、应力和应变之间的物理关系,以及静力平衡关系。

6.3.1 几何关系

和薄壁圆管的扭转变形一样,在圆轴表面画出一系列等距离的纵向直线和圆周线,观察其受扭时的变形,如图 6.6(a)所示。

(1) 各圆周线的形状、大小以及相邻圆周线之间的距离在变形前后都保持不变,各圆周线只是绕轴线发生了相对转动。可以假设,**变形前为平面的圆轴横截面,变形后仍保持为平面,发生扭转时每一个横截面如同刚性平面一样绕轴线转动。**这就是圆轴扭转的平面假设。

(2) 在小变形情况下,纵向直线变形后仍然近似保持为直线,但是都倾斜了相同的角度,如图 6.6(b)所示。这个角度就是切应变 γ。它代表了变形后圆周线与纵向直线之间直角的改变量。

沿轴线方向,假想地用截面法截取长为 $\mathrm{d}x$ 的一个微段,放大后如图 6.6(c)所示。假设图中,右截面相对于左截面绕轴线转过的角度(即扭转角)为 $\mathrm{d}\varphi$,到圆心距离为 ρ 处的切应变为 γ_ρ,则有

$$\gamma_\rho \mathrm{d}x=\rho\mathrm{d}\varphi$$

由此得

$$\gamma_\rho=\rho\frac{\mathrm{d}\varphi}{\mathrm{d}x} \tag{6.4}$$

式中:$\frac{\mathrm{d}\varphi}{\mathrm{d}x}$是扭转角 φ 沿轴线的变化率,即因扭转而在单位长度的轴上发生的扭转角。扭转角用弧度表示。对于一个给定的横截面,它是一个常量。因此,式(6.4)表明,发生扭转时,横截面上任意一点的切应变 γ_ρ 与该点到圆心的距离 ρ 成正比。

6.3.2 物理关系

假设横截面上到圆心距离为 ρ 处的切应力为 τ_ρ,那么根据剪切胡克定律,它与该处的切应变 γ_ρ 之间满足

$$\tau_\rho=G\gamma_\rho$$

将式(6.4)代入上式即得

$$\tau_\rho=G\rho\frac{\mathrm{d}\varphi}{\mathrm{d}x} \tag{6.5}$$

这表明,横截面上任意一点的切应力 τ_ρ 与该点到圆心的距离 ρ 成正比,并与经过该点的半径垂直。注意到切应力互等定理,在轴的横截面和纵截面上,切应力沿径向的分布应该如图 6.6(d)所示。

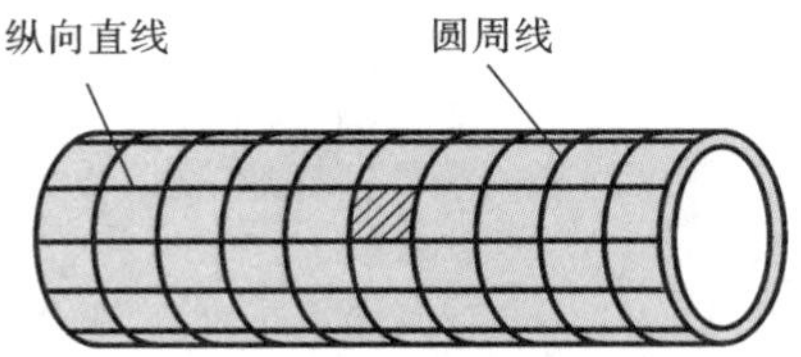

（a）画有纵向直线和圆周线的圆轴

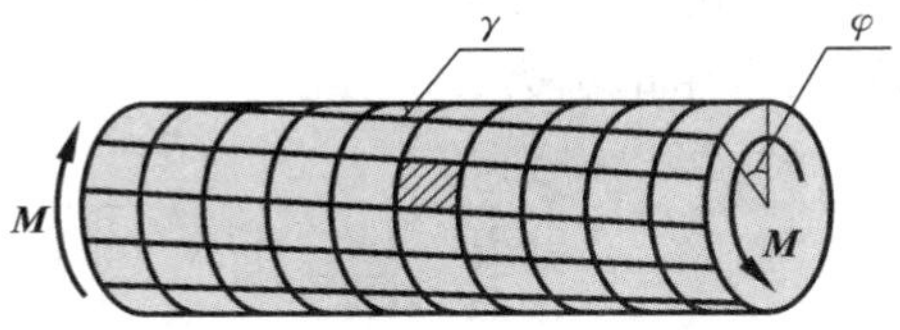

（b）圆轴受扭时的变形

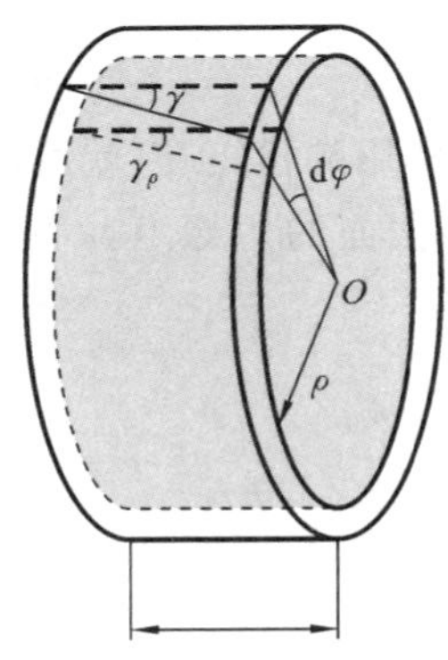

（c）放大后的微段

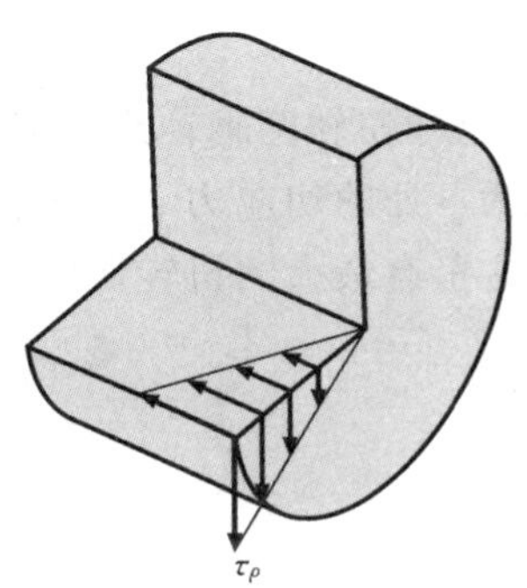

（d）横截面和纵截面上的切应力分布

图 6.6　圆轴扭转时的应力

6.3.3　静力平衡关系

假设在图 6.7 所示的圆轴横截面上，作用的扭矩为 T。在距离圆心 ρ 处取一微面积 $\mathrm{d}A$。在该微面积上作用的内力为 $\tau_\rho \mathrm{d}A$，它对圆心的力矩为 $\rho\tau_\rho \mathrm{d}A$。在整个横截面上对 $\rho\tau_\rho \mathrm{d}A$ 积分，得到横截面上的分布内力系对圆心的矩。根据静力平衡关系，该矩应等于作用在横截面上的扭矩 T，即有

$$T = \int_A \rho\tau_\rho \mathrm{d}A$$

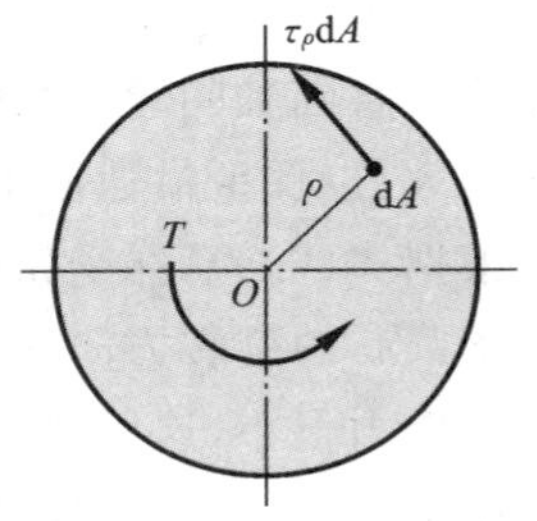

图 6.7　受扭圆轴横截面上的静力平衡关系

将式(6.5)代入上式，并注意到对于给定的横截面，$\frac{\mathrm{d}\varphi}{\mathrm{d}x}$

是一个常量。因此有

$$T = G\frac{\mathrm{d}\varphi}{\mathrm{d}x}\int_A \rho^2 \mathrm{d}A \tag{6.6}$$

定义

$$I_\mathrm{p} = \int_A \rho^2 \mathrm{d}A \tag{6.7}$$

称为横截面对 O 点的**极惯性矩**。它只与横截面的形状和尺寸有关,和面积一样,属于横截面的几何属性参数,常用单位为 mm^4 或 m^4。

将式(6.7)代入式(6.6),可以得到

$$\frac{\mathrm{d}\varphi}{\mathrm{d}x} = \frac{T}{GI_\mathrm{p}} \tag{6.8}$$

再将式(6.8)代入式(6.5),又可以得到

$$\tau_\rho = \frac{T\rho}{I_\mathrm{p}} \tag{6.9}$$

利用该式,如果已知扭转圆轴轴线上某处横截面上作用的扭矩 T,就可以计算横截面上到圆心距离为 ρ 处的切应力 τ_ρ。显然,在圆形横截面的边缘上,ρ 最大(等于圆轴半径 R),因此这里有最大的扭转切应力。

$$\tau_{\max} = \frac{TR}{I_\mathrm{p}} \tag{6.10}$$

再定义

$$W_\mathrm{T} = \frac{I_\mathrm{p}}{R} \tag{6.11}$$

称为**抗扭截面系数**。它也只与横截面的形状和尺寸有关,是横截面的另一个重要几何属性参数,常用单位为 mm^3 或 m^3。

将式(6.11)代入式(6.10),可以得到

$$\tau_{\max} = \frac{T}{W_\mathrm{T}} \tag{6.12}$$

以上推导过程是在平面假设基础上完成的,因此只适用于满足平面假设的实心或空心等直圆轴问题。另外,在推导中还应用了剪切胡克定律,因此要求承受的扭矩不能过大,以保证横截面上的最大切应力 $\tau_{\max}$ 小于剪切比例极限 τ_p。

根据式(6.9),在受扭的实心圆轴和空心圆轴横截面上,切应力沿半径线性分布,其关于圆心的旋转方向与作用在横截面上的扭矩一致,如图 6.8 所示。由于圆心附近的切应力很小,这里的材料得不到充分利用,因此,与实心圆轴相比,空心圆轴的材料利用率更高。如果空心圆轴的壁厚足够小(近似于薄壁圆管),则内壁处的最小切应力和外壁处的最大切应力接近相等,整个横截面上的切应力近似为均匀分布,材料由此可以得到充分利用。但是,壁太薄又会带来稳定性问题。

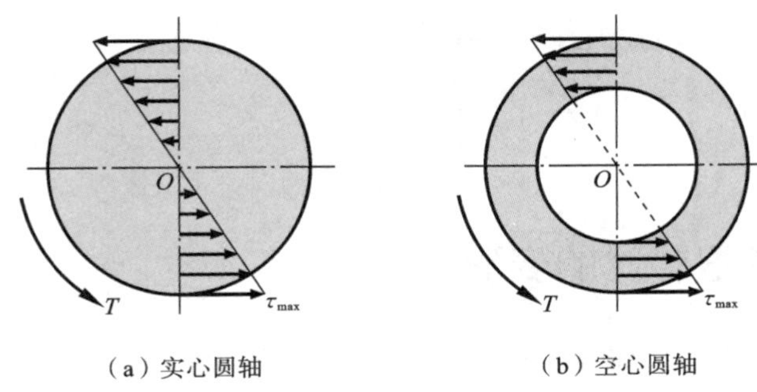

（a）实心圆轴　　（b）空心圆轴

图 6.8　实心圆轴和空心圆轴横截面上的切应力

6.4　极惯性矩和抗扭截面系数

极惯性矩和抗扭截面系数是分析圆轴扭转时必需的两个重要的截面几何属性参数。对于实心轴，横截面上同一圆周上各点到圆心的距离 ρ 相等，因此可以取厚度为 $d\rho$ 的圆环作为微面积，如图 6.9(a)所示。实心圆轴横截面的极惯性矩为

$$I_p = \int_A \rho^2 dA = \int_0^{\frac{D}{2}} \rho^2 \cdot 2\pi\rho d\rho = \frac{\pi D^4}{32} \tag{6.13}$$

式中：D 为圆轴直径。

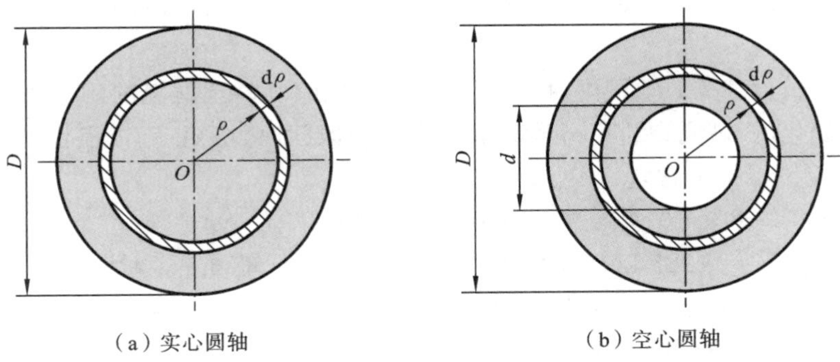

（a）实心圆轴　　（b）空心圆轴

图 6.9　横截面极惯性矩和抗扭截面系数的计算

实心圆轴横截面的抗扭截面系数为

$$W_T = \frac{I_p}{\frac{D}{2}} = \frac{\pi D^3}{16} \tag{6.14}$$

对于外径为 D、内径为 d 的空心圆轴(见图 6.9(b))，横截面的极惯性矩为

$$I_p = \int_{\frac{d}{2}}^{\frac{D}{2}} \rho^2 \cdot 2\pi\rho d\rho = \frac{\pi}{32}(D^4 - d^4) = \frac{\pi D^4}{32}(1 - \alpha^4)$$

式中：$\alpha=\frac{d}{D}$，代表空心圆轴内外径的比值。抗扭截面系数为

$$W_{\mathrm{T}}=\frac{I_{\mathrm{p}}}{\frac{D}{2}}=\frac{\pi D^{3}}{16}(1-\alpha^{4})$$

6.5　圆轴扭转时的变形

圆轴扭转时，两个相距 $\mathrm{d}x$ 的横截面将发生转角为 $\mathrm{d}\varphi$ 的相对扭转。根据式(6.8)，有

$$\mathrm{d}\varphi=\frac{T}{GI_{\mathrm{p}}}\mathrm{d}x$$

对上式积分，即可得相距为 l 的任意两个横截面之间的扭转角：

$$\varphi=\int_{l}\frac{T}{GI_{\mathrm{p}}}\mathrm{d}x \tag{6.15}$$

对于等截面圆轴，如果在两横截面之间扭矩 T 为与轴线坐标无关的常量，则式(6.15)可以简化为

$$\varphi=\frac{Tl}{GI_{\mathrm{p}}} \tag{6.16}$$

式(6.16)表明，当圆轴发生扭转变形时，两横截面之间的相对扭转角 φ 与扭矩 T 和轴长 l 成正比，与 GI_{p} 成反比。GI_{p} 称为圆轴的**抗扭刚度**，代表圆轴抵抗扭转变形的能力。

如果在长度为 l 的轴段内，扭矩 T 和极惯性矩 I_{p}(甚至材料的切变模量 G)中任意一个是变化的，就需要进行分段计算。在分段区间内，扭矩 T、极惯性矩 I_{p} 和切变模量 G 都应该保持为常量。

例 6.1　如图 6.10 所示的一端固定的钢圆轴，其上作用两个外力偶矩，$M_B=3.80\ \mathrm{kN\cdot m}$，$M_C=1.27\ \mathrm{kN\cdot m}$。已知圆轴直径 $d=60\ \mathrm{mm}$，钢的切变模量 $G=80\ \mathrm{GPa}$，试求截面 B 对于截面 A 的相对扭转角 φ_{BA}，截面 C 对于截面 B 的相对扭转角 φ_{CB}，并求截面 C 的绝对扭转角。

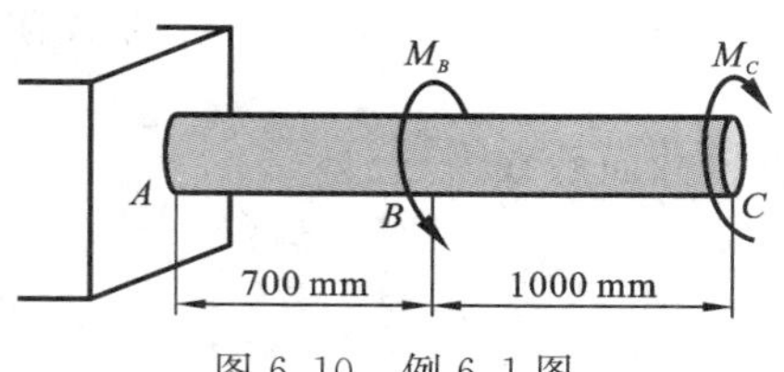

图 6.10　例 6.1 图

解　(1) 计算截面内力。

根据截面法，可以计算出 AB 段和 BC 段截面的扭矩分别为

$$T_{AB}=M_B-M_C=3.80-1.27=2.53\ (\mathrm{kN\cdot m})$$

$$T_{BC}=-M_C=-1.27\ \mathrm{kN\cdot m}$$

(2) 计算相对扭转角。

根据式(6.16),可以计算出截面 B 对于截面 A 的相对扭转角以及截面 C 对于截面 B 的相对扭转角:

$$\varphi_{BA}=\frac{T_{AB}l_{AB}}{GI_\mathrm{p}}=\frac{2.53\times10^6\times700}{80\times10^3\times\frac{\pi}{32}\times60^4}=0.0174\ (\mathrm{rad})$$

$$\varphi_{CB}=\frac{T_{BC}l_{BC}}{GI_\mathrm{p}}=\frac{-1.27\times10^6\times1000}{80\times10^3\times\frac{\pi}{32}\times60^4}=-0.0125\ (\mathrm{rad})$$

(3) 求截面 C 的绝对扭转角。

因为截面 A 被固定,所以截面 C 的绝对扭转角就是截面 C 对于截面 A 的相对扭转角。由此得

$$\varphi_{CA}=\varphi_{CB}+\varphi_{BA}=-0.0125+0.0174=0.0049\ (\mathrm{rad})$$

例 6.2　空心圆轴如图 6.11 所示,在 A、B、C 处受外力偶矩作用。已知 $M_A=150\ \mathrm{N\cdot m}$,$M_B=50\ \mathrm{N\cdot m}$,$M_C=100\ \mathrm{N\cdot m}$,材料切变模量 $G=80\ \mathrm{GPa}$,试求:

(1) 轴内的最大切应力;

(2) 截面 C 对于截面 A 的相对扭转角。

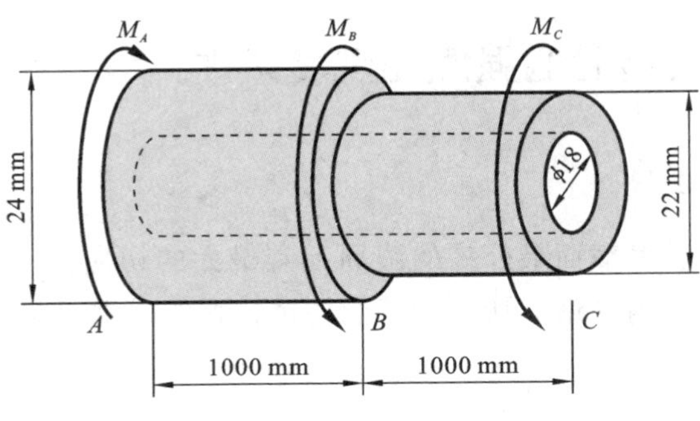

图 6.11　例 6.2 图

解　(1) 计算轴内最大切应力。

根据截面法,可以计算出 AB 段和 BC 段截面的内力:

$$T_{AB}=M_A=150\ \mathrm{N\cdot m}$$

$$T_{BC}=M_C=100\ \mathrm{N\cdot m}$$

AB 段扭矩比较大,而 BC 段截面尺寸小,因此需要分别计算 AB 和 BC 段的最大切应力。根据式(6.12),有

$$\tau_{AB\max}=\frac{T_{AB}}{W_{TAB}}=\frac{150\times10^3}{\frac{\pi}{16}\times24^3\times\left[1-\left(\frac{18}{24}\right)^4\right]}=80.84\ (\text{MPa})$$

$$\tau_{BC\max}=\frac{T_{BC}}{W_{TBC}}=\frac{100\times10^3}{\frac{\pi}{16}\times22^3\times\left[1-\left(\frac{18}{22}\right)^4\right]}=86.67\ (\text{MPa})$$

所以,最大切应力出现在 BC 段,$\tau_{max}=86.67$ MPa。

(2) 求截面 C 对于截面 A 的相对扭转角。

因为 AB 段和 BC 段的扭矩和截面尺寸都不一样,所以要求截面 C 对于截面 A 的相对扭转角,必须首先求出截面 B 对于截面 A 的相对扭转角和截面 C 对于截面 B 的相对扭转角。

$$\varphi_{BA}=\frac{T_{AB}l_{AB}}{GI_{pAB}}=\frac{150\times10^3\times1000}{80\times10^3\times\frac{\pi}{32}\times24^4\times\left[1-\left(\frac{18}{24}\right)^4\right]}=0.0842\ (\text{rad})$$

$$\varphi_{CB}=\frac{T_{BC}l_{BC}}{GI_{pBC}}=\frac{100\times10^3\times1000}{80\times10^3\times\frac{\pi}{32}\times22^4\times\left[1-\left(\frac{18}{22}\right)^4\right]}=0.0985\ (\text{rad})$$

然后,再求截面 C 对于截面 A 的相对扭转角:

$$\varphi_{CA}=\varphi_{CB}+\varphi_{BA}=0.0985+0.0842=0.1827\ (\text{rad})$$

6.6 圆轴扭转时的强度和刚度条件

6.6.1 强度条件

圆轴扭转时,在其横截面最外缘的圆周上有最大的切应力。为了保证圆轴具有足够的强度,扭转时轴内的最大切应力不能超过材料的许用切应力,这就是圆轴扭转时的强度条件。

$$\tau_{max}=\frac{T}{W_T}\leqslant[\tau] \tag{6.17}$$

式中:$[\tau]$为材料的许用切应力。研究表明,材料的许用切应力$[\tau]$与许用应力$[\sigma]$之间一般存在如下关系。对于延性材料,有

$$[\tau]=(0.5\sim0.577)[\sigma] \tag{6.18}$$

对于脆性材料,有

$$[\tau]=(0.8\sim1.0)[\sigma_t] \tag{6.19}$$

式中:$[\sigma_t]$是材料的许用拉应力。必须注意,脆性材料许用拉应力远小于许用压应力。

6.6.2　刚度条件

设计扭转圆轴时，除了强度要求以外，刚度要求往往更为重要。变形太大，不利于轴实现其相应的功能。在工程实际中，通常限制轴的扭转角沿轴线的变化率或单位长度内的扭转角$\frac{\mathrm{d}\varphi}{\mathrm{d}x}$，使其满足

$$\left(\frac{\mathrm{d}\varphi}{\mathrm{d}x}\right)_{\max}=\left(\frac{T}{GI_{\mathrm{p}}}\right)_{\max}\leqslant[\theta] \tag{6.20}$$

式中：$[\theta]$为许用扭转角，也就是单位长度扭转角的许用值，单位为度/米，即(°)/m。对于一般传动轴，$[\theta]=0.5\sim1$ (°)/m；对于精密机器与仪表的轴，$[\theta]$的值可以根据有关设计标准或规范确定。

必须注意，$\frac{\mathrm{d}\varphi}{\mathrm{d}x}$的单位采用的是弧度/米，即 rad/m，而$[\theta]$的单位采用的是度/米，即(°)/m。因此，在使用式(6.20)的刚度条件时，一定要进行单位的换算和统一。

例 6.3　某传动轴的最大扭矩 $T=1.5$ kN · m，若材料许用切应力$[\tau]=50$ MPa，试按下列两种方案确定轴的横截面尺寸，并比较其重量。

(1) 实心圆形截面轴；

(2) 内外径之比 $\alpha=0.9$ 的空心圆形截面轴。

解　(1) 实心圆形截面轴设计。

根据式(6.17)，有

$$\tau_{\max1}=\frac{T}{W_{\mathrm{T1}}}=\frac{1.5\times10^{6}}{\frac{\pi}{16}D_1^3}\leqslant[\tau]=50\ \mathrm{MPa}$$

由此可求得

$$D_1\geqslant53.5\ \mathrm{mm}$$

因此，实心圆形截面轴直径可以取为 $D_1=54$ mm。

(2) 空心圆形截面轴设计。

$$\tau_{\max2}=\frac{T}{W_{\mathrm{T2}}}=\frac{1.5\times10^{6}}{\frac{\pi}{16}D_2^3(1-\alpha^4)}\leqslant[\tau]=50\ \mathrm{MPa}$$

由此可求得

$$D_2\geqslant76.3\ \mathrm{mm}$$

因此，空心圆形截面轴外径可以取为 $D_2=77$ mm，内径取为 $d_2=69$ mm。

(3) 重量比较。

考虑到实心圆轴和空心圆轴的材料、长度均相同，因此二者的重量之比 β 应该等于它们的横截面面积之比，即

$$\beta=\frac{D_1^2}{D_2^2-d_2^2}=\frac{54^2}{77^2-69^2}=2.5$$

可见,实心轴重量是空心轴重量的2.5倍。

例6.4　某传动轴转速 $n=300$ r/min,传递功率 $P=43$ kW,切变模量 $G=80$ GPa,许用切应力 $[\tau]=40$ MPa,允许的单位长度扭转角 $[\theta]=0.8(°)/\text{m}$,试设计轴的直径 d。

解　(1) 计算传动轴扭矩。

根据式(4.5),圆轴上的外力偶矩为

$$M=9549\times\frac{P}{n}=9549\times\frac{43}{300}=1369\ (\text{N}\cdot\text{m})$$

所以,传动轴的扭矩为

$$T=M=1369\ \text{N}\cdot\text{m}$$

(2) 利用强度条件设计轴的直径。

根据强度条件,有

$$\tau_{\max}=\frac{T}{W_{\text{T}}}=\frac{1369\times10^3}{\frac{\pi}{16}d^3}\leqslant[\tau]=40\ \text{MPa}$$

由此可求得

$$d\geqslant55.9\ \text{mm}$$

(3) 利用刚度条件设计轴的直径。

根据刚度条件,有

$$\frac{T}{GI_{\text{p}}}=\frac{1369\times10^3}{80\times10^3\times\frac{\pi}{32}\times d^4}\times\frac{180}{\pi}\times1000\leqslant[\theta]=0.8$$

由此可求得

$$d\geqslant59.4\ \text{mm}$$

(4) 确定轴的直径。

为了同时满足强度和刚度的要求,可选轴的直径 $d=60$ mm。

例6.5　传动轴如图6.12(a)所示,主动轮 A 的输入功率为 $P_A=400$ kW,三个从动轮的输出功率分别为 $P_B=120$ kW,$P_C=120$ kW,$P_D=160$ kW,轴的转速 $n=300$ r/min。传动轴为钢制实心圆轴,切变模量 $G=80$ GPa,许用切应力 $[\tau]=30$ MPa,允许的单位长度扭转角 $[\theta]=0.3\ (°)/\text{m}$,试设计轴的直径 d。

解　(1) 计算轴截面内力,画内力图。

根据式(4.5),计算圆轴上的外力偶矩:

$$M_A=9.549\times\frac{P_A}{n}=9.549\times\frac{400}{300}=12.73\ (\text{kN}\cdot\text{m})$$

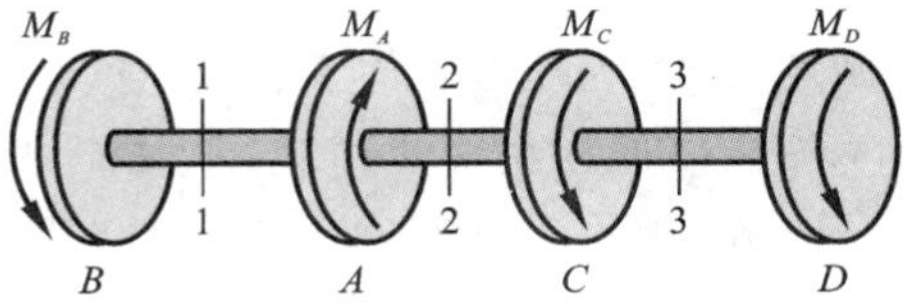

（a）传动轴受力图

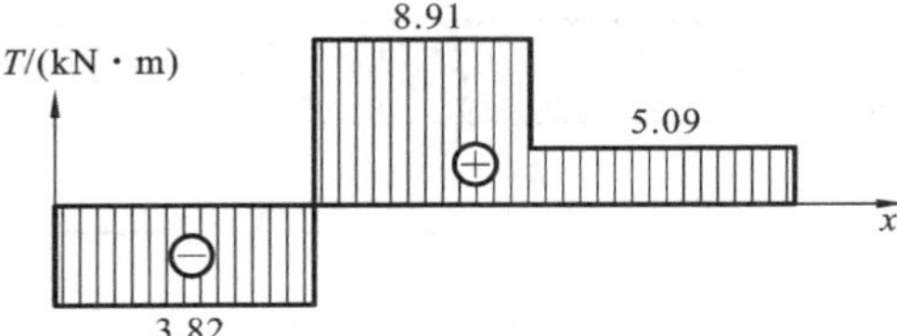

（b）传动轴扭矩图

图 6.12　例 6.5 图

$$M_B=9.549\times\frac{P_B}{n}=9.549\times\frac{120}{300}=3.82\ (\mathrm{kN\cdot m})$$

$$M_C=9.549\times\frac{P_C}{n}=9.549\times\frac{120}{300}=3.82\ (\mathrm{kN\cdot m})$$

$$M_D=9.549\times\frac{P_D}{n}=9.549\times\frac{160}{300}=5.09\ (\mathrm{kN\cdot m})$$

利用截面法，可以得到各个截面的内力，然后画出扭矩图，如图 6.12(b)所示。很明显，最大扭矩在 AC 段，且 $T_{\max}=8.91\ \mathrm{kN\cdot m}$。

(2) 轴的强度设计。

根据强度条件，有

$$\tau_{\max}=\frac{T_{\max}}{W_{\mathrm{T}}}=\frac{8.91\times10^6}{\frac{\pi}{16}d^3}\leqslant[\tau]=30\ \mathrm{MPa}$$

由此可求得

$$d\geqslant114.8\ \mathrm{mm}$$

(3) 利用刚度条件设计轴的直径。

根据刚度条件，有

$$\frac{T_{\max}}{GI_{\mathrm{p}}}=\frac{8.91\times10^6}{80\times10^3\times\frac{\pi}{32}\times d^4}\times\frac{180}{\pi}\times1000\leqslant[\theta]=0.3$$

由此可求得

$$d\geqslant121.3\ \mathrm{mm}$$

(4) 确定轴的直径。

为了同时满足强度和刚度的要求,可选轴的直径 $d=122$ mm。

例 6.6 如图 6.13 所示的实心圆形截面传动轴,承受外力偶矩 $M_A=180$ N·m, $M_B=320$ N·m, $M_C=140$ N·m,轴的 $I_p=3\times10^5$ mm^4,切变模量 $G=80$ GPa,允许的单位长度扭转角 $[\theta]=0.5$ (°)/m。试计算轴的相对扭转角 φ_{CA},并校核轴的刚度。

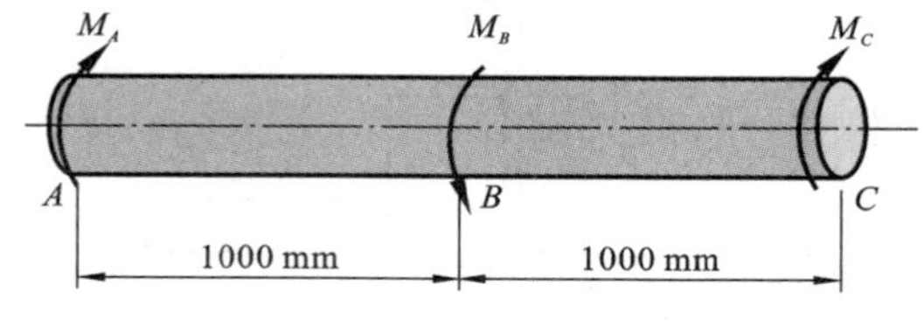

图 6.13 例 6.6 图

解 (1) 轴截面扭矩计算。

根据截面法,可以求得 AB 段和 BC 段的扭矩分别为

$$T_{AB}=M_A=180 \text{ N}\cdot\text{m}$$

$$T_{BC}=-M_C=-140 \text{ N}\cdot\text{m}$$

(2) 计算相对扭转角 φ_{CA}。

根据式(6.16),截面 B 对于截面 A 的相对扭转角为

$$\varphi_{BA}=\frac{T_{AB}l_{AB}}{GI_p}=\frac{180\times10^3\times1000}{80\times10^3\times3\times10^5}=0.0075 \text{ (rad)}$$

截面 C 对于截面 B 的相对扭转角为

$$\varphi_{CB}=\frac{T_{BC}l_{BC}}{GI_p}=\frac{-140\times10^3\times1000}{80\times10^3\times3\times10^5}=-0.0058 \text{ (rad)}$$

因此,截面 C 对于截面 A 的相对扭转角为

$$\varphi_{CA}=\varphi_{CB}+\varphi_{BA}=0.0075-0.0058=0.0017 \text{ (rad)}$$

(3) 校核轴的刚度。

轴在 AB 段有最大的扭矩,它的单位长度扭转角为

$$\frac{T_{\max}}{GI_p}=\frac{180\times10^3}{80\times10^3\times3\times10^5}\times\frac{180}{\pi}\times1000=0.43 \text{ (°)/m}\leqslant[\theta]=0.5 \text{ (°)/m}$$

所以,轴的刚度满足要求。

6.7 扭转静不定问题

在圆轴的扭转问题中,圆轴受到的所有外力偶的矩矢都是沿圆轴轴线的,只能列出一个矩平衡方程。因此,如果未知的约束力偶只有一个,那么可以通过平衡方程求解得到,此时问题是静定的。否则,如果未知的约束力偶超过一个,那么单纯依靠平衡方程无法求解得到所有未知力偶,此时问题是静不定的。

与求解拉压静不定问题类似，求解圆轴扭转的静不定问题，需要补充扭转的变形协调方程，并与平衡方程和物理方程等一起联立起来求解。

例 6.7　如图 6.14(a)所示两端固定的圆形截面杆 AB，在截面 C 处受外力偶矩 M_C 作用，试求两固定端的反力偶矩。

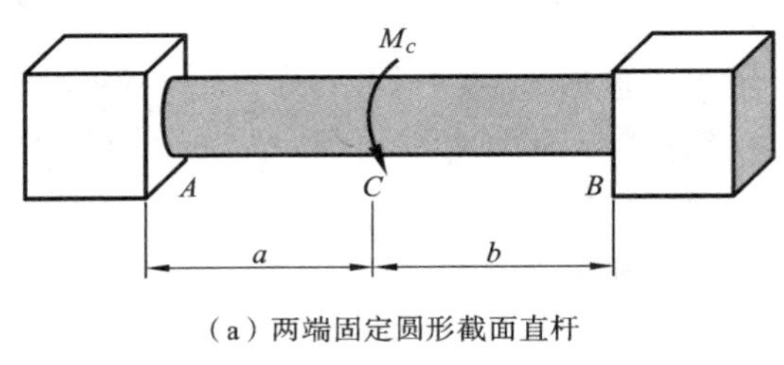

(a) 两端固定圆形截面直杆

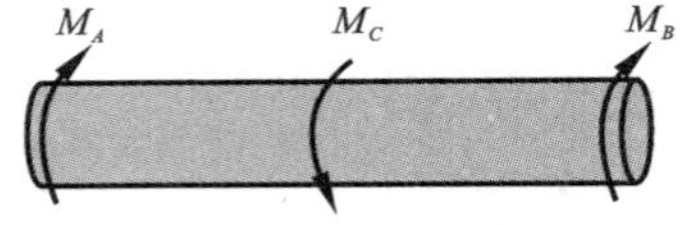

(b) 圆形截面直杆受力分析图

图 6.14　例 6.7 图

解　(1) 平衡方程。

杆 AB 上只有外力偶矩 M_C 作用，故两固定端有约束力偶 M_A 和 M_B 作用。杆 AB 受力如图 6.14(b)所示，因此有平衡方程

$$M_A + M_B = M_C \tag{a}$$

(2) 变形协调方程。

杆两端固定，因此两端相对扭转角为零，即

$$\varphi_{BA} = \varphi_{BC} + \varphi_{CA} = 0 \tag{b}$$

(3) 物理方程。

利用截面法，可以得到 AC 段和 CB 段的扭矩：

$$T_{AC} = M_A, \quad T_{CB} = -M_B$$

$$\varphi_{CA} = \frac{T_{AC}a}{GI_p} = \frac{M_A a}{GI_p}, \quad \varphi_{BC} = \frac{T_{CB}b}{GI_p} = -\frac{M_B b}{GI_p} \tag{c}$$

联立式(a)、式(b)和式(c)，求解方程组得到

$$M_A = \frac{b}{a+b}M_C, \quad M_B = \frac{a}{a+b}M_C$$

习　题

6.1　圆轴的直径 $d=100$ mm，承受扭矩 $T=100$ kN·m 作用，试求距圆心分别

为$\frac{d}{8}$、$\frac{d}{4}$和$\frac{d}{2}$处的切应力，并绘出截面上切应力的分布图。

6.2　一受扭圆管的横截面的外径 $D=40$ mm，内径 $d=35$ mm，承受扭矩 $T=500$ N·m 作用，求圆管的最大切应力。

6.3　传动轴如图 6.15 所示，轴径 $d=100$ mm，主动轮 A 输入功率 $P_A=400$ kW，三个从动轮的输出功率分别为 $P_B=120$ kW、$P_C=120$ kW 和 $P_D=160$ kW，轴的转速 $n=300$ r/min。传动轴为钢制实心圆轴，切变模量 $G=80$ GPa，求轴内的最大切应力和截面 D 对于截面 A 的相对扭转角。

6.4　如图 6.16 所示的阶梯形圆轴，轴径 $d_1=40$ mm 和 $d_2=70$ mm。已知轮 3 输入功率为 $P_3=30$ kW，轮 1 和轮 2 的输出功率分别为 $P_1=10$ kW 和 $P_2=20$ kW，轴的转速为 $n=200$ r/min，传动轴为钢制实心圆轴，切变模量 $G=80$ GPa，求轴内的最大切应力和截面 B 对于截面 A 的相对扭转角。

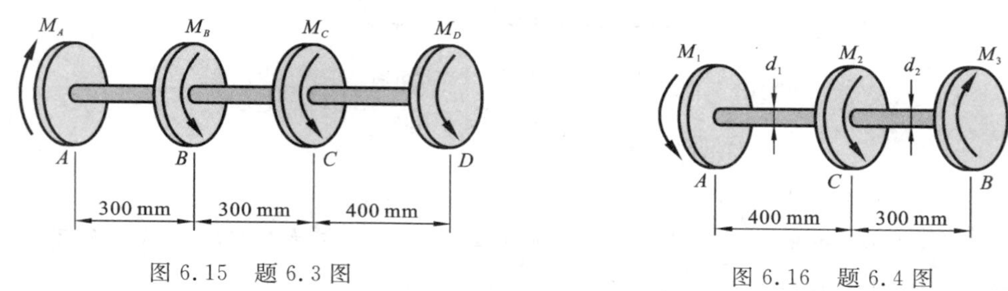

图 6.15　题 6.3 图　　　　图 6.16　题 6.4 图

6.5　空心圆轴受扭矩 $T=5$ kN·m 作用，内外径之比 $\alpha=0.8$，许用切应力$[\tau]=50$ MPa，试设计其直径，并将其自重与同一强度的实心圆轴进行比较。

6.6　一钢制实心圆轴的转速 $n=250$ r/min，所传递的功率 $P=50$ kW，许用切应力$[\tau]=40$ MPa，单位长度的许用扭转角$[\theta]=0.8(°)/\text{m}$，切变模量 $G=80$ GPa，试设计轴的直径。

6.7　如图 6.17 所示的圆轴，已知 $M=1$ kN·m，许用切应力$[\tau]=80$ MPa，单位长度的许用扭转角$[\theta]=0.5(°)/\text{m}$，切变模量 $G=80$ GPa，试确定轴的直径 d_1 和 d_2。

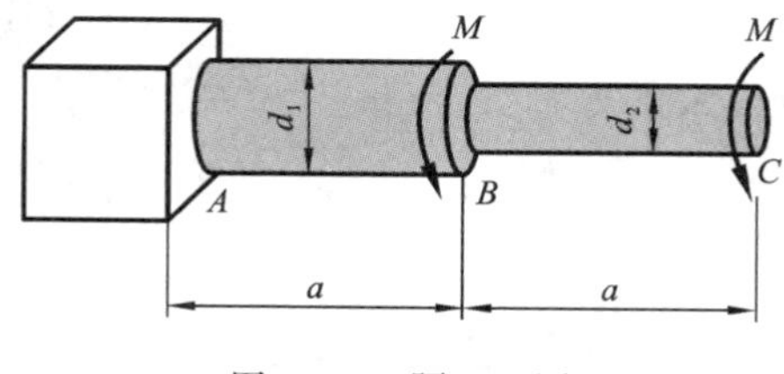

图 6.17　题 6.7 图

6.8　如图6.18所示的阶梯形空心圆轴，已知 $M_A=80\ \text{N}\cdot\text{m}$，$M_B=50\ \text{N}\cdot\text{m}$，$M_C=30\ \text{N}\cdot\text{m}$，材料的切变模量 $G=80$ GPa，轴的许用切应力 $[\tau]=60$ MPa，单位长度的许用扭转角 $[\theta]=1(^\circ)/\text{m}$，试校核轴的强度和刚度。

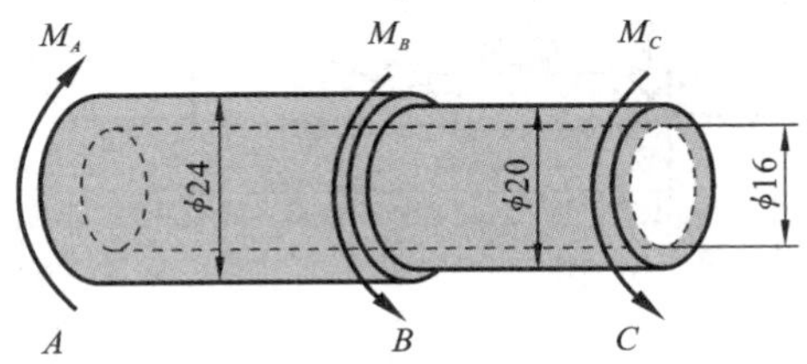

图6.18　题6.8图

6.9　如图6.19所示，一端固定的钢制圆轴受外力偶矩 M_B 和 M_C 的作用，轴内产生的最大切应力 $\tau_{\max}=40.8$ MPa，自由端转过的角度 $\varphi_{CA}=9.8\times10^{-3}$ rad。已知材料的切变模量 $G=80$ GPa，试求作用于轴上的外力偶矩 M_B 和 M_C 的大小。

6.10　如图6.20所示，圆筒 A 套在圆轴 B 上，并且被焊在一起。它们的切变模量分别为 G_A 和 G_B，且 $G_A<G_B$。当轴两端作用外力偶矩 M 时，圆筒 A 和圆轴 B 的最大切应力相等，求 $\dfrac{d_A}{d_B}$ 的值。

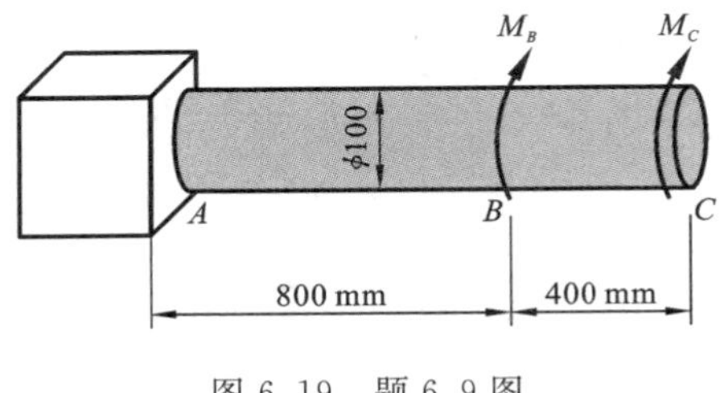

图6.19　题6.9图

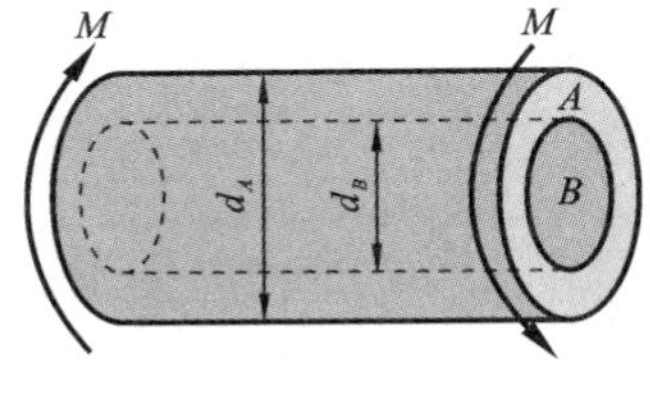

图6.20　题6.10图

6.11　图6.21所示的两端固定的圆轴 AB，在截面 C 和 D 处各受一个转向相反的外力偶矩 M 作用，试求固定端 A 和 B 处的约束力偶。

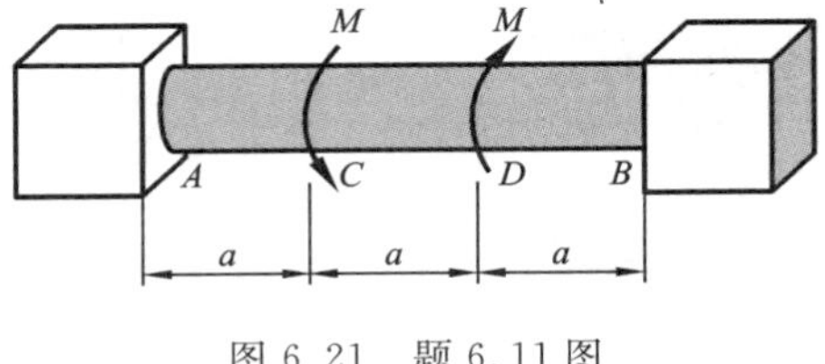

图6.21　题6.11图

6.12　图6.22所示的两端固定的阶梯形圆轴，在变截面 C 处受外力偶矩 M 作用，已知轴的许用切应力为$[\tau]$，为使轴的重量最轻，试确定AC段的直径d_1和CB段的直径d_2。

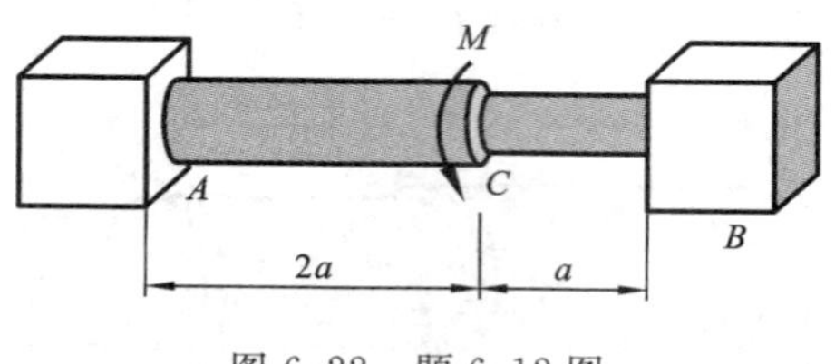

图 6.22　题 6.12 图

第 7 章　弯曲梁的强度和刚度

在轴向拉压杆件的横截面上，内力只有轴力，应力只有均匀分布的正应力，杆件沿轴线方向发生伸长或缩短变形。在扭转轴的横截面上，内力只有扭矩，应力只有沿圆形截面半径线性分布的切应力，轴的横截面之间发生绕轴线的相对转角变形。在弯曲梁的横截面上，分布着怎样的应力？它们如何分布？梁的变形如何描述？弯曲梁的强度和刚度应该满足怎样的条件？这是本章需要解决的问题。

7.1　弯曲正应力

梁的弯曲问题通常比较复杂。为了简化分析，首先从纯弯曲问题入手，研究梁横截面上的应力及其分布。

7.1.1　变形的几何分析

先做一个简单的实验。

取一矩形截面梁，在其表面画上一些纵向和横向的线条，如图 7.1(a)所示。然后，在梁两端纵向对称面内施加一对方向相反、力偶矩大小相等的力偶 $\boldsymbol{M}$，使梁发生纯弯曲。梁在发生变形以后，如图 7.1(b)所示，可以明显观察到：

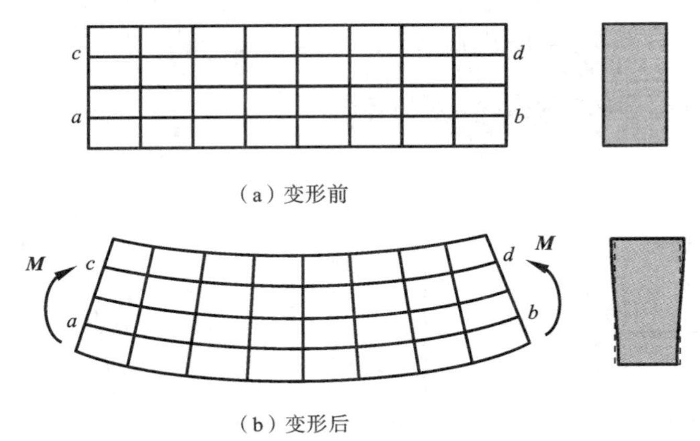

图 7.1　矩形截面梁的弯曲实验

(1) 横线 ac 和 bd 始终保持为直线，只是不再平行，而是发生了相对转动。因此，可以假设：**在发生弯曲变形以后，梁的横截面仍然保持为平面，且始终与梁的轴线**

正交。这就是梁的**弯曲平面假设**。

(2) 纵线 ab 和 cd 从直线变为弧线，在内凹的区域纵线变短，而且越接近凹面，变短得越明显；而在外凸的区域纵线变长，而且越接近凸面，变长得越明显。因此可以推知，所有的纵线在梁发生弯曲变形的过程中都只发生沿轴线方向的伸长或缩短，而且一定存在某个过渡层，在该过渡层上纵线既不伸长又不缩短。我们把该过渡层称为**中性层**(neutral layer)，并把中性层与横截面的交线称为**中性轴**(neutral axis)，如图 7.2 所示。

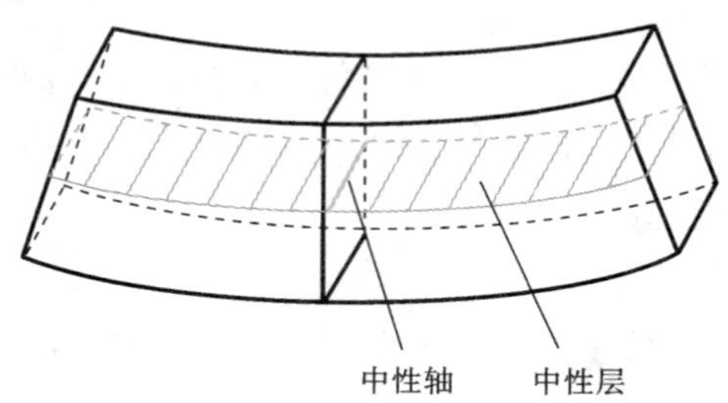

图 7.2　中性层和中性轴

根据上面的分析，沿梁的轴线方向用相距为 $\mathrm{d}x$ 的两个横截面 1—1 和 2—2 从梁中截取一微段，如图 7.3(a)所示，并在截面上沿纵向对称轴和中性轴分别建立 y 轴和 z 轴，如图 7.3(b)所示。梁发生弯曲后，纵坐标为 y 的纵线 ab(长度为 $\mathrm{d}x$)变为弧线 $a'b'$，如图 7.3(c)所示。设梁在发生弯曲变形之后截面 1—1 和 2—2 之间的相对转角为 $\mathrm{d}\theta$，中性层 O_1O_2 的曲率半径为 ρ，则纵线 ab 的正应变为

$$\varepsilon=\frac{|\widehat{a'b'}|-\mathrm{d}x}{\mathrm{d}x}=\frac{(\rho+y)\mathrm{d}\theta-\rho\mathrm{d}\theta}{\rho\mathrm{d}\theta}=\frac{y}{\rho} \tag{7.1}$$

式中：$|\widehat{a'b'}|=(\rho+y)\mathrm{d}\theta$，为弧线 $a'b'$ 的长度。

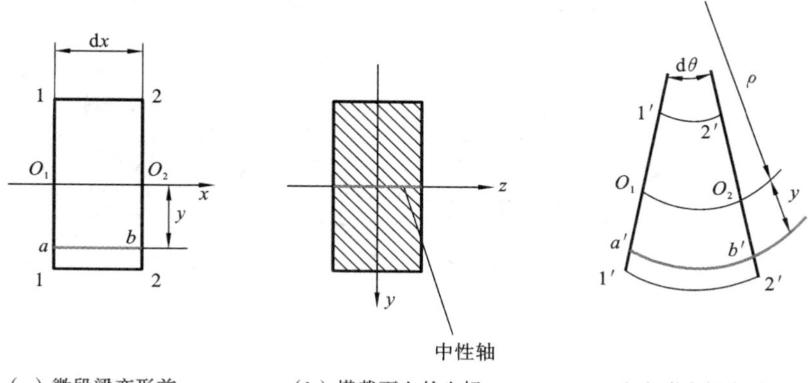

图 7.3　矩形截面梁变形的几何分析

7.1.2　物理关系

根据胡克定律，当正应力不超过材料的比例极限时，在梁的横截面上纵坐标为 y 的任意一点处，有正应力

$$\sigma=E\varepsilon=\frac{Ey}{\rho} \tag{7.2}$$

可以看出，梁在横截面上的弯曲正应力沿截面高度线性变化，而在中性轴上各点的正应力为零，如图 7.4(a)所示。

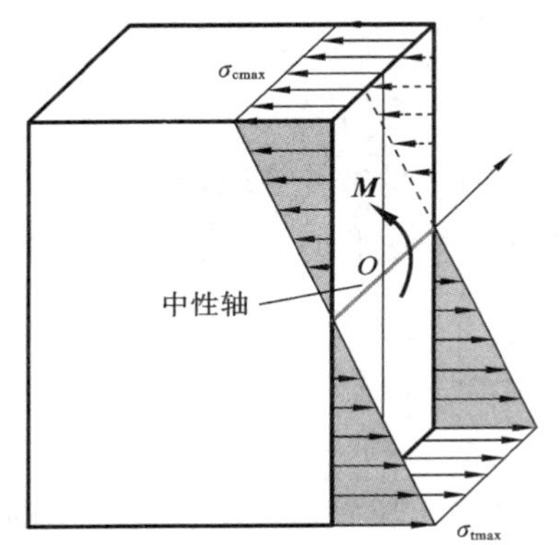

（a）横截面上的正应力分布

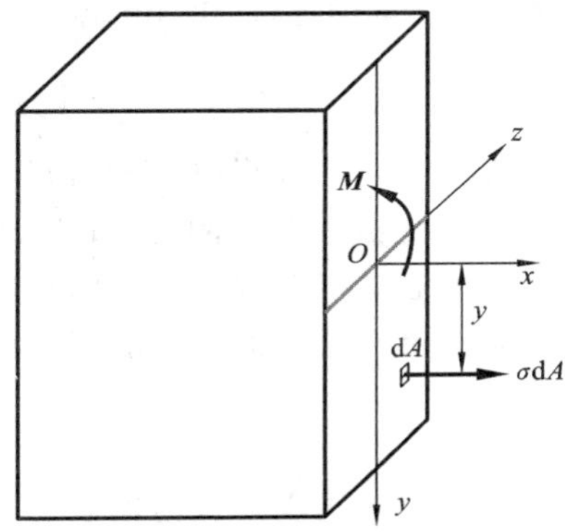

（b）横截面上的静力学关系

图 7.4　弯曲梁横截面上的弯矩和正应力

7.1.3　静力学关系

在梁的横截面上任意选取一个面元 $\mathrm{d}A$，它到中性轴的距离为 y。面元上作用着法向内力 $\sigma\mathrm{d}A$。横截面上所有点处的内力构成一个空间平行力系。由于横截面上轴力为零，只有位于 Oxy 平面内绕 z 轴作用的弯矩 M，如图 7.4(b)所示，因此可以给出下面的静力学关系：

$$\int_A \sigma\mathrm{d}A=0 \tag{7.3}$$

$$\int_A y\sigma\mathrm{d}A=M \tag{7.4}$$

式中：A 为横截面面积。

将式(7.2)代入式(7.3)，可以得到

$$\int_A y\mathrm{d}A=0$$

再将上式代入式(3.31)，有

$$y_C=0$$

这表明在梁发生弯曲变形时,中性轴必定通过梁横截面的形心。

将式(7.2)代入式(7.4),可以得到

$$\frac{E}{\rho}\int_A y^2\mathrm{d}A = M$$

令

$$I_z = \int_A y^2\mathrm{d}A \tag{7.5}$$

称为横截面对 z 轴的**惯性矩**(moment of inertia),则有

$$\frac{1}{\rho}=\frac{M}{EI_z} \tag{7.6}$$

这表明在梁发生弯曲变形时,中性轴的曲率与横截面上的弯矩 M 成正比,与 EI_z 成反比。EI_z 称为截面弯曲刚度。EI_z 越大,梁抵抗弯曲变形的能力越强。惯性矩 I_z 综合反映横截面形状和尺寸对弯曲刚度的贡献。

最后联立式(7.2)和式(7.6)可以得到

$$\sigma=\frac{My}{I_z} \tag{7.7}$$

这就是梁横截面上弯曲正应力的表达式。根据式(7.7),梁横截面上任意一点的正应力与横截面上的弯矩 M 和该点到中性轴的距离 y 成正比,而与横截面对 z 轴的惯性矩 I_z 成反比。

根据式(7.7),横截面上的正应力在距离中性轴最远处取到最大值,即

$$\sigma_{\max}=\frac{My_{\max}}{I_z}$$

令

$$W_z=\frac{I_z}{y_{\max}} \tag{7.8}$$

称为**抗弯截面系数**(section modulus in bending),则有

$$\sigma_{\max}=\frac{M}{W_z} \tag{7.9}$$

因此,梁横截面上的最大弯曲正应力与弯矩 M 成正比,而与抗弯截面系数 W_z 成反比。抗弯截面系数 W_z 综合反映横截面形状和尺寸对横截面上最大弯曲正应力的影响。

7.2 惯性矩的计算

弯曲梁横截面上的正应力与截面对中性轴的惯性矩有关。因此,要分析梁的弯曲正应力,首先必须掌握针对不同形状截面的惯性矩计算方法。

7.2.1　矩形和圆形截面的惯性矩

对于图 7.5(a)所示的宽 b、高 h 的矩形截面，z 轴通过截面形心 C，并与截面底边平行。如果截面上有绕 z 轴作用的弯矩，那么 z 轴就是截面的中性轴。取宽 b、高 $\mathrm{d}y$ 的狭长条带作为积分面元，有 $\mathrm{d}A=b\mathrm{d}y$。根据式(7.5)，可得矩形截面对 z 轴的惯性矩：

$$I_z=\int_A y^2\mathrm{d}A=\int_{-\frac{h}{2}}^{\frac{h}{2}} y^2 b\mathrm{d}y=\frac{bh^3}{12} \tag{7.10}$$

再根据式(7.8)，可以得到抗弯截面系数：

$$W_z=\frac{I_z}{y_{\max}}=\frac{bh^2}{6} \tag{7.11}$$

图 7.5(b)所示的圆形截面直径为 D。根据式(6.13)，截面关于形心 C 的极惯性矩为

$$I_{\mathrm{p}}=\int_A \rho^2\mathrm{d}A=\int_A (y^2+z^2)\mathrm{d}A=I_z+I_y=\frac{\pi D^4}{32}$$

考虑到对称性，截面对 z 轴和 y 轴的惯性矩必然相等，因此有

$$I_z=I_y=\frac{\pi D^4}{64} \tag{7.12}$$

相应地，抗弯截面系数为

$$W_z=\frac{I_z}{y_{\max}}=\frac{\pi D^3}{32} \tag{7.13}$$

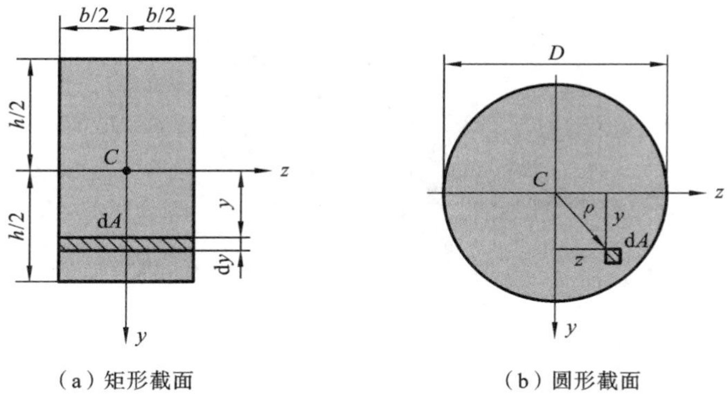

(a) 矩形截面　　(b) 圆形截面

图 7.5　矩形和圆形截面的惯性矩

容易推知，外径为 D、内外径之比为 α 的空心圆形截面，对任一通过截面形心 C 的 z 轴的惯性矩和抗弯截面系数分别为

$$I_z=\frac{\pi D^4}{64}(1-\alpha^4) \tag{7.14}$$

$$W_z = \frac{\pi D^3}{32}(1-\alpha^4) \tag{7.15}$$

7.2.2 组合截面的惯性矩

一些梁的横截面可以看作由若干个简单形状(如矩形或圆形)截面的组合,称为组合截面。**组合截面对任一轴的惯性矩,等于组成该截面的各个部分对同一轴的惯性矩的和。这就是组合截面惯性矩的组合公式。**设组合截面由 n 个部分组成,它们的面积分别为 $A_1, A_2, \cdots, A_n$,它们对 z 轴的惯性矩分别为 $I_{z1}, I_{z2}, \cdots, I_{zn}$,则组合截面对 z 轴的惯性矩为

$$I_z = \int_A y^2 \mathrm{d}A = \int_{A_1} y^2 \mathrm{d}A + \int_{A_2} y^2 \mathrm{d}A + \cdots + \int_{A_n} y^2 \mathrm{d}A = I_{z1} + I_{z2} + \cdots + I_{zn} = \sum_{i=1}^{n} I_{zi} \tag{7.16}$$

7.2.3 平行移轴定理

即使是同一个截面,对不同坐标轴的惯性矩一般也是不同的。

在图 7.6 中,面元 $\mathrm{d}A$ 到通过截面形心 C 的 z_0 轴的距离为 y_0,z 轴平行于 z_0 轴,且与 z_0 轴相距 a。因此,面元 $\mathrm{d}A$ 到 z 轴的距离为 $y = y_0 + a$。根据式(7.5),有

$$I_z = \int_A y^2 \mathrm{d}A = \int_A (y_0 + a)^2 \mathrm{d}A = I_{z0} + 2a\int_A y_0 \mathrm{d}A + Aa^2$$

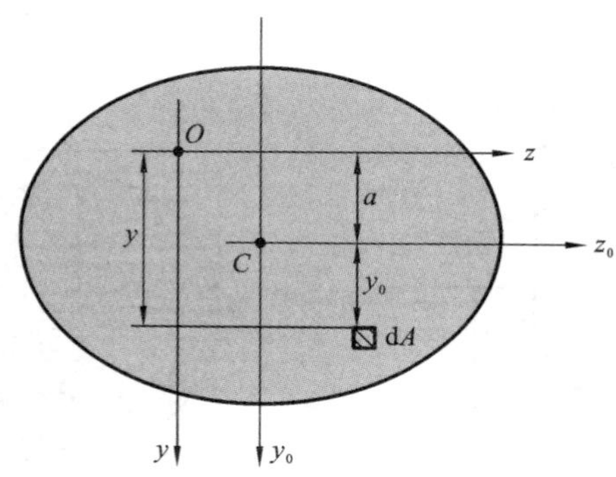

图 7.6 平行移轴定理

由于 z_0 轴通过截面形心 C,上式中的第二项等于零,因此上式可以重新表示为

$$I_z = I_{z0} + Aa^2 \tag{7.17}$$

这表明,截面对任一坐标轴的惯性矩,等于截面对与其平行的通过形心的坐标轴的惯性矩加上截面面积与两轴之间距离平方的积。这就是惯性矩的**平行移轴定理。**

在组合截面的惯性矩计算中,经常需要利用平行移轴定理。

例 7.1　对于图 7.7(a)所示的简支梁，横截面尺寸如图 7.7(b)所示，跨中受集中力作用，$F=140$ kN。求梁在危险截面上的最大正应力 $\sigma_{\max}$ 以及同一截面上 C 点的正应力。

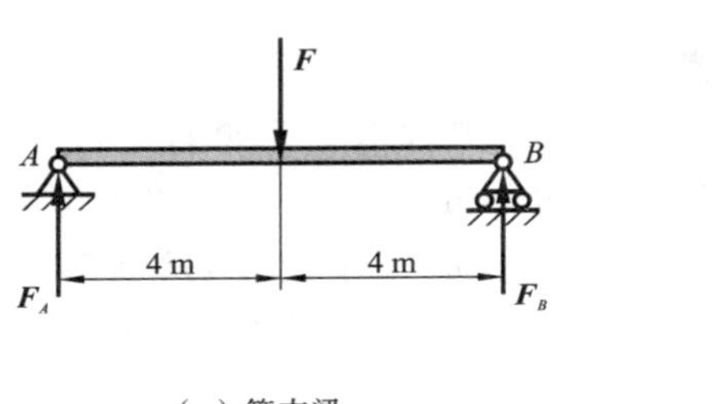

(a) 简支梁

(b) 横截面尺寸

图 7.7　例 7.1 图

解　(1) 求约束力。

简支梁受力如图 7.7(a)所示。根据平衡方程，可以得到 A 和 B 两支座的约束力：

$$F_A=F_B=70\ \text{kN}$$

(2) 确定危险截面。

梁的最大弯矩发生在集中力 $\boldsymbol{F}$ 作用处，最大弯矩为

$$M_{\max}=4F_A=280\ \text{kN}\cdot\text{m}$$

(3) 计算危险截面上的最大正应力。

这是一个组合截面问题。由图 7.7(b)可以推知，$a=240$ mm。根据组合公式和平行移轴定理，截面对 z 轴的惯性矩和抗弯截面系数分别为

$$I_z=\frac{14\times460^3}{12}+2\times\left(\frac{160\times20^3}{12}+160\times20\times240^2\right)=4.82\times10^8(\text{mm}^3)$$

$$W_z=\frac{I_z}{250}=1.93\times10^6(\text{mm}^3)$$

由式(7.9)可知，危险截面上的最大正应力为

$$\sigma_{\max}=\frac{M_{\max}}{W_z}=\frac{280\times10^6}{1.93\times10^6}=145\ (\text{MPa})$$

(4) 计算危险截面上 C 点的正应力。

C 点的正应力为

$$\sigma_C=\frac{M_{\max}y_C}{I_z}=\frac{280\times10^6\times230}{4.82\times10^8}=134\ (\text{MPa})$$

7.3　弯曲切应力

在梁的一般弯曲(又称为横力弯曲)问题中，作用在梁横截面上的内力既有弯矩

又有剪力,因此梁的横截面上不仅分布着正应力,还分布着切应力。这里针对矩形截面梁,讨论其在一般弯曲情况下横截面上的切应力分布。

考虑图 7.8(a)所示的矩形截面梁,截面高度和宽度分别为 h 和 b,在坐标为 x 的横截面上作用有弯矩 M 和剪力 F_S。对于窄而高的矩形截面梁,可以假设横截面上各点的切应力均平行于剪力,并沿截面宽度均匀分布,如图 7.8(b)所示。首先,用相距 dx 的两个横截面 1—1 和 2—2 从梁中截取一个微段,如图 7.9(a)所示。然后,用一个纵向截面 m—n,在纵坐标为 y 处将该微段梁的下部截出,如图 7.9(b)所示。设横截面上纵坐标为 y 的各点处切应力为 $\tau(y)$,则根据切应力互等定理,在纵向截面 m—n 上的切应力 $\tau'=\tau(y)$。考察微段梁下部沿轴线(x 轴)方向的力平衡条件,有

$$\sum F_x = 0,\quad \mathrm{d}F - \tau(y)b\mathrm{d}x = 0$$

求解得到

$$\tau(y)=\frac{1}{b}\frac{\mathrm{d}F}{\mathrm{d}x}$$

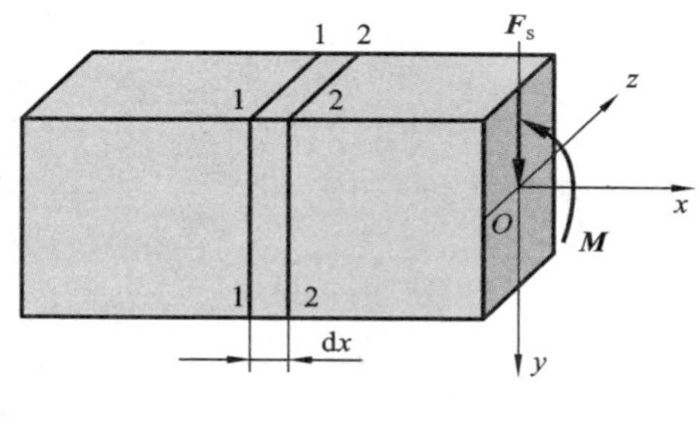

(a) 矩形截面梁

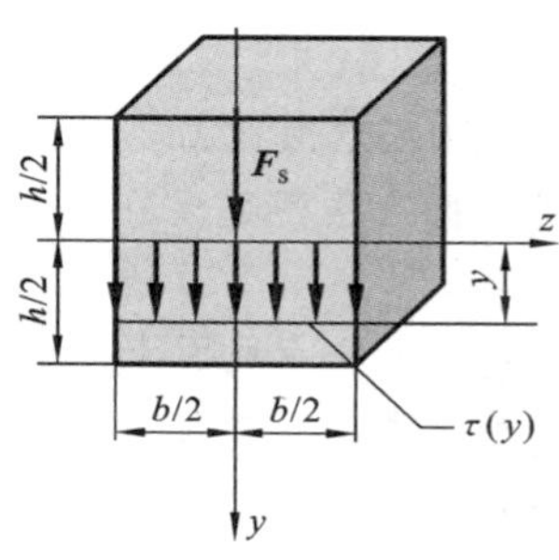

(b) 截面上的切应力

图 7.8　矩形截面梁上的弯曲切应力

根据图 7.9(c),有

$$F = \int_{A'} \sigma \mathrm{d}A = \frac{M}{I_z}\int_y^{\frac{h}{2}} y^* \mathrm{d}A = \frac{MS_z}{I_z}$$

式中:y^* 为横截面中纵坐标从 y 到 $\dfrac{h}{2}$ 的部分面积上考察点到 z 轴的距离;$S_z = \int_y^{\frac{h}{2}} y^* \mathrm{d}A$,为横截面中纵坐标从 y 到 $\dfrac{h}{2}$ 的部分面积对 z 轴的静矩。联立上述两式,并考虑到弯矩 M 和剪力 F_S 之间满足的微分关系,可以得到

$$\tau(y)=\frac{F_S S_z}{I_z b} \tag{7.18}$$

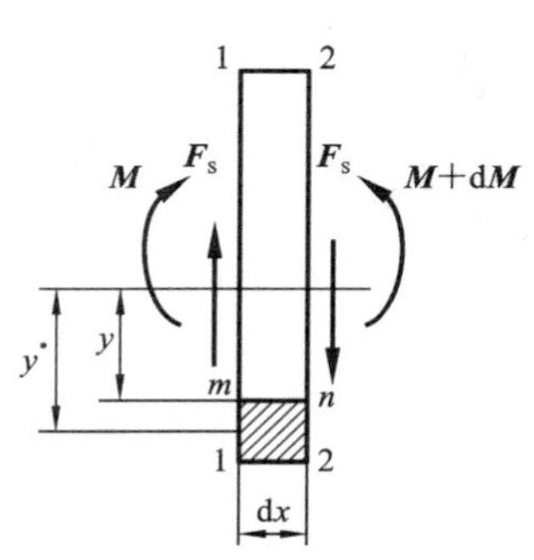

(a) 微段梁

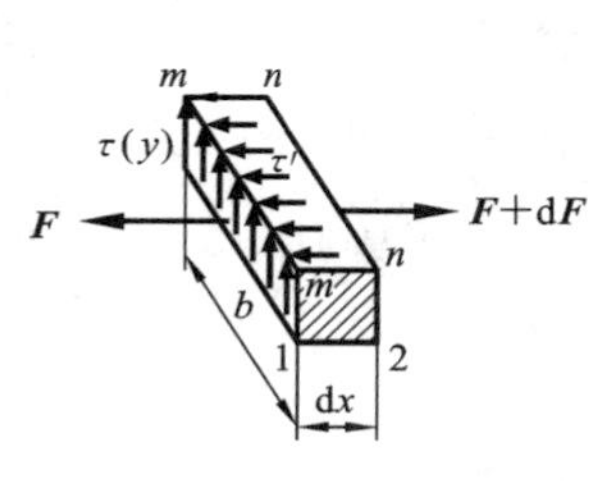

(b) 纵坐标为 y 处的切应力

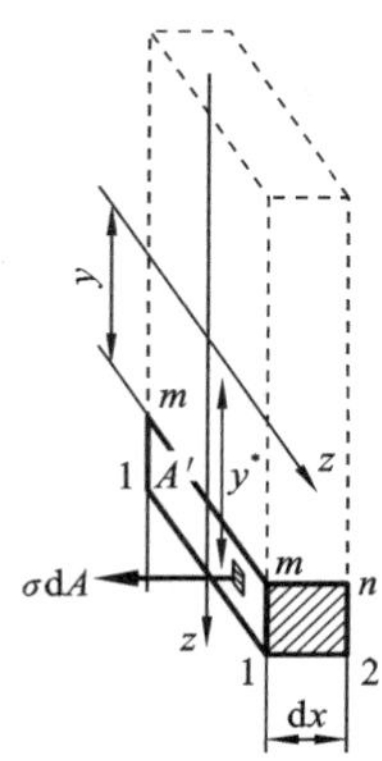

(c) 微段梁下部的平衡分析

图 7.9　弯曲切应力分析

对于矩形截面,有 $I_z=\dfrac{bh^3}{12}$ 和 $S_z=\dfrac{b}{2}\left(\dfrac{h^2}{4}-y^2\right)$,因此

$$\tau(y)=\frac{3F_S}{2bh}\left(1-\frac{4y^2}{h^2}\right)\tag{7.19}$$

这表明,矩形截面梁的弯曲切应力沿截面高度呈抛物线分布,在截面的上下边缘处,切应力为零,而在中性轴处,切应力最大,其值为

$$\tau_{\max}=\frac{3}{2}\frac{F_S}{bh}\tag{7.20}$$

可见,梁在中性轴处的最大弯曲切应力正好等于截面上平均切应力的 1.5 倍。

例 7.2　对于图 7.10(a)所示的矩形截面简支梁 AB,长度为 l、宽度为 b、高度为 h,受均布载荷 q 作用,求梁中最大正应力和最大切应力。

解　(1) 求约束力。

根据平衡方程,可以得到支座 A 和 B 处的约束力:

$$F_A=F_B=ql/2$$

(2) 画内力图。

梁 AB 的剪力图如图 7.10(b)所示,弯矩图如图 7.10(c)所示。

梁的两端有最大剪力,$F_{S\max}=ql/2$;梁的中部有最大弯矩,$M_{\max}=ql^2/8$。

(3) 求最大正应力和最大切应力。

根据式(7.9)和式(7.20),可以得到

$$\sigma_{\max}=\frac{M_{\max}}{W_z}=\frac{ql^3/8}{bh^2/6}=\frac{3ql^3}{4bh^2}$$

$$\tau_{\max}=\frac{3}{2}\frac{F_{S\max}}{bh}=\frac{3ql}{4bh}$$

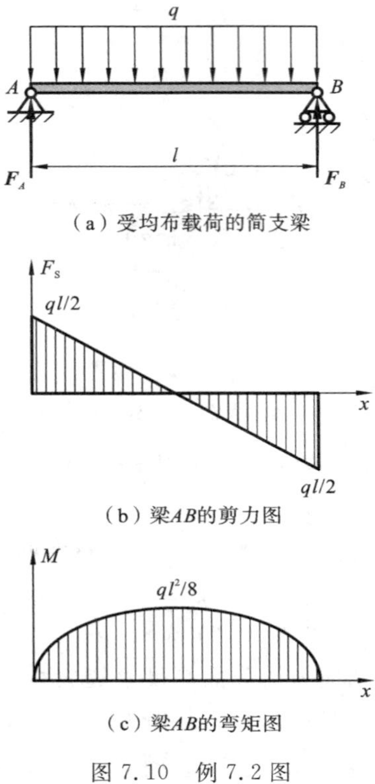

(a) 受均布载荷的简支梁

(b) 梁AB的剪力图

(c) 梁AB的弯矩图

图 7.10 例 7.2 图

7.4 梁的强度条件

在纯弯曲梁的横截面上,只有弯曲正应力;在横力弯曲梁的横截面上既有弯曲正应力,又有弯曲切应力。因此,建立梁的强度条件时,不仅要考虑到弯曲正应力,还要考虑到弯曲切应力。

7.4.1 弯曲正应力的强度条件

最大弯曲正应力发生在梁横截面上离中性轴最远的位置,而与此同时,这里的弯曲切应力一般为零。因此,最大弯曲正应力的作用点只有正应力,没有切应力,可以看作处于单向受力状态。

弯曲正应力的强度条件为

$$\sigma_{\max}=\left(\frac{M}{W_z}\right)_{\max}\leqslant[\sigma] \tag{7.21}$$

式中:$[\sigma]$为材料的许用应力。式(7.21)要求,梁沿轴线方向所有横截面上的最大弯曲正应力都不超过材料的许用应力。因此,梁中处处都应该满足强度条件。

对于拉压不对称的材料，最大拉应力 σ_{tmax} 和最大压应力 σ_{cmax} 应当分别满足下面的强度条件：

$$\sigma_{\mathrm{tmax}} \leqslant [\sigma_{\mathrm{t}}], \quad \sigma_{\mathrm{cmax}} \leqslant [\sigma_{\mathrm{c}}] \tag{7.22}$$

式中：$[\sigma_{\mathrm{t}}]$为材料的许用拉应力；$[\sigma_{\mathrm{c}}]$为材料的许用压应力。

例 7.3　图 7.11(a)所示的 T 形截面外伸梁，在 C 和 D 处受两个集中力作用。梁的横截面尺寸如图 7.11(b)所示，z 轴为中性轴。梁的材料为铸铁，许用拉应力 $[\sigma_{\mathrm{t}}]=30\ \mathrm{MPa}$，许用压应力 $[\sigma_{\mathrm{c}}]=90\ \mathrm{MPa}$。试校核梁的强度。

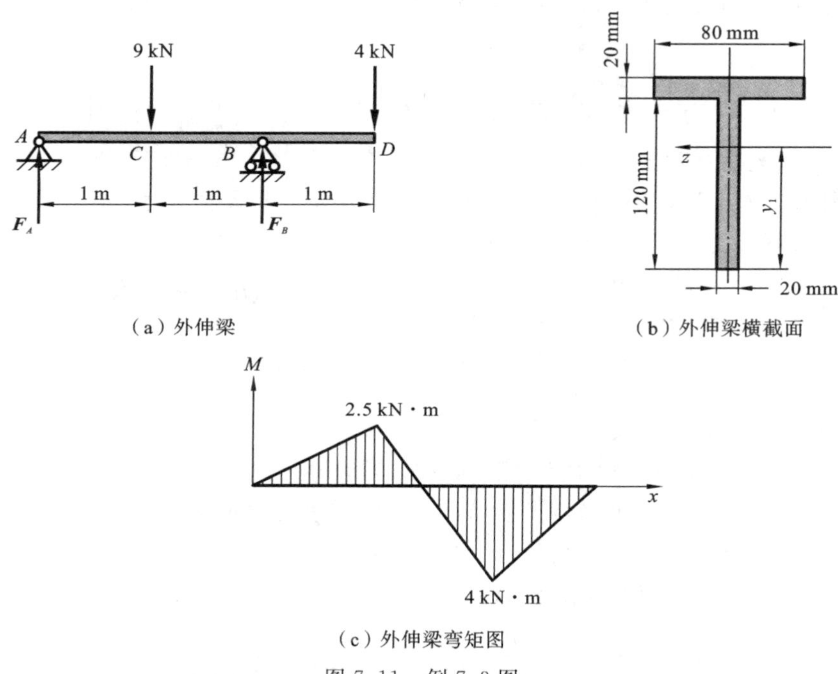

图 7.11　例 7.3 图

解　(1) 求约束力。

根据平衡方程，可以求出支座 A 和 B 处的约束力：

$$F_A = 2.5\ \mathrm{kN}, \quad F_B = 10.5\ \mathrm{kN}$$

(2) 画内力图，确定危险截面。

通过内力分析，画出外伸梁的弯矩图，如图 7.11(c)所示。从图中可以看出，最大正弯矩发生在截面 C 处，且 $M_C = 2.5\ \mathrm{kN \cdot m}$；最大负弯矩发生在截面 B 处，且 $M_B = -4\ \mathrm{kN \cdot m}$。

因此，截面 C 和 B 为危险截面。

(3) 强度校核。

由于外伸梁采用铸铁材料，拉压不对称，因此必须同时校核拉压强度。

根据图 7.11(b)所示的截面尺寸，可以确定

$$y_1=\frac{20\times120\times60+20\times80\times130}{20\times120+20\times80}=88\ (\text{mm})$$

因此，截面对 z 轴的惯性矩为

$$I_z=\frac{80\times20^3}{12}+80\times20\times(120+10-88)^2+\frac{20\times120^3}{12}+20\times120\times(88-60)^2$$

$$=7.64\times10^6(\text{mm}^4)$$

在截面 C 处，弯矩为正，截面上的最大压应力小于最大拉应力，因此只需要考虑拉伸强度。

$$\sigma_{Ct}=\frac{M_C\times y_1}{I_z}=\frac{2.5\times10^6\times88}{7.64\times10^6}=28.8\ (\text{MPa})<[\sigma_t]=30\ \text{MPa}$$

显然，截面 C 处的强度满足要求。

在截面 B 处，弯矩为负，截面上的最大压应力大于最大拉应力，因此需要同时考虑拉伸和压缩强度。

$$\sigma_{Bt}=\frac{M_B\times(120+20-y_1)}{I_z}=\frac{4\times10^6\times52}{7.64\times10^6}=27.2\ (\text{MPa})<[\sigma_t]=30\ \text{MPa}$$

$$\sigma_{Bc}=\frac{M_B\times y_1}{I_z}=\frac{4\times10^6\times88}{7.64\times10^6}=46.1\ (\text{MPa})<[\sigma_c]=90\ \text{MPa}$$

很明显，外伸梁的强度满足要求。

例 7.4 矩形截面木梁受力如图 7.12(a)所示，已知 $F=10$ kN，材料许用应力 $[\sigma]=10$ MPa。设梁横截面高宽比为 $h/b=3/2$，试设计梁的截面尺寸。

解 (1) 求约束力，画内力图。

根据平衡方程，可以求出支座 A 和 B 处的约束力：

$$F_A=F_B=30\ \text{kN}$$

梁的剪力图和弯矩图分别如图 7.12(b)和图 7.12(c)所示。梁的最大弯矩为 $M_{max}=10$ kN · m。

(2) 设计截面尺寸。

梁横截面高宽比为 $h/b=3/2$，因此抗弯截面系数为

$$W_z=\frac{bh^2}{6}=\frac{3b^3}{8}$$

根据强度条件，有

$$\sigma_{max}=\frac{M_{max}}{W_z}=\frac{8\times10\times10^6}{3b^3}\leqslant[\sigma]=10\ \text{MPa}$$

由此可求得

$$b\geqslant139\ \text{mm}$$

因此，梁的截面尺寸可以选取为

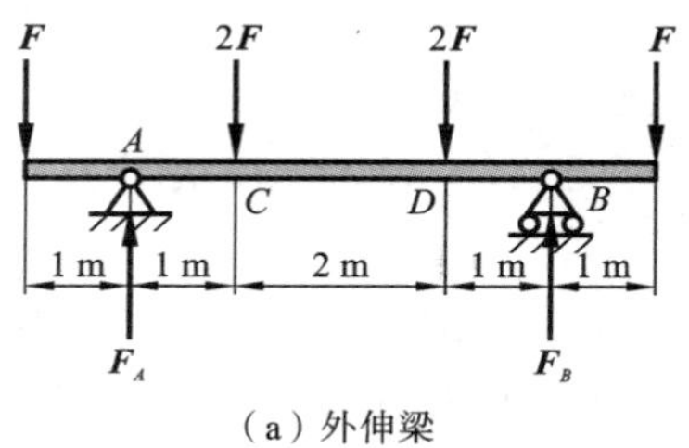

(a) 外伸梁

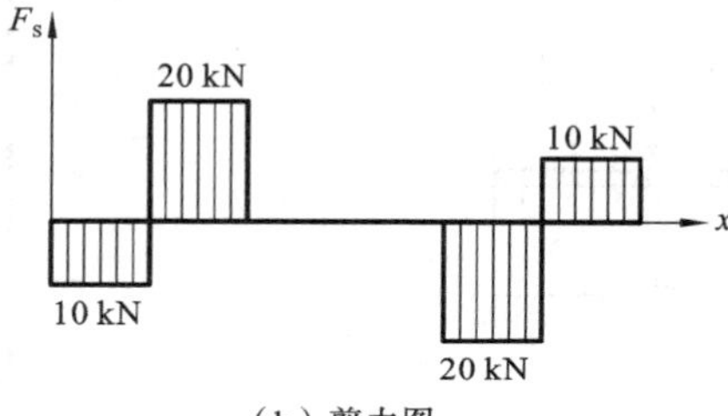

(b) 剪力图

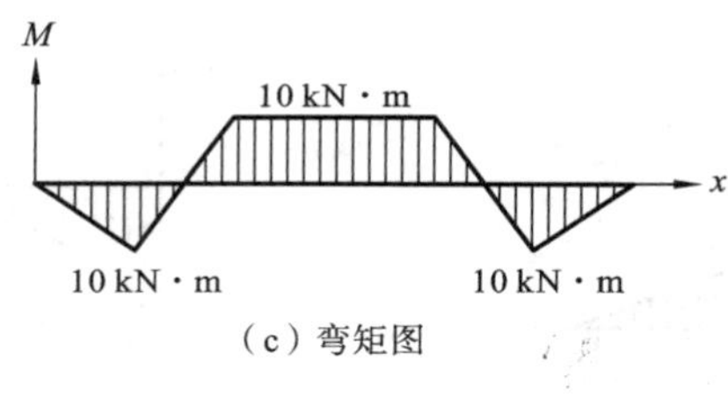

(c) 弯矩图

图 7.12　例 7.4 图

$$b=140\ \text{mm},\quad h=210\ \text{mm}$$

7.4.2　弯曲切应力的强度条件

最大弯曲切应力发生在梁横截面中性轴上，而与此同时，这里的弯曲正应力为零。因此，最大弯曲切应力的作用点只有切应力，没有正应力，处于纯剪切状态。

对于矩形截面梁，弯曲切应力的强度条件为

$$\tau_{\max}=\left(\frac{3}{2}\frac{F_S}{bh}\right)_{\max}\leqslant[\tau] \tag{7.23}$$

式中：$[\tau]$为材料的许用切应力。式(7.23)要求，梁沿轴线方向所有横截面上的最大弯曲切应力不超过材料的许用切应力。

利用上面的强度条件，可以进行弯曲梁的强度校核、截面设计、确定许用载荷和选择材料等强度计算。

例 7.5　对于图 7.13(a)的空心矩形截面悬臂梁，截面尺寸如图 7.13(b)所示。均布荷载 $q=20$ kN/m，材料的许用正应力$[\sigma]=120$ MPa，许用切应力$[\tau]=80$ MPa。试校核梁的强度。

解 (1) 求约束力。

根据平衡方程，可以求出固定端 A 的约束力和约束力偶：

$$F_A = 24\ \text{kN},\quad M_A = -14.4\ \text{kN} \cdot \text{m}$$

(2) 画剪力图和弯矩图。

悬臂梁的剪力图如图 7.13(c)所示，弯矩图如图 7.13(d)所示。

最大剪力和最大弯矩都发生在固定端 A，且 $F_{\max} = 24\ \text{kN}$，$M_{\max} = 14.4\ \text{kN} \cdot \text{m}$。

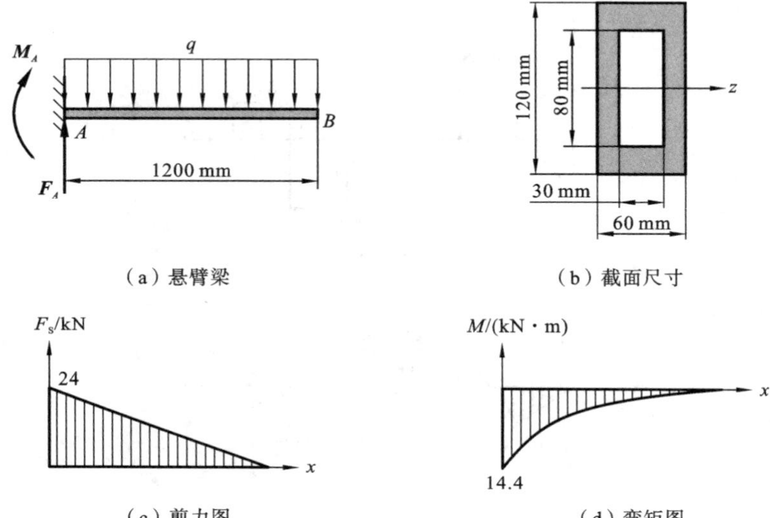

(a) 悬臂梁　(b) 截面尺寸

(c) 剪力图　(d) 弯矩图

图 7.13　例 7.5 图

(3) 弯曲正应力强度校核。

根据图 7.13(b)，可以得到截面对 z 轴的惯性矩：

$$I_z = \frac{60 \times 120^3}{12} - \frac{30 \times 80^3}{12} = 7.36 \times 10^6\ (\text{mm}^4)$$

截面的抗弯截面系数为

$$W_z = \frac{I_z}{120/2} = 1.23 \times 10^5\ (\text{mm}^3)$$

因此，悬臂梁的最大正应力为

$$\sigma_{\max} = \frac{M_{\max}}{W_z} = \frac{14.4 \times 10^6}{1.23 \times 10^5} = 117\ \text{MPa} < [\sigma] = 120\ \text{MPa}$$

弯曲正应力满足强度要求。

(4) 弯曲切应力强度校核。

根据式(7.23)，有

$$\tau_{\max}=\frac{3F_{\mathrm{Smax}}}{2A}=\frac{3\times24\times10^3}{2\times(60\times120-30\times80)}=7.5\ (\mathrm{MPa})<[\tau]=80\ \mathrm{MPa}$$

弯曲切应力满足强度要求。

7.5　提高梁弯曲强度的主要措施

梁的弯曲强度主要由正应力的强度决定。根据式(7.21)给出的正应力强度条件，要提高梁的承载能力，可以从以下三个方面来考虑：

(1) 改善梁的受力情况以降低弯矩 M；

(2) 选择合理的截面形状，以提高抗弯截面系数 W_z；

(3) 采用变截面梁或等强度梁，降低危险截面的应力水平。

7.5.1　改善梁的受力情况

通过合理设置支座位置，可以降低梁的最大弯矩 $M_{\max}$。如图 7.14(a)所示受均布力 q 作用、跨度为 l 的简支梁，其最大弯矩 $M_{\max}=\frac{ql^2}{8}=0.125ql^2$。如果将两个支座同时向梁中间移动相同的距离 a，如图 7.14(b)所示，则当 $a=\frac{\sqrt{2}-1}{2}l$ 时，两支座处的弯矩与梁跨中的弯矩在数值上相等，为梁的最大弯矩，其值为 $M_{\max}=0.0214ql^2$，这下降到仅为之前最大弯矩的 17.1%。

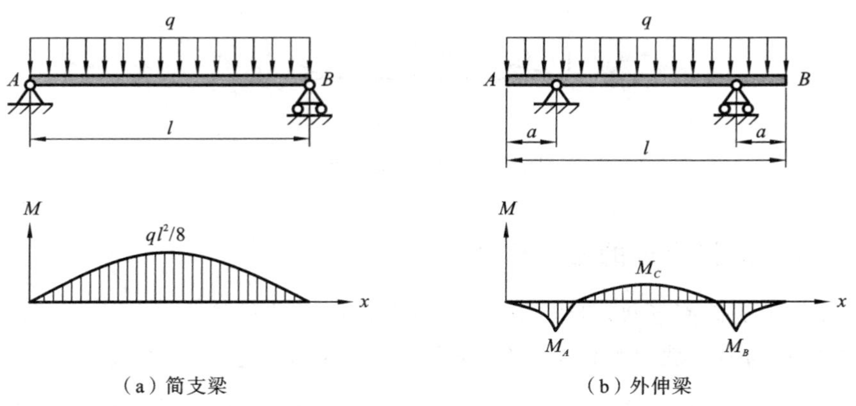

(a) 简支梁　　(b) 外伸梁

图 7.14　改变支座位置

选择合理的施力方式，也可以降低梁的最大弯矩 $M_{\max}$。如图 7.15(a)所示跨中受集中力 F 作用、跨度为 l 的简支梁，其最大弯矩 $M_{\max}=\frac{Fl}{4}$。如果在梁上方设置一根长为 l 的辅梁，力 F 先作用在辅梁上，然后再传递到主梁上，如图 7.15(b)所示，则

主梁的最大弯矩 $M_{\max}=\dfrac{Fl}{8}$。这下降到了之前最大弯矩的一半。如果将力 F 改为均匀分布力 $q=\dfrac{F}{l}$ 作用在整根梁上，如图 7.15(c)所示，则梁的最大弯矩 $M_{\max}=\dfrac{Fl}{8}$，也下降到了之前最大弯矩的一半。

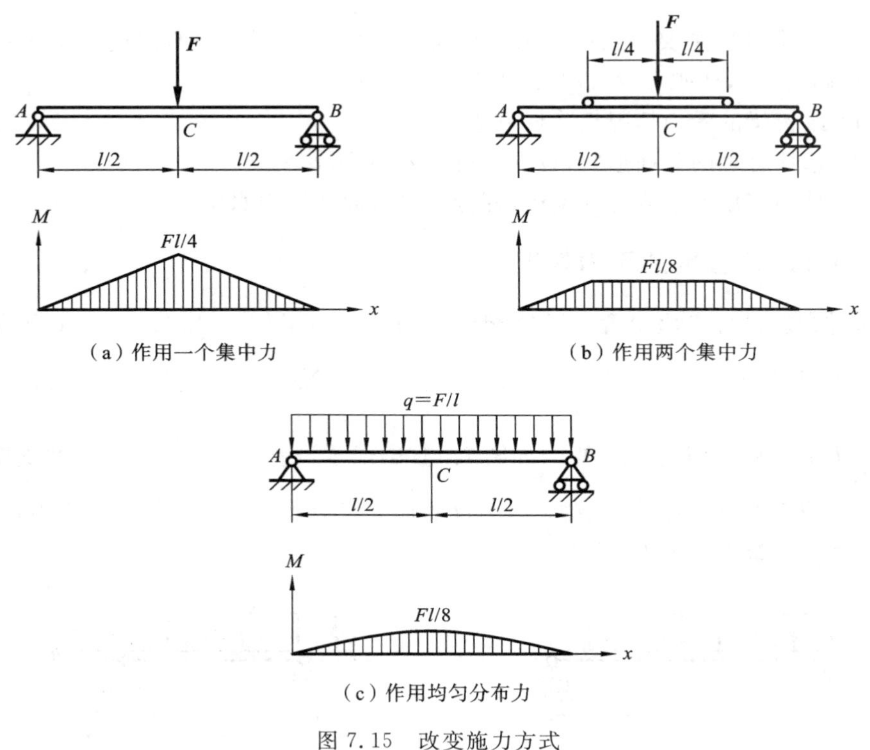

图 7.15 改变施力方式

7.5.2 选择合理的截面形状

选择合理的截面形状，可以通过较小的截面面积获得较大的抗弯截面系数。以图 7.16 所示的矩形截面悬臂梁为例，如果将梁按高 a、宽 $4a$ 的方式放置，则抗弯截面系数 $W_z=\dfrac{2a^3}{3}$；而如果将梁按高 $4a$、宽 a 的方式放置，则抗弯截面系数 $W_z=\dfrac{8a^3}{3}$，这相当于前者抗弯截面系数的 4 倍。

由于弯曲正应力沿截面高度呈线性分布，远离中性轴的材料承受的应力大，而中性轴附近的应力非常小甚至等于零，因此为了充分利用材料，在截面形状的选择中，应尽可能将中性轴附近的材料移至远离中性轴的位置。例如，在图 7.17 中，$2a\times 8a$ 的矩形截面与工字形截面都有相同的面积 $A=16a^2$，但是矩形截面的抗弯截面系数

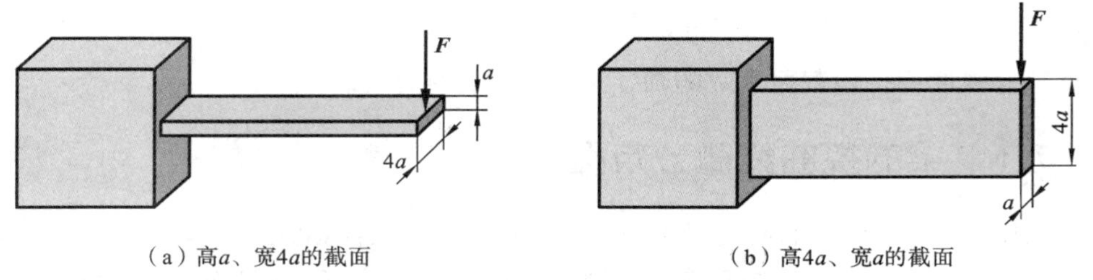

（a）高a、宽$4a$的截面　（b）高$4a$、宽a的截面

图 7.16　改变截面形状

$W_z=\dfrac{64a^3}{3}$，而工字形截面的抗弯截面系数 $W_z=\dfrac{106a^3}{3}$，和矩形截面的抗弯截面系数相比，工字形截面的抗弯截面系数增大非常明显。

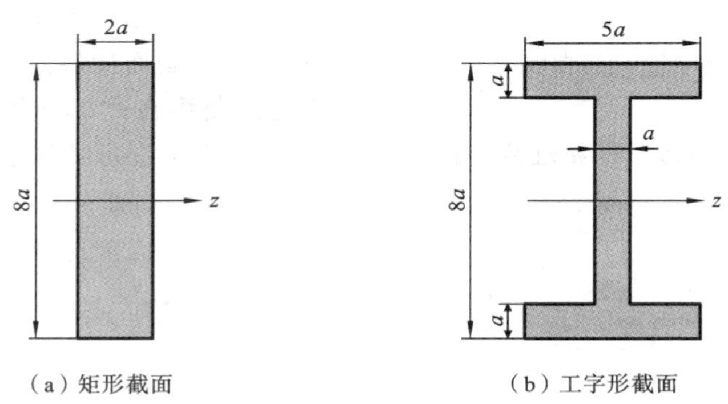

（a）矩形截面　（b）工字形截面

图 7.17　材料的有效利用

7.5.3　采用变截面梁或等强度梁

工程中最常采用是等截面的直梁。通常根据最大弯矩来设计它们的截面尺寸。一般来说，梁上危险截面的数量非常少，而在大部分区间，梁截面上的最大正应力都比较小，因此材料没有获得有效的利用。为了合理利用材料，从等强度设计的理念出发，可以在弯矩较大的区间采用较大的截面尺寸，而在弯矩较小的区间采用较小的截面尺寸，从而设计出截面尺寸沿轴线变化的梁，称为**变截面梁**(beam of variable cross-section)。

当梁各截面的最大弯曲正应力都等于材料的许用应力时，就称其为**等强度梁**(equal-strength beam)。根据等强度的要求，有

$$\sigma_{\max}=\frac{M(x)}{W_z(x)}=[\sigma]$$

容易得到

$$W_z(x)=\frac{M(x)}{[\sigma]} \tag{7.24}$$

这反映等强度梁抗弯截面系数随轴线坐标变化的规律。

7.6 梁的挠曲线微分方程

以图 7.15(a)所示的简支梁为例,讨论梁的变形如何描述。以梁变形之前的轴线为 x 轴,向右为正,y 轴则垂直于梁轴线,向上为正。设 Oxy 平面为梁的纵向对称面,若梁发生平面弯曲变形,则变形以后的轴线也将位于 Oxy 平面内。我们把梁发生变形以后的轴线称为梁的挠曲线(见图 7.18),用 $y=y(x)$表示。$y(x)$就是梁轴线在坐标 x 处的挠度,即变形后该处梁横截面形心沿 y 轴方向的位移。横截面旋转过的角度 θ 称为转角,它也是挠曲线在此的切线与 x 轴之间的夹角。梁的挠度和转角都是轴线坐标 x 的函数,是量度梁变形的两个基本量。

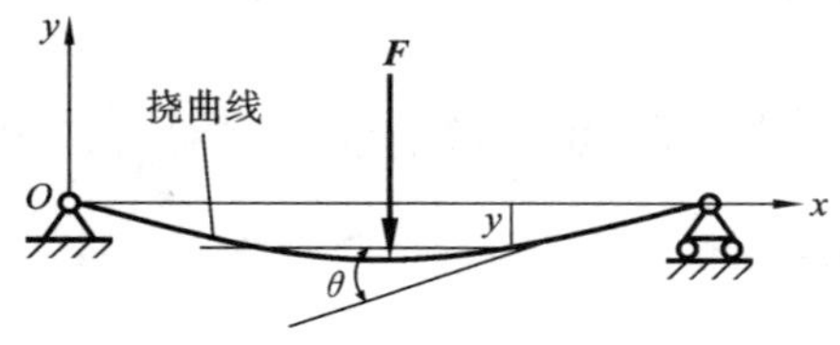

图 7.18　梁变形的挠曲线

梁的挠曲线方程可以表示为

$$y=y(x)$$

在小变形条件下,有

$$\theta\approx\tan\theta=\frac{\mathrm{d}y}{\mathrm{d}x} \tag{7.25}$$

这表明,转角近似等于挠曲线在该点处切线的斜率。根据式(7.6),有

$$\frac{1}{\rho}=\pm\frac{y''}{(1+y'^2)^{\frac{3}{2}}}=\frac{M}{EI_z}$$

在小变形条件下,$\theta=y'\ll1$,因此 $1+y'^2\approx1$。另外,按照弯矩的正负号规定和本节所采用的坐标系,y''与 M 的正负号是保持一致的。因此,上式可以简化为

$$y''=\frac{M}{EI_z} \tag{7.26}$$

这就是梁的**挠曲线微分方程**(differential equation of deflection curve)。

7.7 梁的变形和刚度

将式(7.26)积分一次,可以得到转角的表达式:

$$\theta=\int\frac{M}{EI_z}\mathrm{d}x+C \tag{7.27}$$

再积分一次,又可以得到挠度的表达式

$$y=\iint\frac{M}{EI_z}\mathrm{d}x+Cx+D \tag{7.28}$$

在式(7.27)和式(7.28)中，C 和 D 是积分常数，需要根据下面的边界条件和连续性条件确定。

(1) 边界条件。在固定铰支座和可动铰支座约束处，挠度为零；在固定端约束处，挠度和转角都为零。

(2) 连续性条件。当弯矩分段给出时，挠曲线微分方程也需要分段给出。在此情况下，由左右两侧挠曲线微分方程获得的分段点处的挠度和转角必须分别相等，以保持变形的连续性。如果存在中间铰，则挠度在中间铰左右两侧应相等，而转角不相等。

获得梁的转角和挠度的表达式以后，就可以得到梁的最大转角 θ_{max} 和最大挠度 y_{max}，进而通过以下刚度条件进行刚度校核：

$$\theta_{max} \leqslant [\theta], \quad y_{max} \leqslant [y] \tag{7.29}$$

式中：$[\theta]$是许用转角；$[y]$是许用挠度。

例 7.6　如图 7.19 所示，悬臂梁 AB 在自由端 B 处承受集中载荷 $\boldsymbol{F}$ 作用，梁的抗弯刚度为 EI。试给出梁的转角方程和挠度方程，并求最大转角 θ_{max} 和最大挠度 y_{max}。

解　(1) 求约束力。

根据平衡方程，可以得到固定端 A 的约束力和约束力偶：

$$F_A = F, \quad M_A = -Fl$$

(2) 求弯矩方程。

$$M(x) = M_A + F_A l = Fx - Fl$$

(3) 求转角方程和挠度方程。

由式(7.26)可以得到梁的挠曲线微分方程：

$$EIy'' = Fx - Fl$$

将上式进行两次积分，可以得到

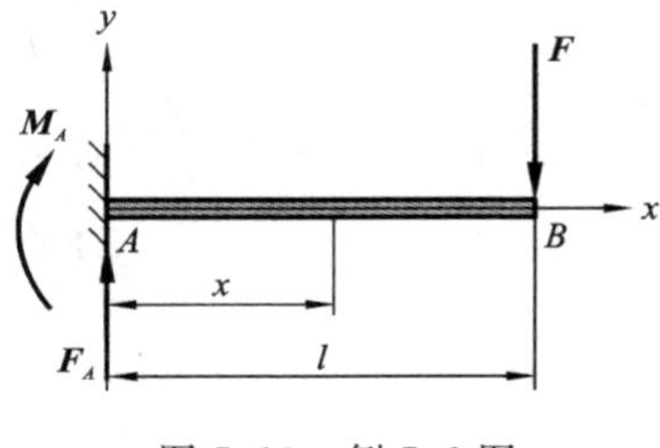

图 7.19　例 7.6 图

$$EIy' = \frac{F}{2}x^2 - Flx + C$$

$$EIy = \frac{F}{6}x^3 - \frac{F}{2}lx^2 + Cx + D$$

根据固定端 A 的边界条件：

$$y|_{x=0} = 0, \quad \theta = y'|_{x=0} = 0$$

可以求得积分常数：

$$C = D = 0$$

因此，梁的转角方程和挠度方程分别为

$$\theta = \frac{Fx}{2EI}(x - 2l)$$

$$y = \frac{Fx^2}{6EI}(x - 3l)$$

(4) 求最大转角 $\theta_{\max}$ 和最大挠度 $y_{\max}$。

当 $x=l$ 时，即在自由端 B 处，转角和挠度最大，因此有

$$\theta_{\max}=-\frac{Fl^2}{2EI}, \quad y_{\max}=-\frac{Fl^3}{3EI}$$

这里转角为负，表示转角沿顺时针方向；挠度为负，表示挠度向下。

例 7.7 将例 7.6 中在悬臂梁自由端作用的集中载荷，换成在整个梁上作用的均布载荷 q，如图 7.20 所示。求其转角方程和挠度方程，并求自由端 B 的挠度和转角。

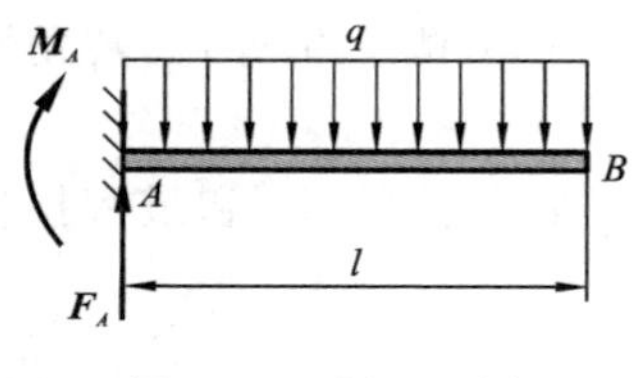

图 7.20 例 7.7 图

解 (1) 求约束力。

根据平衡方程，得到固定端 A 的约束力和约束力偶：

$$F_A=ql, \quad M_A=-\frac{ql^2}{2}$$

(2) 求弯矩方程。

$$M(x)=-\frac{qx^2}{2}+M_A+F_Ax=-\frac{qx^2}{2}+qlx-\frac{ql^2}{2}$$

(3) 求转角方程和挠度方程。

根据式(7.26)，可以得到梁的挠曲线微分方程：

$$EIy''=-\frac{qx^2}{2}+qlx-\frac{ql^2}{2}$$

将上式进行两次积分，可以得到

$$EIy'=-\frac{q}{6}x^3+\frac{ql}{2}x^2-\frac{ql^2}{2}x+C$$

$$EIy=-\frac{q}{24}x^4+\frac{ql}{6}x^3-\frac{ql^2}{4}x^2+Cx+D$$

根据固定端 A 的边界条件：

$$y|_{x=0}=0, \quad \theta=y'|_{x=0}=0$$

可以求得积分常数：

$$C=D=0$$

因此，梁的转角方程和挠度方程分别为

$$\theta=-\frac{qx}{6EI}(x^2-3lx+3l^2)$$

$$y=-\frac{qx^2}{24EI}(x^2-4xl+6l^2)$$

(4) 求自由端的转角和挠度。

由转角方程和挠度方程可知，自由端 B(即 $x=l$)的转角和挠度分别为

$$\theta_B=-\frac{ql^3}{6EI}, \quad y_B=-\frac{ql^4}{8EI}$$

这里转角为负，表示转角沿顺时针方向；挠度为负，表示挠度向下。

例 7.8　如图 7.21 所示，简支梁 AB 在 C 处受集中力 $\boldsymbol{F}$ 作用，梁的抗弯刚度为 EI，设 $a>b$。试给出梁的挠度方程与转角方程，并求出梁的最大转角 $\theta_{\max}$ 和最大挠度 $y_{\max}$。

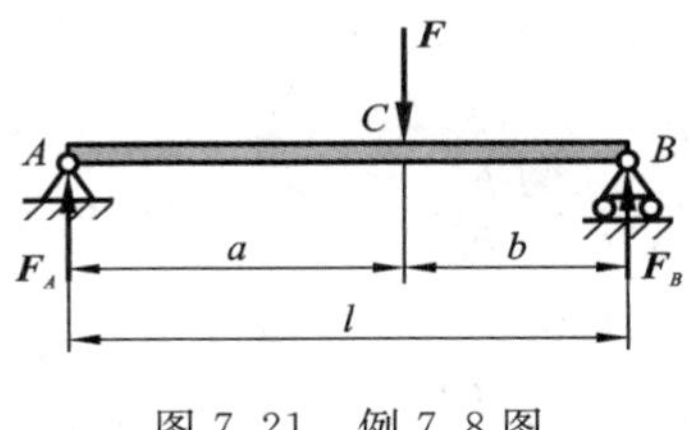

图 7.21　例 7.8 图

解　(1) 求约束力。

列平衡方程并求解，可以得到支座 A 和 B 处的约束力：

$$F_A=\frac{Fb}{l},\quad F_B=\frac{Fa}{l}$$

(2) 求梁的弯矩方程。

在 AC 段，$0\leqslant x\leqslant a$，弯矩方程为

$$M_1(x)=\frac{Fb}{l}x$$

在 CB 段，$a<x\leqslant l$，弯矩方程为

$$M_2(x)=\frac{Fb}{l}x-F(x-a)$$

(3) 求转角方程和挠度方程。

由式(7.26)可以得到 AC 段$(0\leqslant x\leqslant a)$的挠曲线微分方程和 CB 段$(a<x\leqslant l)$的挠曲线微分方程：

$$EIy_1''=\frac{Fb}{l}x$$

$$EIy_2''=\frac{Fb}{l}x-F(x-a)$$

对上述两式分别进行积分，可以得到：

$$EIy_1'=\frac{Fb}{2l}x^2+C_1$$

$$EIy_1=\frac{Fb}{6l}x^3+C_1x+D_1$$

$$EIy_2'=\frac{Fb}{2l}x^2-\frac{F}{2}(x-a)^2+C_2$$

$$EIy_2=\frac{Fb}{6l}x^3-\frac{F}{6}(x-a)^3+C_2x+D_2$$

这里出现了四个积分常数。利用 A、B 两端的边界条件和集中力作用点 C 处的转角和挠度连续性条件：

$$y_1\big|_{x=0}=0,\quad y_2\big|_{x=l}=0$$

$$y'_1\big|_{x=a}=y'_2\big|_{x=a},\quad y_1\big|_{x=a}=y_2\big|_{x=a}$$

可以得到

$$C_1=C_2=\frac{Fb}{6l}(b^2-l^2),\quad D_1=D_2=0$$

因此，AC 段($0\leqslant x\leqslant a$)的转角方程和挠度方程分别为

$$\theta_1=\frac{Fb}{6EIl}(3x^2+b^2-l^2)$$

$$y_1=\frac{Fbx}{6EIl}(x^2+b^2-l^2)$$

CB 段($a<x\leqslant l$)的转角方程和挠度方程分别为

$$\theta_2=\frac{Fb}{6EIl}(3x^2+b^2-l^2)-\frac{F}{2EI}(x-a)^2$$

$$y_2=\frac{Fbx}{6EIl}(x^2+b^2-l^2)-\frac{F}{6EI}(x-a)^3$$

(4) 求最大转角 $\theta_{\max}$。

梁的挠曲线是一条连续曲线，$\theta_{\max}$ 应出现在 $\frac{d\theta}{dx}=\frac{M(x)}{EI}=0$ 处，即在弯矩为 0 处。本题中，在梁两端 A、B 处弯矩都为 0，两端的转角分别为

$$\theta_A=-\frac{Fab}{6EIl}(l+b)$$

$$\theta_B=\frac{Fab}{6EIl}(l+a)$$

因为 $a>b$，所以有

$$\theta_{\max}=\frac{Fab}{6EIl}(l+a)$$

(5) 求最大挠度 $y_{\max}$。

$y_{\max}$ 应出现在 $\frac{dy}{dx}=\theta=0^\circ$ 处，即转角为 0° 处。在 AC 段，设 $x=x_1$ 时，$\theta=0^\circ$，则有

$$x_1=\sqrt{\frac{l^2-b^2}{3}}$$

因为 $a>b$，所以 $l^2-b^2=(l-b)(l+b)=a(l+b)<a\cdot 3a=3a^2$，由此得 $x_1<a$。此时，最大挠度为

$$|y_{\max}|=\frac{Fb}{9\sqrt{3}EIl}\sqrt{(l^2-b^2)^3}$$

可以证明，在 CB 段，由于 $a>b$，根据 $\theta=0^\circ$ 求得的 x 不在 CB 段内，因此其解不

符合要求。

采用直接积分的方法进行求解，对于受力比较复杂的问题，往往会非常烦琐，而且容易出错。如果只需要求出梁上一些特定截面的挠度和转角，那么采用**叠加法**(superposition method)会非常方便。利用叠加法，在计算受多个力或力偶共同作用的弯曲梁某截面的挠度和转角时，先分别计算各个力或力偶单独作用在同一截面上引起的挠度和转角，再叠加起来即可。

例 7.9　如图 7.22(a)所示的简支梁，在 C 和 D 处分别受集中力 $\boldsymbol{F}$ 作用，试给出梁的转角方程和挠度方程。

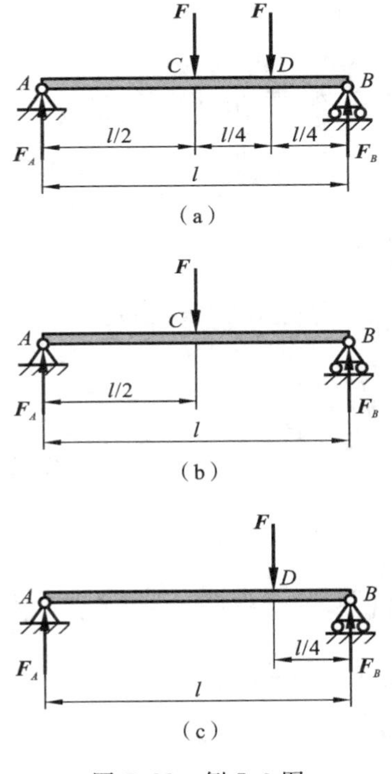

图 7.22　例 7.9 图

解　在线弹性小变形条件下，图 7.22(a)中在 C 和 D 处受两个集中力 $\boldsymbol{F}$ 作用的简支梁，可以看成图 7.22(b)和图 7.22(c)所示的在 C 和 D 处分别受单个集中力 $\boldsymbol{F}$ 作用的简支梁问题的叠加，然后利用例 7.8 的结果进行计算。

对于图 7.22(b)所示的问题，将 $a=b=l/2$ 代入例 7.8 的结果中，则 AC 段 $\left(即\ 0\leqslant x\leqslant \dfrac{l}{2}\right)$ 的转角方程和挠度方程分别为

$$\theta_{AC}^{(1)}=\frac{F}{12EI}\left(3x^2-\frac{3}{4}l^2\right)$$

$$y_{AC}^{(1)}=\frac{Fx}{12EI}\left(x^2-\frac{3}{4}l^2\right)$$

CB 段$\left(即\frac{l}{2}<x\leqslant l\right)$的转角方程和挠度方程分别为

$$\theta_{CB}^{(1)}=\frac{F}{4EI}\left(-x^2+2lx-\frac{3}{4}l^2\right)$$

$$y_{CB}^{(1)}=\frac{F}{12EI}\left(-x^3+3lx^2-\frac{9}{4}l^2x+\frac{1}{4}l^3\right)$$

对于图 7.22(c)所示的问题,将 $a=3l/4$ 和 $b=l/4$ 代入例 7.8 的结果中,则 AD 段$\left(即\ 0\leqslant x\leqslant\frac{3}{4}l\right)$的转角方程和挠度方程分别为

$$\theta_{AD}^{(2)}=\frac{F}{8EI}\left(x^2-\frac{5}{16}l^2\right)$$

$$y_{AD}^{(2)}=\frac{Fx}{24EI}\left(x^2-\frac{15}{16}l^2\right)$$

DB 段$\left(即\frac{3}{4}l<x\leqslant l\right)$的转角方程和挠度方程分别为

$$\theta_{DB}^{(2)}=\frac{F}{8EI}\left(-3x^2+6lx-\frac{41}{16}l^2\right)$$

$$y_{DB}^{(2)}=\frac{F}{24EI}\left(-3x^3+9lx^2-\frac{123}{16}l^2x+\frac{27}{16}l^3\right)$$

叠加后,可以得到图 7.22(a)中梁的转角方程和挠度方程,如下所示。

AC 段$\left(即\ 0\leqslant x\leqslant\frac{l}{2}\right)$:

$$\theta_{AC}=\theta_{AC}^{(1)}+\theta_{AD}^{(2)}=\frac{F}{12EI}\left(3x^2-\frac{3}{4}l^2\right)+\frac{F}{8EI}\left(x^2-\frac{5}{16}l^2\right)=\frac{F}{8EI}\left(3x^2-\frac{13}{16}l^2\right)$$

$$y_{AC}=y_{AC}^{(1)}+y_{AD}^{(2)}=\frac{Fx}{12EI}\left(x^2-\frac{3}{4}l^2\right)+\frac{Fx}{24EI}\left(x^2-\frac{15}{16}l^2\right)=\frac{Fx}{8EI}\left(x^2-\frac{13}{16}l^2\right)$$

CD 段$\left(即\frac{l}{2}<x\leqslant\frac{3}{4}l\right)$:

$$\theta_{CD}=\theta_{CB}^{(1)}+\theta_{AD}^{(2)}=\frac{F}{4EI}\left(-x^2+2lx-\frac{3}{4}l^2\right)+\frac{F}{8EI}\left(x^2-\frac{5}{16}l^2\right)$$

$$=\frac{F}{8EI}\left(-x^2+4xl-\frac{29}{16}l^2\right)$$

$$y_{CD}=y_{CB}^{(1)}+y_{AD}^{(2)}=\frac{F}{12EI}\left(-x^3+3lx^2-\frac{9}{4}l^2x+\frac{1}{4}l^3\right)+\frac{Fx}{24EI}\left(x^2-\frac{15}{16}l^2\right)$$

$$=\frac{F}{24EI}\left(-x^3+6lx^2-\frac{87}{16}l^2x+\frac{l^3}{2}\right)$$

DB 段$\left(即\frac{3}{4}l<x\leqslant l\right)$:

$$\theta_{DB}=\theta_{CB}^{(1)}+\theta_{DB}^{(2)}=\frac{F}{4EI}\left(-x^2+2lx-\frac{3}{4}l^2\right)+\frac{F}{8EI}\left(-3x^2+6lx-\frac{41}{16}l^2\right)$$

$$=\frac{F}{8EI}\left(-5x^2+10lx-\frac{65}{16}l^2\right)$$

$$y_{DB}=y_{CB}^{(1)}+y_{DB}^{(2)}=\frac{F}{12EI}\left(-x^3+3lx^2-\frac{9}{4}l^2x+\frac{1}{4}l^3\right)$$

$$+\frac{F}{24EI}\left(-3x^3+9lx^2-\frac{123}{16}l^2x+\frac{27}{16}l^3\right)$$

$$=\frac{F}{24EI}\left(-5x^3+15lx^2-\frac{195}{16}l^2x+\frac{35}{16}l^3\right)$$

习　题

7.1　求图7.23所示简支梁的最大弯曲正应力和切应力。

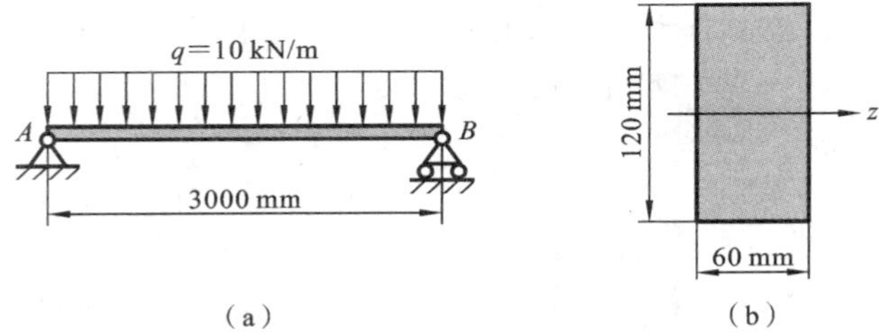

图7.23　题7.1图

7.2　计算图7.24所示的外伸梁内的最大弯曲正应力。

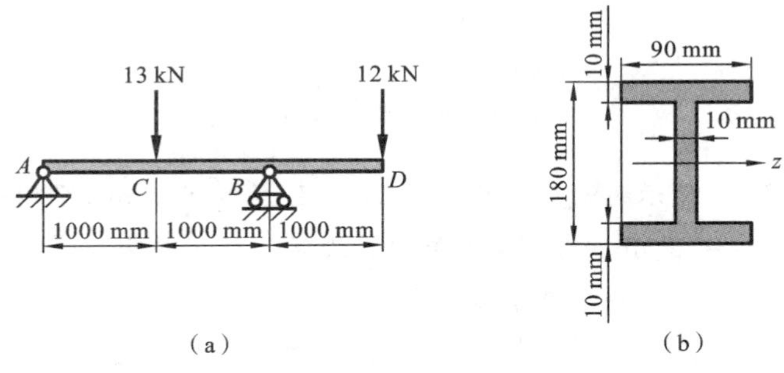

图7.24　题7.2图

7.3　一纯弯曲铸铁梁截面如图7.25所示，受正弯矩M作用。已知铸铁的许用拉应力$[\sigma_t]=20$ MPa，许用压应力$[\sigma_c]=80$ MPa，试求该梁的许用弯矩$[M]$。

7.4　对于图7.26所示的矩形截面木梁，许用应力$[\sigma]=10$ MPa，截面高宽比$\frac{h}{b}=2$，试设计梁的截面尺寸。

7.5　如图 7.27 所示的矩形截面简支梁，已知材料的许用应力$[\sigma]=170$ MPa，$[\tau]=100$ MPa，截面高宽比$\dfrac{h}{b}=2$，试设计梁的截面尺寸。

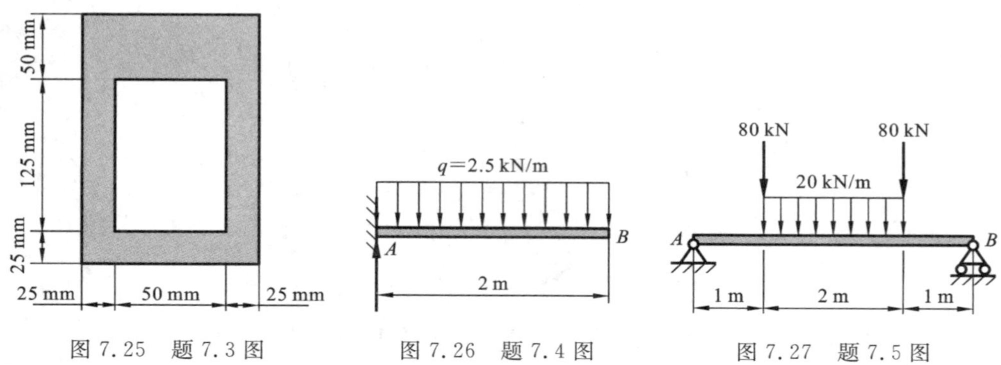

图 7.25　题 7.3 图　　图 7.26　题 7.4 图　　图 7.27　题 7.5 图

7.6　如图 7.28 所示的工字形钢梁，已知 $F=50$ kN，$q=10$ kN/m，钢的许用应力$[\sigma]=170$ MPa，$[\tau]=100$ MPa。试校核该梁的强度。

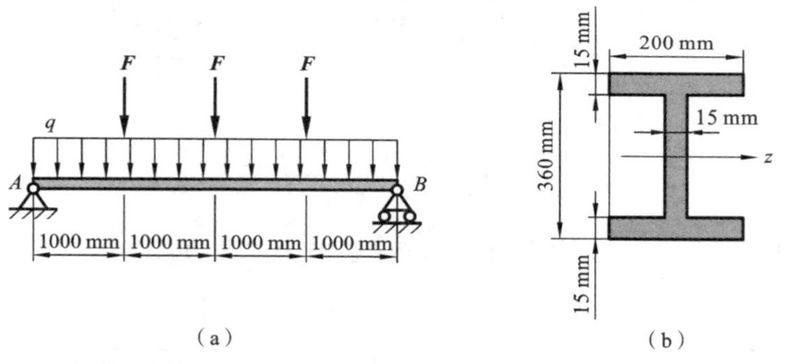

图 7.28　题 7.6 图

7.7　如图 7.29 所示的圆形截面梁 AB，直径 $d_1=180$ mm，梁的一端铰支，另一端在点 C 用直径 $d_2=16$ mm 的圆钢杆吊起。设梁的许用应力$[\sigma]_1=10$ MPa，吊杆的许用应力$[\sigma]_2=160$ MPa，求许用载荷$[q]$。

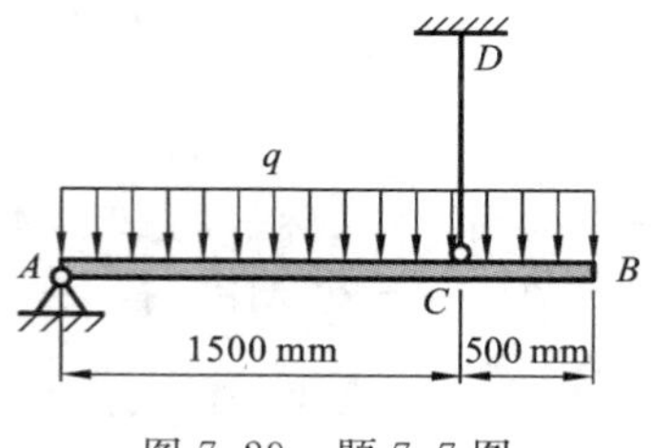

图 7.29　题 7.7 图

7.8　求图 7.30 所示的各梁的挠度方程和转角方程，并求最大的挠度和转角。

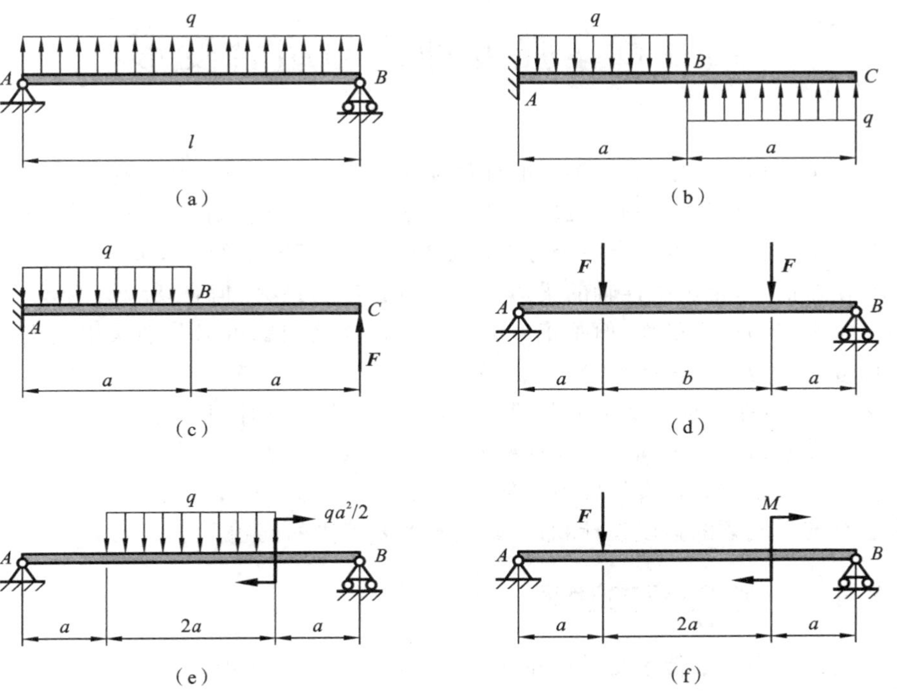

图 7.30　题 7.8 图

第 8 章　强度理论与组合变形

在基本变形问题中，我们关注的杆件横截面上某点的应力都只有一个正应力或者一个切应力。例如，在轴向拉压杆件的横截面上每一个点都只有正应力，在扭转轴的横截面上每一个点都只有一个方向的切应力。在弯曲梁的横截面上，情况比较复杂。在横截面上，远离中性轴的梁边缘上的点正应力最大，但是切应力为零；而在中性轴上每个点切应力最大，但是正应力为零。这样的问题可以分别采用正应力的强度条件或切应力的强度条件进行强度分析。

然而，在弯曲梁横截面上的其他点处，既有正应力也有切应力。除此以外，工程中大量存在着组合变形问题。在这些问题中，结构件处于复杂受力状态，在它们的横截面上不仅有正应力还有切应力。如何给出复杂应力条件下的强度条件或判据，以解决组合变形问题的强度设计和计算，是本章要解决的问题。

8.1　一点的应力状态

材料内部内力的传递是通过相互连接的每一个点来实现的。一点的应力不仅与其传递的内力有关，还与过该点的截面方向的选择有关。因此，对于同一个点，截面的方向不同，应力也不同。

一点的应力状态是指通过该点的所有截面上的应力情况。一般来说，选择通过该点且互相垂直的三个截面，给出它们的应力，则在通过该点的其他任意方向的截面上的应力，就可以由这三个截面上的应力唯一确定。因此，可以用互相垂直的三个截面围绕考察点截出一个体积微小的平行六面体，作为表征一点应力状态的微元体(element)，如图 8.1 所示。微元体的左右两个面垂直于 x 轴，称其为 x 面。类似地，将上下两个面称为 y 面，将前后两个面称为 z 面。

由于微元体沿三个方向的尺寸都非常微小，因此微元体每个面上的应力都是均匀的，而且在相互平行的面上有完全相同的应力。在微元体的六个面上，共有九个应力分量，即三个正应力分量 σ_x、σ_y 和 σ_z，以及六个切应力分量 τ_{xy}、τ_{xz}、τ_{yx}、τ_{yz}、τ_{zx} 和 τ_{zy}。这里，τ_{xy} 代表在 x 面上沿 y 方向的切应力，其余切应力的含义以此类推。根据切应力互等定理，有

$$\tau_{xy}=\tau_{yx},\quad \tau_{yz}=\tau_{zy},\quad \tau_{zx}=\tau_{xz}$$

因此，在九个应力分量中，只有六个是互相独立的，包括三个正应力分量和三个切应力分量。如果一点的上述六个应力分量都已知，则在过该点的任意方向截面上的应力情况就都可以确定。

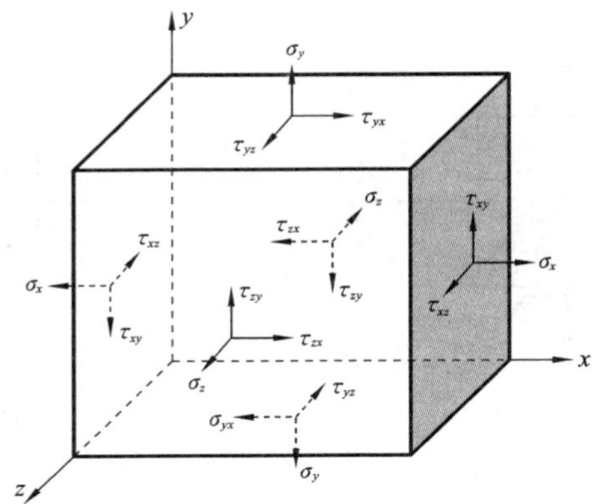

图 8.1　微元体和应力状态

如果微元体某个面上的切应力都为零,则称该面为**主平面**(principal plane)。主平面上的正应力称为**主应力**(principal stress)。主平面的法线方向称为**主方向**(principal direction)。可以证明,受力体上任意一点总是可以找到互相垂直的三个主平面,分别对应三个主应力。将三个主应力按照由大到小的顺序排列,并依次用 σ_1、σ_2 和 σ_3 表示。

根据主应力的情况,可以将应力状态分为以下三类。

(1) **单向应力状态**(uniaxial stress state):三个主应力中只有一个不为零。例如,在轴向拉伸或压缩的杆件中,每个点都处于单向应力状态。

(2) **平面应力状态**(plane stress state)或二向应力状态:三个主应力中有两个不为零。例如,在扭转变形的轴中,除了轴线以外的每个点都处于平面应力状态;在横力弯曲的矩形截面梁中,除了梁的上下翼缘以外,其他点都处于平面应力状态。纯剪切也属于平面应力状态。

(3) **空间应力状态**(spatial stress state)或三向应力状态:三个主应力都不为零。

8.2　平面应力状态分析

在一点应力的六个分量中,如果与某一个方向有关的三个应力分量都为零,则这一点就处于平面应力状态。这是平面应力状态的一般情况。例如,如果与 z 轴有关的三个应力分量都为零,即 $\tau_{zx}=\tau_{zy}=\sigma_z=0$,那么在图 8.1 中微元体的 z 面上就没有应力作用。很显然,z 面是一个主平面。此时,可以用一个四边形微元体代替六面体微元体,表示应力状态,如图 8.2(a)所示。

考察图 8.2(b)中任意一个斜截面上的应力。斜截面法线方向与 x 轴间的夹角为 α。斜截面 ab 面积为 $\mathrm{d}A$,因此 Oa 面面积为 $\mathrm{d}A\cos\alpha$,Ob 面面积为 $\mathrm{d}A\sin\alpha$。建立三角形微元体沿斜截面法向和切向的平衡方程:

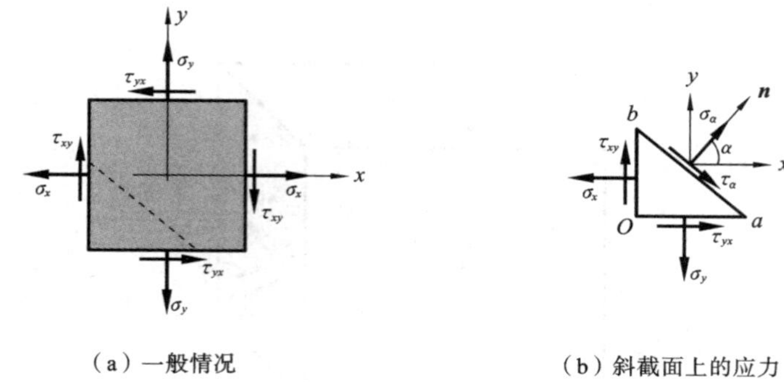

(a)一般情况　　(b)斜截面上的应力

图 8.2　平面应力状态分析

$$\sum F_n = 0, \quad \sigma_\alpha dA + (\tau_{xy} dA\cos\alpha)\sin\alpha - (\sigma_x dA\cos\alpha)\cos\alpha + (\tau_{yx} dA\sin\alpha)\cos\alpha - (\sigma_y dA\sin\alpha)\sin\alpha = 0$$

$$\sum F_t = 0, \quad \tau_\alpha dA - (\tau_{xy} dA\cos\alpha)\cos\alpha - (\sigma_x dA\cos\alpha)\sin\alpha + (\tau_{yx} dA\sin\alpha)\sin\alpha + (\sigma_y dA\sin\alpha)\cos\alpha = 0$$

考虑到 $\tau_{xy}=\tau_{yx}$,求解上述两式可以得到

$$\sigma_\alpha=\frac{\sigma_x+\sigma_y}{2}+\frac{\sigma_x-\sigma_y}{2}\cos2\alpha-\tau_{xy}\sin2\alpha \tag{8.1}$$

$$\tau_\alpha=\frac{\sigma_x-\sigma_y}{2}\sin2\alpha+\tau_{xy}\cos2\alpha \tag{8.2}$$

由此可见,斜截面上正应力 σ_α 和切应力 τ_α 都是角度 α 的函数。为了求正应力 σ_α 的极值,将式(8.1)对 α 求导,并令其为零:

$$\frac{d\sigma_\alpha}{d\alpha}=-2\left(\frac{\sigma_x-\sigma_y}{2}\sin2\alpha+\tau_{xy}\cos2\alpha\right)=0$$

设其解为 $\alpha=\alpha_0$,则有

$$\tan2\alpha_0=-\frac{2\tau_{xy}}{\sigma_x-\sigma_y} \tag{8.3}$$

求解式(8.3)可以得到两个角度相差 90°的解,它们确定两个互相垂直的面。在这两个面上,分别有最大和最小的正应力,而且切应力都为零。因此,最大和最小的正应力都是主应力,而它们所在的平面都是主平面,由式(8.3)可以确定主方向。将式(8.3)代入式(8.1)中,得到最大和最小正应力:

$$\left.\begin{matrix}\sigma_{\max}\\ \sigma_{\min}\end{matrix}\right\}=\frac{\sigma_x+\sigma_y}{2}\pm\sqrt{\left(\frac{\sigma_x-\sigma_y}{2}\right)^2+\tau_{xy}^2} \tag{8.4}$$

由此,我们得到了所有三个主应力值,分别是 $\sigma_{\max}$、$\sigma_{\min}$ 和 $\sigma_z=0$。将它们按照由大到小的顺序进行排列,就可以得到三个主应力 σ_1、σ_2 和 σ_3。而且,$\sigma_{\max}$ 和 $\sigma_{\min}$ 所在的

两个主平面也与 σ_z 所在的 z 面两两互相垂直。

与正应力的极值求解过程类似，为了求切应力 τ_α 的极值，将式(8.2)对 α 求导，并令其为零：

$$\frac{\mathrm{d}\tau_\alpha}{\mathrm{d}\alpha}=(\sigma_x-\sigma_y)\cos2\alpha-2\tau_{xy}\sin2\alpha=0$$

设其解为 $\alpha=\alpha_1$，则有

$$\tan2\alpha_1=\frac{\sigma_x-\sigma_y}{2\tau_{xy}} \tag{8.5}$$

求解式(8.5)也可以得到两个角度相差 90°的解，它们确定两个互相垂直的面。在这两个面上，分别有最大和最小的切应力。将式(8.5)代入式(8.2)中，得到最大和最小切应力：

$$\left.\begin{matrix}\tau_{\max}\\ \tau_{\min}\end{matrix}\right\}=\pm\sqrt{\left(\frac{\sigma_x-\sigma_y}{2}\right)^2+\tau_{xy}^2} \tag{8.6}$$

将式(8.6)与式(8.4)进行比较，可以得到

$$\left.\begin{matrix}\tau_{\max}\\ \tau_{\min}\end{matrix}\right\}=\pm\frac{\sigma_{\max}-\sigma_{\min}}{2} \tag{8.7}$$

另外，根据式(8.3)和式(8.5)，还可以得到

$$\tan2\alpha_0\tan2\alpha_1=-1 \tag{8.8}$$

这表明最大和最小切应力所在的平面与主平面间的夹角为 45°。

将式(8.1)和式(8.2)联立起来，又可以得到

$$\left(\sigma_\alpha-\frac{\sigma_x+\sigma_y}{2}\right)^2+\tau_\alpha^2=\left(\frac{\sigma_x-\sigma_y}{2}\right)^2+\tau_{xy}^2 \tag{8.9}$$

很明显，这是一个以正应力 σ_α 和切应力 τ_α 为变量的圆方程。如果以 σ 为横坐标，以 τ 为纵坐标，则方程(8.9)的圆心坐标为 $\left(\frac{\sigma_x+\sigma_y}{2},\ 0\right)$，半径为 $\sqrt{\left(\frac{\sigma_x-\sigma_y}{2}\right)^2+\tau_{xy}^2}$。我们称其为**应力圆**(circle of stress)或**莫尔圆**(Mohr's circle)，如图 8.3 所示。

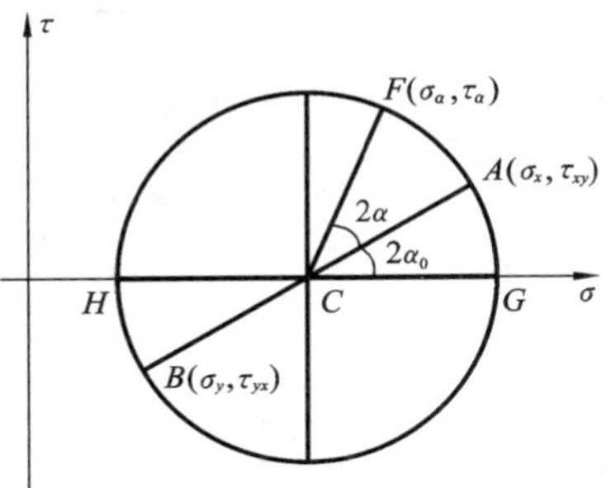

图 8.3　应力圆

在应力圆圆周上的每一个点，都对应着通过应力状态考察点的某个平面。圆周上任意两个点与圆心一起形成的圆心角，是它们所对应平面之间夹角的两倍。A 点对应于图 8.2(b)中的 Oa 面，有应力(σ_x，τ_{xy})；B 点对应于 Ob 面，有应力(σ_y，τ_{yx})；F 点对应于 ab 面，有应力(σ_α，τ_α)。G 点和 H 点对应着两个主平面，它们分别有应力($\sigma_{\max}$，0)和($\sigma_{\min}$，0)。因为 Oa 面和 Ob 面之间、两个主平面

之间，分别相互垂直，所以 A 点和 B 点、G 点和 H 点都分别位于应力圆的两条直径上。

例 8.1　一点的应力状态如图 8.4(a)所示，已知 $\sigma_x=30\ \text{MPa}$，$\sigma_y=10\ \text{MPa}$，$\tau_{xy}=20\ \text{MPa}$。

(1) 求主应力及主平面方向。

(2) 求最大和最小切应力。

(3) 画应力圆。

解　(1) 求主应力和主平面方向。

根据式(8.4)，主应力为

$$\left.\begin{matrix}\sigma_{\max}\\ \sigma_{\min}\end{matrix}\right\}=\frac{30+10}{2}\pm\sqrt{\left(\frac{30-10}{2}\right)^2+20^2}=\begin{cases}42.36\ (\text{MPa})\\ -2.36\ (\text{MPa})\end{cases}$$

根据式(8.3)，主平面方向为

$$\tan 2\alpha_0=-\frac{2\times 20}{30-10}=-2$$

解得

$$2\alpha_0=-63.43^\circ,\quad \alpha_0=-31.72^\circ$$

两个主平面外法向与 x 轴间的夹角分别为 58.28°和 148.28°。

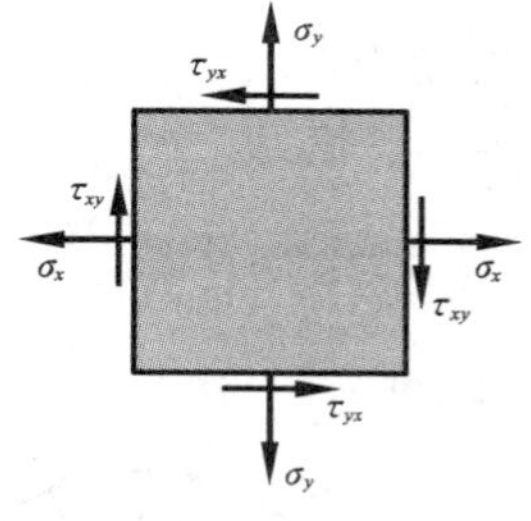

(a) 一点的应力状态

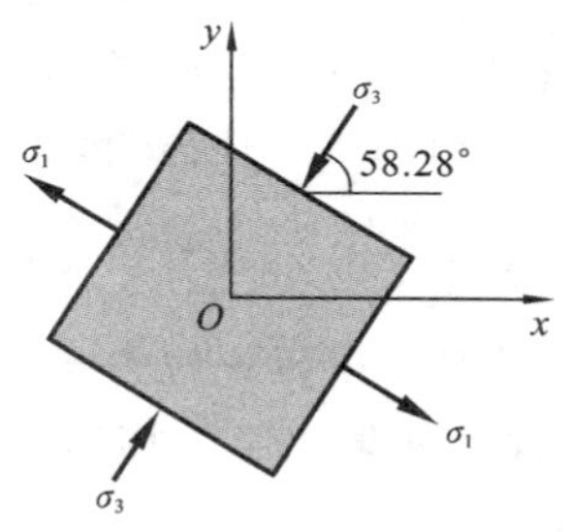

(b) 用主应力表示的应力状态

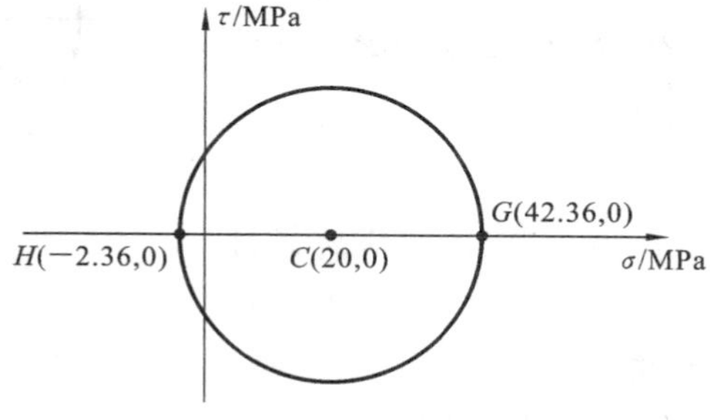

(c) 应力圆

图 8.4　例 8.1 图

根据式(8.1)，在 $\alpha_0=58.28°$ 主平面方向：

$$\sigma_{58.28°}=\frac{30+10}{2}+\frac{30-10}{2}\cos(2\times58.28°)-20\sin(2\times58.28°)=-2.36\ (\text{MPa})$$

所以，在 $\alpha_0=58.28°$ 方向上，主应力为 $\sigma_{min}=-2.36$ MPa；而在 $\alpha_0=148.28°$ 方向上，主应力为 $\sigma_{max}=42.36$ MPa。垂直于 z 轴的前后两面也是主平面，在此主平面方向 $\sigma=0$。所以，三个主应力按照从大到小的顺序，依次为：$\sigma_1=42.36$ MPa，$\sigma_2=0$，$\sigma_3=-2.36$ MPa，如图 8.4(b)所示。

(2) 求最大和最小切应力。

根据式(8-7)，可以得到

$$\left.\begin{array}{l}\tau_{max}\\ \tau_{min}\end{array}\right\}=\pm\frac{\sigma_{max}-\sigma_{min}}{2}=\pm\frac{42.36+2.36}{2}=\pm22.36\ (\text{MPa})$$

(3) 画应力圆。

应力圆如图 8.4(c)所示。其圆心坐标为(20, 0)，半径为 22.36。

8.3　广义胡克定律与应变能

8.3.1　广义胡克定律

在第 5 章和第 6 章中，我们分别学习了材料拉压胡克定律和剪切胡克定律，即式(5.11)和式(6.3)。在空间应力状态下，胡克定律也是适用的，不过应力应变关系的建立还必须考虑泊松效应。

在图 8.5 所示的微元体中，x_1、x_2 和 x_3 轴分别代表三个主方向，沿三个主方向分别有主应力 σ_1、σ_2 和 σ_3，以及主应变 ε_1、ε_2 和 ε_3。主应变 ε_1 由三部分构成：主应力 σ_1 在 x_1 方向引起的伸长，以及主应力 σ_2 和 σ_3 在 x_1 方向引起的缩短，即

$$\varepsilon_1=\frac{1}{E}[\sigma_1-\nu(\sigma_2+\sigma_3)] \tag{8.10}$$

类似地，可以得到主应变 ε_2 和 ε_3：

$$\varepsilon_2=\frac{1}{E}[\sigma_2-\nu(\sigma_3+\sigma_1)] \tag{8.11}$$

$$\varepsilon_3=\frac{1}{E}[\sigma_3-\nu(\sigma_1+\sigma_2)] \tag{8.12}$$

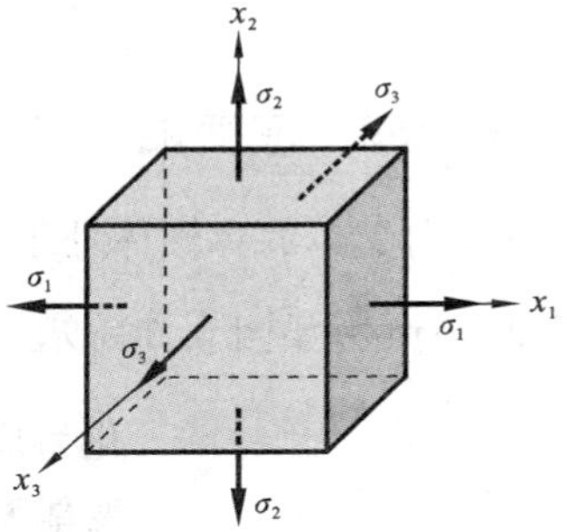

图 8.5　主应力表示的应力状态

这就是用主应力和主应变表达的**广义胡克定律**(generalized Hooke law)。

将上述三式重新整理，可以得到

$$\varepsilon_1=\frac{1}{E}[(1+\nu)\sigma_1-\nu(\sigma_1+\sigma_2+\sigma_3)]$$

$$\varepsilon_2=\frac{1}{E}[(1+\nu)\sigma_2-\nu(\sigma_1+\sigma_2+\sigma_3)]$$

$$\varepsilon_3=\frac{1}{E}[(1+\nu)\sigma_3-\nu(\sigma_1+\sigma_2+\sigma_3)]$$

由于 $\sigma_1 \geqslant \sigma_2 \geqslant \sigma_3$,易知 $\varepsilon_1 \geqslant \varepsilon_2 \geqslant \varepsilon_3$,因此,$\varepsilon_1$ 是最大的主应变。

对于图 8.1 所示的任意微元体,广义胡克定律可以表示为

$$\varepsilon_x=\frac{1}{E}[\sigma_x-\nu(\sigma_y+\sigma_z)] \tag{8.13}$$

$$\varepsilon_y=\frac{1}{E}[\sigma_y-\nu(\sigma_z+\sigma_x)] \tag{8.14}$$

$$\varepsilon_z=\frac{1}{E}[\sigma_z-\nu(\sigma_x+\sigma_y)] \tag{8.15}$$

$$\gamma_{xy}=\frac{\tau_{xy}}{G} \tag{8.16}$$

$$\gamma_{yz}=\frac{\tau_{yz}}{G} \tag{8.17}$$

$$\gamma_{zx}=\frac{\tau_{zx}}{G} \tag{8.18}$$

这就是一般空间应力状态的广义胡克定律。

对于平面应力状态,令 $\sigma_z=\tau_{yz}=\tau_{zx}=0$,则广义胡克定律变为

$$\varepsilon_x=\frac{1}{E}(\sigma_x-\nu\sigma_y) \tag{8.19}$$

$$\varepsilon_y=\frac{1}{E}(\sigma_y-\nu\sigma_x) \tag{8.20}$$

$$\gamma_{xy}=\frac{\tau_{xy}}{G} \tag{8.21}$$

8.3.2 应变能

单向受拉的弹性体处于单向应力状态。力 F 和变形量(即伸长量)Δl 之间的关系是线性的,如图 8.6 所示。外力在加载过程中所做的功为 $\frac{1}{2}F\Delta l$。这些功全部转化为应变能储存在弹性体内。因此,单位体积的应变能,即**应变能密度**(strain energy density),为

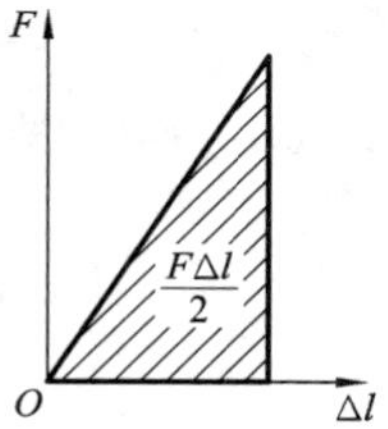

$$\omega=\frac{F\Delta l}{2Al}=\frac{1}{2}\sigma\varepsilon \tag{8.22}$$

式中:A 和 l 分别为弹性体沿加载方向的横截面面积和尺寸。

图 8.6 单向拉伸的 F-Δl 曲线

在图 8.5 所示的空间应力状态下,应变能密度可以表示为

$$\omega=\frac{1}{2}\sigma_1\varepsilon_1+\frac{1}{2}\sigma_2\varepsilon_2+\frac{1}{2}\sigma_3\varepsilon_3 \tag{8.23}$$

将式(8.10)～式(8.12)代入上式得

$$\omega=\frac{1}{2E}[\sigma_1^2+\sigma_2^2+\sigma_3^2-2\nu(\sigma_1\sigma_2+\sigma_2\sigma_3+\sigma_3\sigma_1)] \tag{8.24}$$

一般来说，材料的变形可以分为体积改变和形状改变两部分。因此，应变能也可以分为体积改变能和畸变能或形状改变能两部分，即应变能密度为

$$\omega=\omega_V+\omega_d \tag{8.25}$$

式中：ω_V 为**体积改变能密度**(strain energy density for volume change)；ω_d 为**畸变能密度**(strain energy density for distortion)。

如果三个方向的主应力相等，有 $\sigma_1=\sigma_2=\sigma_3=\sigma_m$，这里 $\sigma_m=\frac{1}{3}(\sigma_1+\sigma_2+\sigma_3)$ 为**平均应力**(average stress)，则材料只发生体积改变而不发生形状改变。此时，应变能密度为

$$\omega=\omega_V=\frac{3(1-2\nu)}{2E}\sigma_m^2 \tag{8.26}$$

如果三个方向的主应力不相等，则材料不仅发生体积改变，还发生形状改变。此时，体积改变能密度根据式(8.26)由平均应力 σ_m 确定，而畸变能密度为

$$\omega_d=\omega-\omega_V=\frac{1+\nu}{6E}[(\sigma_1-\sigma_2)^2+(\sigma_2-\sigma_3)^2+(\sigma_3-\sigma_1)^2] \tag{8.27}$$

根据式(8.7)，$\frac{\sigma_1-\sigma_2}{2}$、$\frac{\sigma_2-\sigma_3}{2}$ 和 $\frac{\sigma_3-\sigma_1}{2}$ 分别对应三个最大切应力。由此可见，材料的畸变能密度或形状改变完全来自最大切应力的贡献。

8.4　强度理论

材料在单向应力状态或纯剪切状态下的强度条件，很容易通过实验测定材料的极限应力(包括极限正应力和极限切应力)而建立起来。例如，我们在轴向拉压、扭转、弯曲等基本变形问题的分析中，建立了正应力强度条件和切应力强度条件。

在空间应力状态下，危险点的应力组合非常复杂，要对每种组合通过实验建立强度条件，是根本行不通的，因为组合方式有无穷多种。通常依据有限的实验结果，进行简单推理和大胆假设，建立起强度条件，然后经历各种实践检验。

根据材料在变形破坏的机制和表现上的差异，可以将材料分为脆性材料和延性材料两类。脆性材料的强度失效形式是断裂，而延性材料的强度失效形式是屈服。因此，强度理论也可以分为两类：一类是针对脆性材料的关于断裂的强度理论，包括最大拉应力理论(第一强度理论)和最大拉应变理论(第二强度理论)；另一类是针对延性材料的关于屈服的强度理论，包括最大切应力理论(第三强度理论)和畸变能密度理论(第四强度理论)。

8.4.1　最大拉应力理论(第一强度理论)

最大拉应力理论(criterion of maximum tensile stress)认为:最大拉应力是决定材料断裂的控制因素。不论材料处于什么应力状态,只要最大拉应力 σ_1 达到单向拉伸破坏时的极限应力 σ_b,材料就会发生断裂。因此,材料发生断裂破坏的准则是

$$\sigma_1=\sigma_b \tag{8.28}$$

将极限应力 σ_b 除以安全因数 n,得到材料的许用应力$[\sigma]$,从而可以建立起基于最大拉应力理论的强度条件:

$$\sigma_1\leqslant[\sigma] \tag{8.29}$$

铸铁、岩石、混凝土、陶瓷等脆性材料在单向受拉和扭转时,都是在拉应力最大的截面上发生断裂破坏,这些都与最大拉应力理论相符。但是,最大拉应力理论只考虑第一主应力的影响,而忽略另外两个主应力的贡献,因此在理论上存在局限性。另外,如果材料所处的应力状态没有主拉应力,那么该理论也没法应用。

8.4.2　最大拉应变理论(第二强度理论)

最大拉应变理论(criterion of maximum tensile strain)认为:最大拉应变是决定材料断裂的控制因素。不论材料处于什么应力状态,只要最大拉应变 ε_1 达到单向拉伸破坏时的极限应变 ε_u,材料就会发生断裂。因此,材料发生断裂破坏的准则是

$$\varepsilon_1=\varepsilon_u \tag{8.30}$$

根据广义胡克定律和单向拉压的胡克定律,式(8.30)可以转变为

$$\sigma_1-\nu(\sigma_2+\sigma_3)=\sigma_b \tag{8.31}$$

考虑安全因数 n,可以建立起基于最大拉应变理论的强度条件:

$$\sigma_1-\nu(\sigma_2+\sigma_3)\leqslant[\sigma] \tag{8.32}$$

岩石和混凝土试样在轴向受压时会沿垂直于压力的方向发生断裂,这一方向正好是最大拉应变方向,这与最大拉应变理论相符。尽管最大拉应变理论考虑了全部三个主应力对断裂的影响,但是它能够适用的范围很窄,工程上已经很少采用。

8.4.3　最大切应力理论(第三强度理论)

材料学的研究表明,材料的塑性屈服是剪切滑移的结果。最大切应力理论(criterion of maximum shear stress)认为:最大切应力是引起材料屈服的主要因素。不论材料处于什么应力状态,只要最大切应力 τ_{max} 达到材料在单向拉伸屈服时的极限切应力 τ_s,材料就会进入屈服。因此,材料发生屈服破坏的准则是

$$\tau_{max}=\tau_s \tag{8.33}$$

在空间应力状态下,考虑到 $\sigma_1\geqslant\sigma_2\geqslant\sigma_3$,因此 $\tau_{max}=\dfrac{\sigma_1-\sigma_3}{2}$。而在单向拉伸屈服

时，极限切应力发生在与拉伸方向成 45°角的斜截面上，且 $\tau_s=\dfrac{\sigma_s}{2}$。因此，式(8.33)转变为

$$\sigma_1-\sigma_3=\sigma_s \tag{8.34}$$

这也被称为**屈斯卡**(Tresca)**屈服准则**。考虑安全因数 n，可以建立起基于最大切应力理论的强度条件：

$$\sigma_1-\sigma_3\leqslant[\sigma] \tag{8.35}$$

最大切应力理论已经被许多延性材料的试验结果所证实，而且其强度条件形式简单，因此在工程设计中获得了广泛的应用。

8.4.4　畸变能密度理论(第四强度理论)

畸变能密度理论(criterion of strain energy density for distortion)认为：不论材料处于什么应力状态，只要畸变能密度达到某一极限值，材料就会进入屈服。

在单向拉伸屈服时，$\sigma_1=\sigma_s$，$\sigma_2=\sigma_3=0$。根据式(8.27)，材料屈服时的畸变能密度极限值为 $\omega_d=\dfrac{1+\nu}{3E}\sigma_s^2$。因此，基于畸变能密度理论的屈服准则为

$$\frac{1+\nu}{6E}[(\sigma_1-\sigma_2)^2+(\sigma_2-\sigma_3)^2+(\sigma_3-\sigma_1)^2]=\frac{1+\nu}{3E}\sigma_s^2$$

化简后，有

$$\sqrt{\frac{1}{2}[(\sigma_1-\sigma_2)^2+(\sigma_2-\sigma_3)^2+(\sigma_3-\sigma_1)^2]}=\sigma_s \tag{8.36}$$

这也被称为**米塞斯**(Mises)**屈服准则**。考虑安全因数 n，可以建立起基于畸变能密度理论的强度条件：

$$\sqrt{\frac{1}{2}[(\sigma_1-\sigma_2)^2+(\sigma_2-\sigma_3)^2+(\sigma_3-\sigma_1)^2]}\leqslant[\sigma] \tag{8.37}$$

畸变能密度理论与钢、铜、铝等延性材料的薄管试验结果吻合，其屈服准则和强度条件在科学研究和工程设计中应用最为广泛。

综合式(8.29)、式(8.32)、式(8.35)和式(8.37)，可以把上述四个强度理论的强度条件统一写成以下形式：

$$\sigma_{ri}\leqslant[\sigma] \tag{8.38}$$

式中：σ_{ri} 为第 i 强度理论的相当应力。它们分别为

$$\begin{cases}\sigma_{r1}=\sigma_1\\ \sigma_{r2}=\sigma_1-\nu(\sigma_2+\sigma_3)\\ \sigma_{r3}=\sigma_1-\sigma_3\\ \sigma_{r4}=\sqrt{\dfrac{1}{2}[(\sigma_1-\sigma_2)^2+(\sigma_2-\sigma_3)^2+(\sigma_3-\sigma_1)^2]}\end{cases} \tag{8.39}$$

第三强度理论和第四强度理论的相当应力又分别称为**屈斯卡应力**和**米塞斯应力**。

一般来说，脆性材料通常以断裂形式破坏，宜采用第一或第二强度理论；延性材料通常以屈服形式破坏，宜采用第三或第四强度理论。但是，在三向受拉且拉应力接近相等的情况下，延性材料也会以断裂形式失效，宜采用第一或第二强度理论；在三向受压且压应力接近相等的情况下，脆性材料也会发生屈服，宜采用第三或第四强度理论。

例 8.2 某工字形钢梁截面如图 8.7 所示，材料的许用应力$[\sigma]=200$ MPa，截面上弯矩 $M=30$ kN·m，剪力 $F_S=100$ kN，试校核其强度。

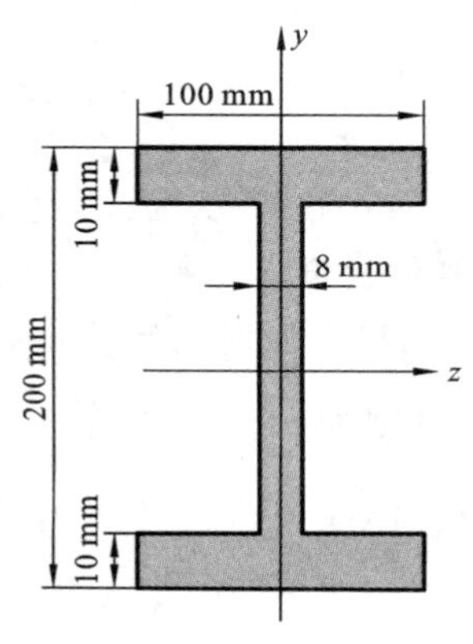

图 8.7 例 8.2 图

解 梁截面上既有弯矩又有剪力，其变形属于横力弯曲。因此，在梁截面上既分布着正应力，又分布着切应力。

(1) 求弯曲正应力。

截面对 z 轴的惯性矩为

$$I_z=2\times\left(\frac{100\times10^3}{12}+100\times10\times95^2\right)+\frac{8\times180^3}{12}$$

$$=2.195\times10^7(\text{mm}^4)$$

在梁的上表面(即 $y=100$ mm)处，有最大的弯曲正应力：

$$\sigma_{\max}=\frac{My}{I_z}=\frac{30\times10^6\times100}{2.195\times10^7}=137\ (\text{MPa})$$

在翼缘与腹板结合(即 $y=90$ mm)处，弯曲正应力为

$$\sigma=\frac{My}{I_z}=\frac{30\times10^6\times90}{2.195\times10^7}=123\ (\text{MPa})$$

在 z 轴上(即 $y=0$ 处)，弯曲正应力为零。

(2) 求弯曲切应力。

根据弯曲切应力的表达式 $\tau=\frac{F_S S_z}{I_z b}$，在梁的上表面(即 $y=100$ mm)处，弯曲切应力为零。

在翼缘与腹板结合(即 $y=90$ mm)处，截面静矩为

$$S_{z(y=90)}=\int_A y\,\mathrm{d}A=\int_{90}^{100}100y\,\mathrm{d}y=9.5\times10^4\ \text{mm}^3$$

弯曲切应力为

$$\tau=\frac{F_S S_z}{I_z b}=\frac{100\times10^3\times9.5\times10^4}{2.195\times10^7\times8}=54\ (\text{MPa})$$

在 z 轴上(即 $y=0$ 处)，截面静矩为

$$S_{z(y=0)}=\int_A y\,\mathrm{d}A=\int_{90}^{100}100y\,\mathrm{d}y+\int_0^{90}8y\,\mathrm{d}y=1.274\times10^5\ \text{mm}^3$$

弯曲切应力达到最大：

$$\tau_{max}=\frac{F_S S_z}{I_z b}=\frac{100\times10^3\times1.274\times10^5}{2.195\times10^7\times8}=72.55\ (\text{MPa})$$

(3) 校核强度。

在梁的上表面(即 $y=100$ mm)处，正应力最大，切应力为 0，属于单向应力状态。

$$\sigma_{max}=137\ \text{MPa}<[\sigma]=200\ \text{MPa}$$

此处强度满足要求。

在翼缘与腹板结合(即 $y=90$ mm)处，既有正应力又有切应力，属于平面应力状态。采用第三强度理论进行强度校核。

$$\sigma_x=123\ \text{MPa},\quad \sigma_y=0\ ,\quad \tau=54\ \text{MPa}$$

计算主应力：

$$\left.\begin{matrix}\sigma_{max}\\ \sigma_{min}\end{matrix}\right\}=\frac{123}{2}\pm\sqrt{\left(\frac{123}{2}\right)^2+54^2}=\begin{cases}143.34\ (\text{MPa})\\ -20.34\ (\text{MPa})\end{cases}$$

由此得到三个主应力：

$$\sigma_1=143.34\ \text{MPa},\quad \sigma_2=0,\quad \sigma_3=-20.34\ \text{MPa}$$

根据第三强度理论：

$$\sigma_{r3}=\sigma_1-\sigma_3=163.68\ \text{MPa}<[\sigma]=200\ \text{MPa}$$

此处强度满足要求。

在 z 轴上(即 $y=90$ mm 处)，只有切应力，没有正应力，属于纯剪切状态，即

$$\sigma_x=\sigma_y=0\ ,\quad \tau=72.5\ \text{MPa}$$

计算主应力：

$$\sigma_1=72.5\ \text{MPa},\quad \sigma_2=0,\quad \sigma_3=-72.5\ \text{MPa}$$

根据第三强度理论：

$$\sigma_{r3}=\sigma_1-\sigma_3=145\ \text{MPa}<[\sigma]=200\ \text{MPa}$$

此处强度满足要求。

因此，该工字形钢梁截面各危险点强度都是满足要求的。

8.5　组合变形的强度分析

工程实际中的结构可能同时发生两种甚至两种以上的基本变形，如轴向拉压与弯曲的组合、扭转与弯曲的组合，以及发生在两个不同平面内的弯曲的组合等。这类**由两种或两种以上基本变形组合的情况，称为组合变形**(complex deformation)。在线弹性和小变形情况下，也适合采用叠加法进行组合变形问题的计算和分析。

8.5.1　轴向拉压与弯曲的组合

在轴向拉压与弯曲的组合问题中，杆件的横截面上既有轴力 F_N 作用，又有弯矩

M 作用。由轴力引起的正应力在横截面上均匀分布，有 $\sigma'=\dfrac{F_N}{A}$；由弯矩引起的正应力在横截面上线性分布，有 $\sigma''=\dfrac{My}{I_z}$。应用叠加法，可以得到横截面上的正应力：

$$\sigma=\sigma'+\sigma''=\frac{F_N}{A}+\frac{My}{I_z} \tag{8.40}$$

式(8.40)中的求和为代数和，必须注意拉压正应力和弯曲正应力在不同位置的符号。

例 8.3　在图 8.8(a)所示的受力结构中，杆件 AB 为矩形截面梁，宽 $b=40$ mm，高 $h=60$ mm，已知材料的许用应力$[\sigma]=120$ MPa，试校核其强度。

解　(1) 求约束力。

以整体为研究对象，受力分析如图 8.8(a)所示。列平衡方程：

$$\sum F_x=0,\quad F_{Ax}-F_C\cos 30°=0$$

$$\sum F_y=0,\quad F_{Ay}+F_C\sin 30°-10=0$$

$$\sum M_A=0,\quad F_C\sin 30°\times 1000-10\times 500=0$$

求解可得

$$F_{Ax}=5\sqrt{3}\ \text{kN},\quad F_{Ay}=5\ \text{kN},\quad F_C=10\ \text{kN}$$

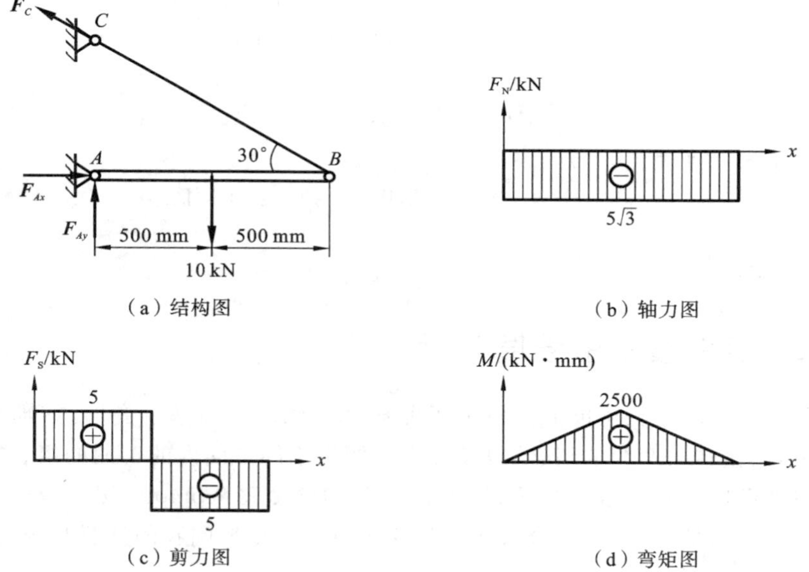

图 8.8　例 8.3 图

(2) 求内力,画内力图。

很明显,杆件 AB 承受轴向压缩和弯曲组合变形。它的轴力图、剪力图和弯矩图分别如图 8.8(b)、(c)和(d)所示。

(3) 计算危险点的应力。

杆件 AB 在集中力作用点处的截面是危险截面,在这里作用着最大弯矩,并且在杆件的上表面有最大的弯曲压应力,下表面有最大的弯曲拉应力。结合轴向压力,危险点在杆件的上表面,且最大压应力为

$$\sigma_{\max}=\frac{F_N}{A}+\frac{M}{W_z}=\frac{5\sqrt{3}\times1000}{40\times60}+\frac{6\times2500\times1000}{40\times60^2}=107.8\ (\text{MPa})<[\sigma]=120\ \text{MPa}$$

可见,杆件 AB 的强度满足要求。

(4) 在杆件中性轴上,具有最大的切应力:

$$\tau_{\max}=\frac{3\times F_S}{2A}=\frac{3\times5\times1000}{2\times40\times60}=3.125\ (\text{MPa})$$

在这里,弯曲正应力为零,只有压缩正应力:

$$\sigma=\frac{F_N}{A}=\frac{5\sqrt{3}\times1000}{40\times60}=3.61\ (\text{MPa})$$

由于此处的正应力和切应力远小于上表面的应力,可以判定强度满足要求。

例 8.4　如图 8.9(a)所示的圆形截面杆,直径为 d,受偏心力 F 作用。求该杆不出现拉应力时的偏心距 e。

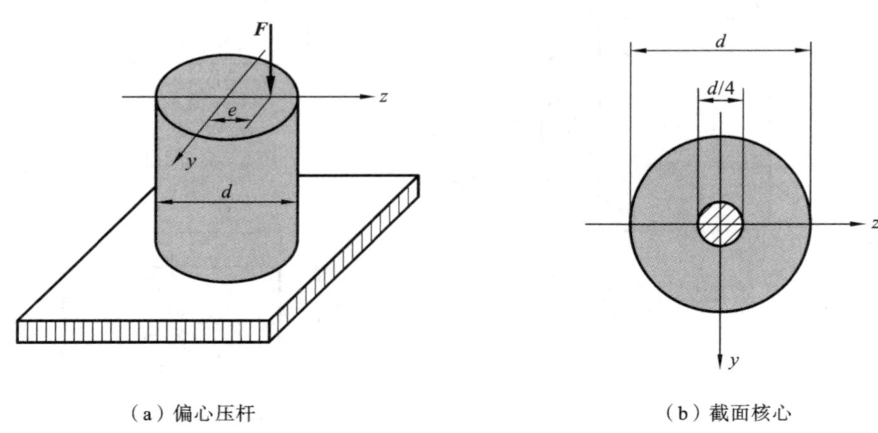

(a) 偏心压杆　(b) 截面核心

图 8.9　例 8.4 图

解　(1) 求截面内力。

利用截面法,沿杆件轴向在杆件任意位置处截取一段,列平衡方程,得到该截面上的内力:

$$F_N=F(压),\quad M_y=Fe$$

(2) 求截面应力。

显然,杆件承受压弯组合变形。截面上的最大拉应力为

$$\sigma_{\mathrm{tmax}}=\frac{M}{W}-\frac{F_{\mathrm{N}}}{A}=\frac{32Fe}{\pi d^3}-\frac{4F}{\pi d^2}$$

要使截面上不出现拉应力,则要求 $\sigma_{\mathrm{tmax}}\leqslant 0$。由此可以求得

$$e\leqslant d/8$$

因此,当偏心压力作用在图 8.9(b)所示的直径为 $d/4$ 的圆形阴影区时,杆件中将不会出现拉应力。我们将该区域称为圆形截面杆的**截面核心**。

例 8.5　如图 8.10(a)所示的矩形截面杆,受偏心压力 F 作用,求杆内的最大拉压应力以及杆件的截面核心。

解　(1) 求截面内力。

根据截面法,任选一截面将杆件截开,以杆件的上半部分为研究对象,受力分析如图 8.10(b)所示。截面上的内力为

$$F_{\mathrm{N}}=-F(\text{压}),\quad M_y=Fe_1,\quad M_z=Fe_2$$

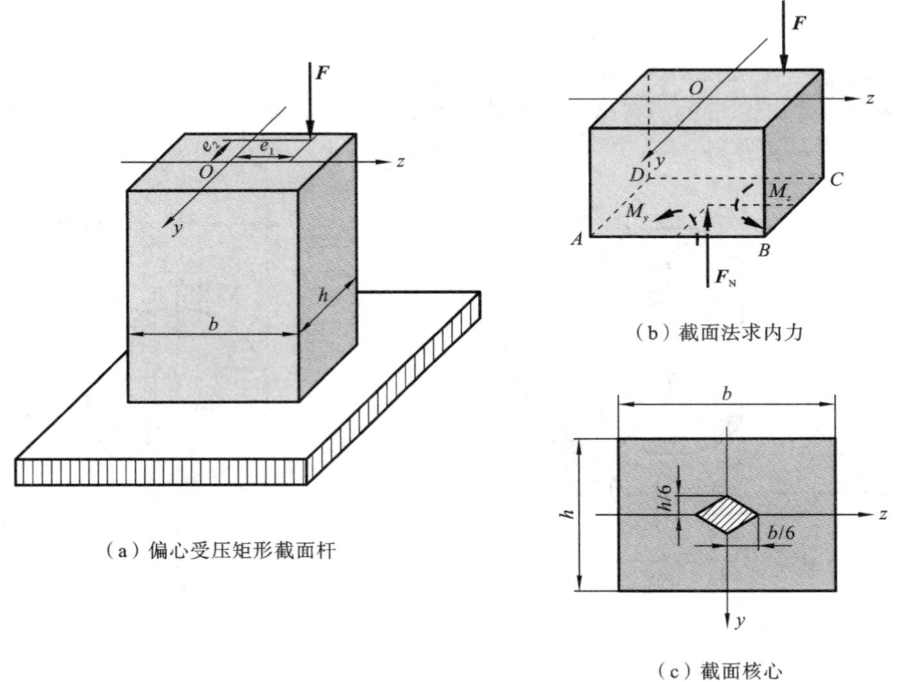

图 8.10　例 8.5 图

(2) 求截面应力。

显然,杆件承受压弯组合变形。轴力所引起的压应力在截面上均匀分布。弯矩

M_y 在截面 BC 边引起最大的压应力，在 AD 边引起最大的拉应力。弯矩 M_z 在 DC 边引起最大的压应力，在 AB 边引起最大的拉应力。因此，截面上最大的拉应力发生在 A 点，而最大的压应力发生在 C 点。

$$\sigma_{\mathrm{tmax}}=\frac{M_y}{W_y}+\frac{M_z}{W_z}-\frac{F_{\mathrm{N}}}{A}=\frac{6Fe_1}{hb^2}+\frac{6Fe_2}{h^2b}-\frac{F}{bh}$$

$$\sigma_{\mathrm{cmax}}=-\frac{M_y}{W_y}-\frac{M_z}{W_z}-\frac{F_{\mathrm{N}}}{A}=-\frac{6Fe_1}{hb^2}-\frac{6Fe_2}{h^2b}-\frac{F}{bh}$$

(3) 求截面核心。

要使截面不出现拉应力，则要求

$$\sigma_{\mathrm{tmax}}=\frac{6Fe_1}{hb^2}+\frac{6Fe_2}{h^2b}-\frac{F}{bh}\leqslant 0$$

化简后得

$$\frac{e_1}{b}+\frac{e_2}{h}\leqslant\frac{1}{6}$$

图 8.10(c)给出了截面核心。

8.5.2　扭转与弯曲的组合

在扭转与弯曲的组合问题中，在杆件的横截面上既有扭矩 T 作用，又有弯矩 M 作用。由扭矩引起的切应力，在横截面上从圆心到圆周沿半径线性分布，并在圆周表面达到最大切应力 $\tau_{\max}=\frac{T}{W_{\mathrm{T}}}$；由弯矩引起的正应力，在横截面上线性分布，并在远离中性轴的表面达到最大拉压正应力 $\sigma_{\max}=\frac{M}{W_z}$。

对于延性材料，在最大切应力和最大拉压正应力同时出现的危险点，应用第三或第四强度理论进行强度校核，其相当应力分别为

$$\sigma_{\mathrm{r3}}=\sqrt{\sigma_{\max}^2+4\tau_{\max}^2}\tag{8.41}$$

$$\sigma_{\mathrm{r4}}=\sqrt{\sigma_{\max}^2+3\tau_{\max}^2}\tag{8.42}$$

对于圆形截面杆，注意到 $W_{\mathrm{T}}=2W_z$，因此上述两式可以用内力表示为

$$\sigma_{\mathrm{r3}}=\frac{\sqrt{M^2+T^2}}{W_z}\tag{8.43}$$

$$\sigma_{\mathrm{r4}}=\frac{\sqrt{M^2+0.75T^2}}{W_z}\tag{8.44}$$

例 8.6　如图 8.11 所示的圆形截面轴，直径 $d=60$ mm，承受轴向拉力 $F=80$ kN 和扭转力矩 $M=1$ kN·m 的作用。已知轴的许用应力为$[\sigma]=60$ MPa，试用第三强度理论校核轴的强度。

解　圆轴发生拉伸与扭转组合变形，轴横截面上既有正应力又有切应力。

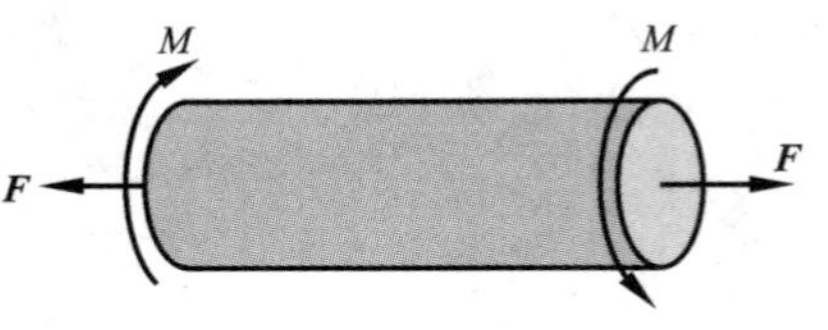

图 8.11 例 8.6 图

(1) 计算横截面上的应力。

轴向拉力引起的正应力为

$$\sigma=\frac{F_{\mathrm{N}}}{A}=\frac{4\times 80\times 10^{3}}{\pi\times 60^{2}}=28.3\ (\mathrm{MPa})$$

扭转力矩或力偶引起的最大切应力为

$$\tau=\frac{M}{W}=\frac{16\times 1\times 10^{6}}{\pi\times 60^{3}}=23.6\ (\mathrm{MPa})$$

(2) 强度校核。

根据第三强度理论:

$$\sigma_{\mathrm{r3}}=\sqrt{\sigma_{\max}^{2}+4\tau_{\max}^{2}}=\sqrt{28.3^{2}+4\times 23.6^{2}}=55\ (\mathrm{MPa})<[\sigma]=60\ \mathrm{MPa}$$

因此,轴的强度满足要求。

8.5.3 斜弯曲

在梁的弯曲问题中,当所有外力都作用在梁的纵向对称面内时,梁会发生平面弯曲。然而,如果外力作用的共同平面不是纵向对称面,梁就会发生**斜弯曲**(skew bending)。斜弯曲可以分解成在两个互相垂直的纵向对称面内的平面弯曲。

以矩形截面为例,如果梁的横截面上同时作用两个弯矩 M_y 和 M_z,如图 8.12(a)所示,那么将两个弯矩在横截面上同一点引起的正应力叠加,就可以得到横截面上图 8.12(b)所示的应力分布。当两个弯矩引起的最大拉应力发生在同一点时,叠加以后的拉应力最大,当两个弯矩引起的最大压应力发生在同一点时,叠加以后的压应力最大。因此,叠加以后的最大拉压应力 $\sigma_{\max}^{+}$ 和 $\sigma_{\max}^{-}$ 分别为

$$\sigma_{\max}^{+}=\frac{M_y}{W_y}+\frac{M_z}{W_z} \tag{8.45}$$

$$\sigma_{\max}^{-}=-\left(\frac{M_y}{W_y}+\frac{M_z}{W_z}\right) \tag{8.46}$$

式中:W_y 和 W_z 分别为横截面对 y 轴和 z 轴的抗弯截面系数。

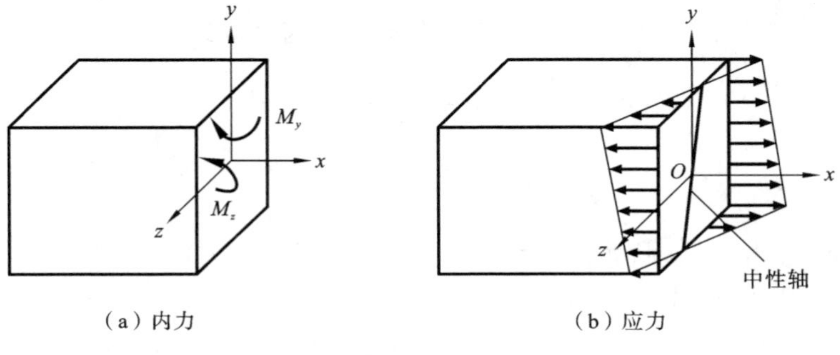

图 8.12 斜弯曲梁横截面上的内力和应力

在斜弯曲问题中，由于危险点处只有正应力，强度条件可以表示为

$$\sigma_{\max}^{+} \leqslant [\sigma] \quad 或 \quad \sigma_{\max}^{-} \leqslant [\sigma] \tag{8.47}$$

例 8.7 如图 8.13 所示的矩形截面悬臂梁，截面高度 $h=80$ mm，宽度 $b=40$ mm，两个集中力的大小 $F_y=F_z=F=1$ kN，材料的许用应力 $[\sigma]=160$ MPa，试校核该梁的强度。

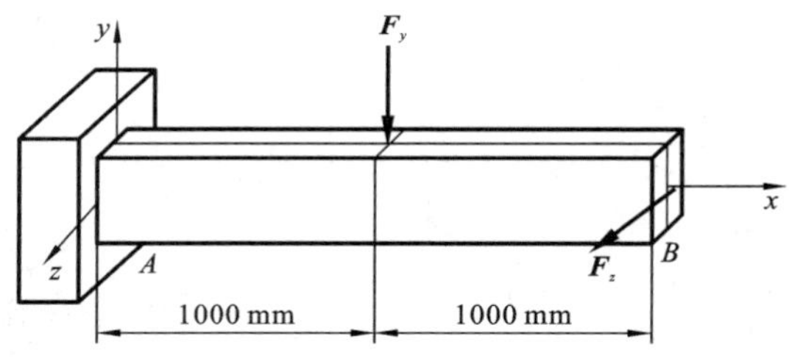

图 8.13 例 8.7 图

解 显然，固定端 A 处截面有最大的弯矩，为危险截面。

(1) 计算危险截面的内力：

$$M_y = F_z \times 2000 = 2000 \text{ kN} \cdot \text{mm}$$
$$M_z = F_y \times 1000 = 1000 \text{ kN} \cdot \text{mm}$$

(2) 计算危险截面上的最大拉压应力：

$$\sigma_{\max}^{+} = \frac{M_z}{W_z} + \frac{M_y}{W_y} = \frac{6 \times 1000 \times 10^3}{40 \times 80^2} + \frac{6 \times 2000 \times 10^3}{80 \times 40^2} = 117.2 \text{ (MPa)}$$

$$\sigma_{\max}^{-} = -\frac{M_z}{W_z} - \frac{M_y}{W_y} = -\frac{6 \times 1000 \times 10^3}{40 \times 80^2} - \frac{6 \times 2000 \times 10^3}{80 \times 40^2} = -117.2 \text{ (MPa)}$$

(3) 进行强度校核：

$$\sigma_{\max}^{+} < [\sigma] = 160 \text{ MPa}$$
$$\sigma_{\max}^{-} < [\sigma] = 160 \text{ MPa}$$

很明显，该梁强度满足要求。

例 8.8 图 8.14 所示位于水平面 Axz 内的一端固定的直角圆形截面折杆的截面直径均为 $d=40$ mm，在 C 点沿 x 轴和 y 轴方向作用两个集中力 $F_x=2$ kN 和 $F_y=1$ kN。已知材料的许用应力 $[\sigma]=100$ MPa，试用第三强度理论校核杆件的强度。

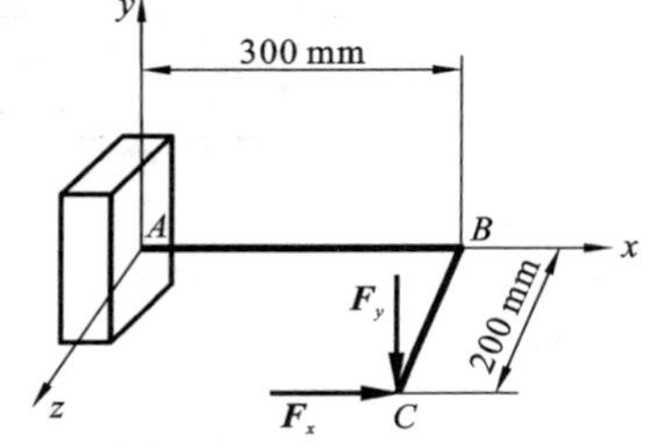

图 8.14 例 8.8 图

解 根据受力情况判断，杆件在 BC 段发生斜弯曲变形，在 AB 段发生拉弯扭组合变形。固定端 A 处截面为危险截面。

(1) 分析危险截面的内力。

固定端 A 处截面的内力有轴力、剪力、扭矩和弯矩，分别为

$$F_N = F_x = 2\ \text{kN}$$
$$F_S = F_y = 1\ \text{kN}$$
$$T = F_y \times 200 = 200\ \text{kN} \cdot \text{mm}$$
$$M_z = F_y \times 300 = 300\ \text{kN} \cdot \text{mm}$$
$$M_y = F_x \times 200 = 400\ \text{kN} \cdot \text{mm}$$

(2) 分析危险截面上危险点的应力。

危险截面的合成弯矩为

$$M = \sqrt{M_z^2 + M_y^2} = 500\ \text{kN} \cdot \text{mm}$$

危险点的正应力为

$$\sigma = \frac{F_N}{A} + \frac{M}{W} = \frac{2 \times 10^3}{\pi \times 40^2/4} + \frac{500 \times 10^3}{\pi \times 40^3/32} = 81.2\ (\text{MPa})$$

切应力为

$$\tau = \frac{T}{W_T} = \frac{T}{2W} = \frac{200 \times 10^3}{\pi \times 40^3/16} = 15.9\ (\text{MPa})$$

(3) 进行强度校核。

根据第三强度理论：

$$\sigma_{r3} = \sqrt{\sigma^2 + 4\tau^2} = \sqrt{81.2^2 + 4 \times 15.9^2} = 87.2\ (\text{MPa}) < [\sigma] = 100\ \text{MPa}$$

可见，折杆满足强度条件。

习　　题

8.1 一点的应力状态如图 8.15 所示(图中应力单位为 MPa)，试求：

(1) 主应力和主平面的位置；

(2) 最大切应力；

(3) 应力圆。

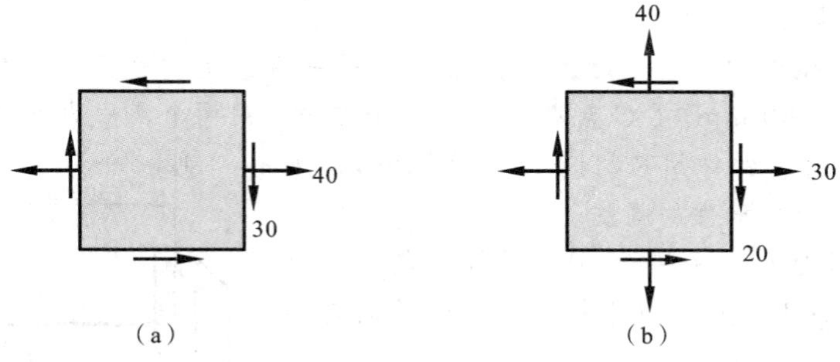

图 8.15　题 8.1 图

8.2 工字形截面的简支梁受力如图 8.16 所示，材料的许用应力 $[\sigma] = 160$ MPa，试按第三强度理论校核其强度。

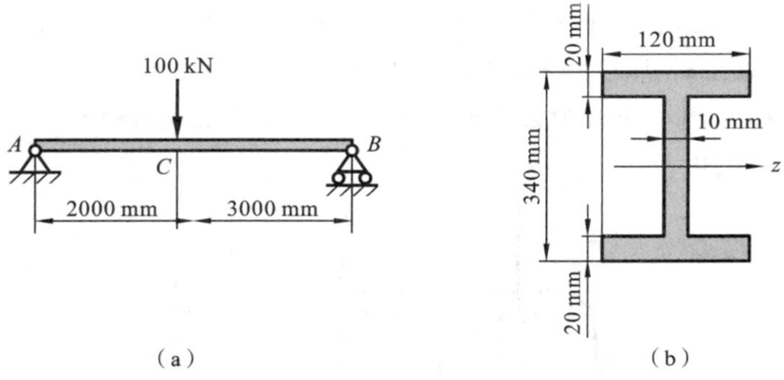

图 8.16　题 8.2 图

8.3　图 8.17 所示的板条形拉杆的截面为 40 mm×5 mm 的矩形，沿杆轴线作用拉力 $F=12$ kN。拉杆有一切口，不考虑应力集中的影响，当材料的许用应力$[\sigma]=100$ MPa 时，试确定切口容许的最大深度 a。

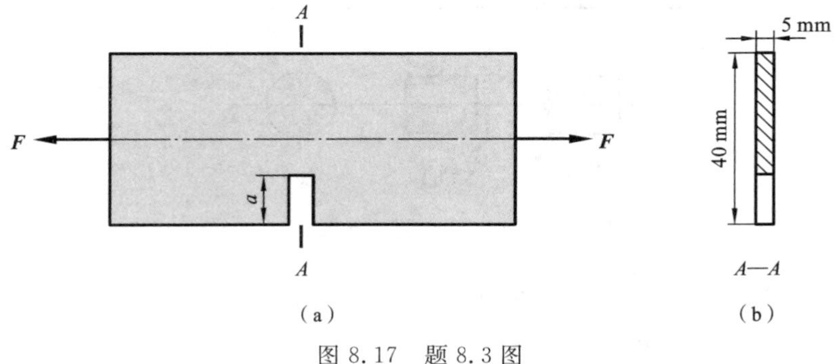

图 8.17　题 8.3 图

8.4　图 8.18 所示的圆形截面杆受偏心拉力 **F** 作用。已知杆直径为 d，求截面内的最大拉应力和最大压应力。

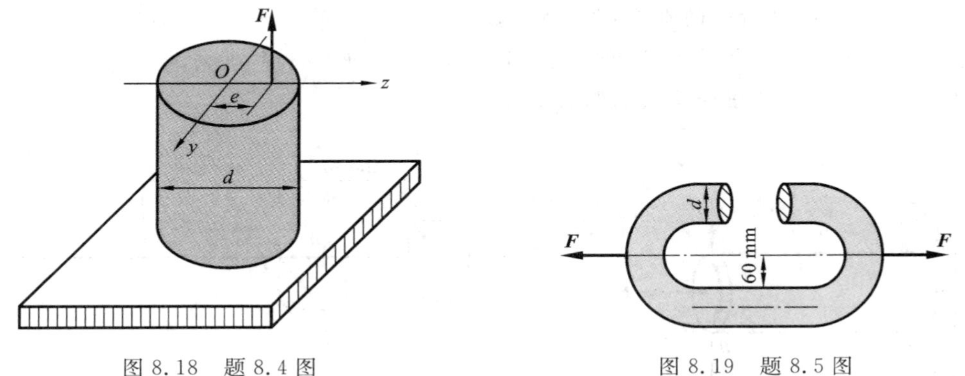

图 8.18　题 8.4 图　　图 8.19　题 8.5 图

8.5　图 8.19 所示为链条中的一环，受到拉力 $F=10$ kN 作用。已知链环的横

截面为直径 $d=60$ mm 的圆形，材料的许用应力$[\sigma]=80$ MPa，试校核链条的强度。

8.6　杆件在三种情况下的受力如图 8.20 所示。在图 8.20(a)、(b)中，杆均为正方形截面，图 8.20(c)中杆件为圆形截面。若杆件的横截面面积相等，试求三杆中最大的拉压应力之比。

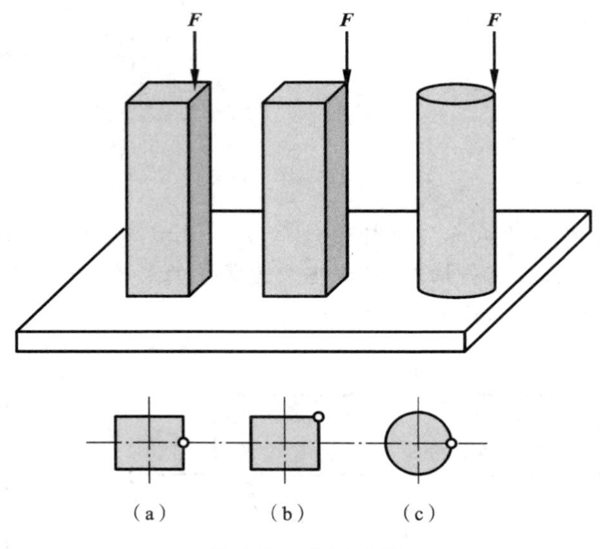

图 8.20　题 8.6 图

8.7　如图 8.21 所示的圆形截面悬臂梁，$d=80$ mm，$F_1=60$ kN，$F_2=3$ kN，$M=1.6$ kN·m，$l=800$ mm。

(1) 试指出危险截面和危险点的位置；

(2) 画出危险点的应力状态；

(3) 如果材料的许用应力为$[\sigma]=160$ MPa，试按第四强度理论校核其强度。

8.8　图 8.22 所示的水平钢架由直径 $d=80$ mm 的圆形截面钢杆组成，AB 垂直于 CD，铅垂作用力 $F_1=2$ kN，$F_2=4$ kN，$F_3=2$ kN，材料的许用应力$[\sigma]=100$ MPa，试用第三强度理论校核钢架的强度。

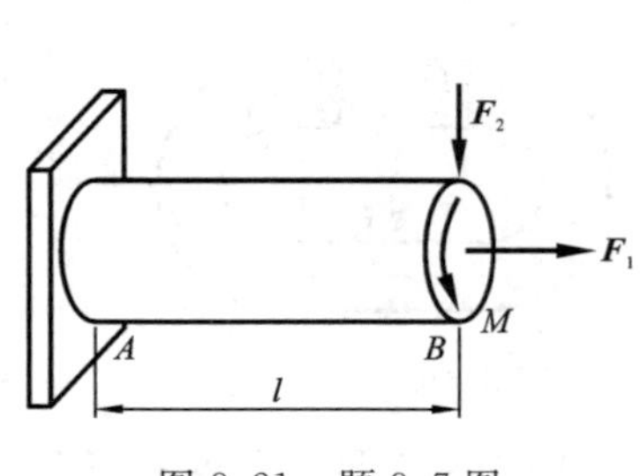

图 8.21　题 8.7 图

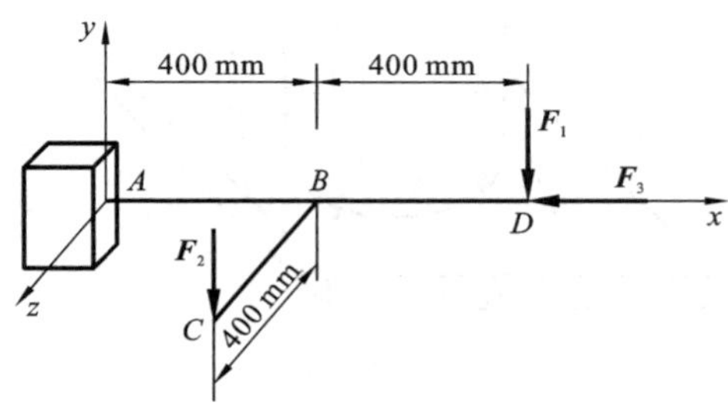

图 8.22　题 8.8 图

8.9　等截面圆轴如图 8.23 所示，轴的直径为 $d=80$ mm，轮 C 直径 $d_1=400$ mm，轮 D 直径 $d_2=600$ mm，$F_x=4$ kN，$F_z=6$ kN，轴材料的许用应力$[\sigma]=70$ MPa，试按第三强度理论校核轴的强度。

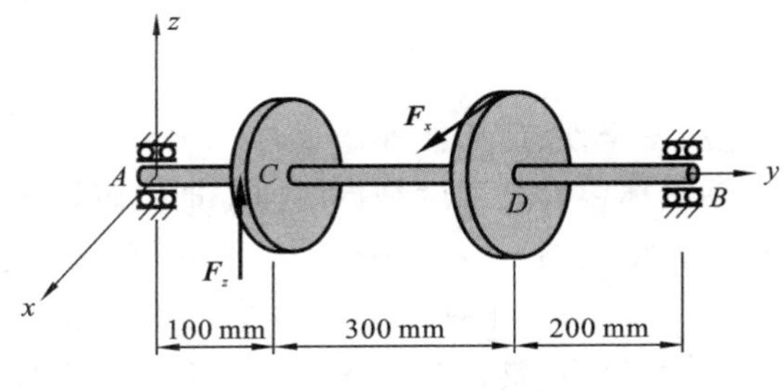

图 8.23　题 8.9 图

8.10　钢传动轴如图 8.24 所示。齿轮 A 的直径 $d_A=200$ mm，齿轮 D 的直径 $d_D=400$ mm。已知 $F_{Ay}=3.64$ kN，$F_{Az}=10$ kN，$F_{Dy}=5$ kN，$F_{Dz}=1.82$ kN，若材料的许用应力$[\sigma]=120$ MPa，试按第三强度理论设计轴的直径 d。

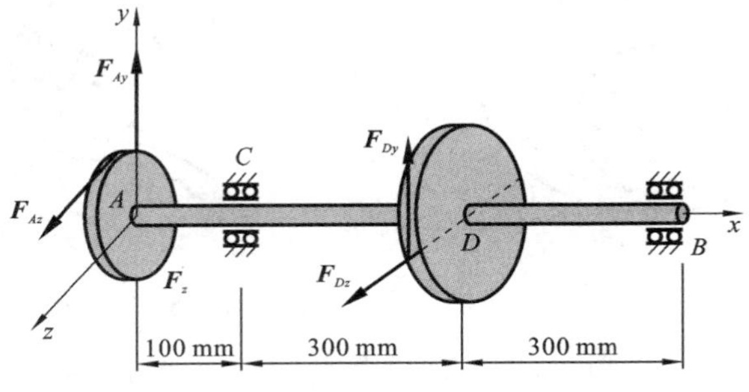

图 8.24　题 8.10 图

第 9 章　压杆的稳定性

结构可靠性设计包括安全性、适用性和耐久性三项要求，而在安全性要求中，有强度、刚度和稳定性三项具体内容。强度是指结构件抵抗破坏的能力，刚度是指结构件抵抗变形的能力，稳定性则是指结构件保持原有平衡形态的能力。物体的平衡有稳定的平衡和不稳定的平衡之分。平衡中的物体受到外界干扰，可能偏离原来的平衡状态。如果外界干扰消除以后，物体能够恢复到原来的平衡状态，那么这样的平衡就是稳定的，否则就是不稳定的。在图 9.1 中，小球在凹面中的平衡就是稳定的，而在凸面上的平衡则不稳定。轴向受压的杆件，如果受到随机的横向力的干扰，就可能离开沿原轴线位置的平衡状态，从而发生失稳。受压杆件的这种失稳现象也称为**屈曲**(buckling)。

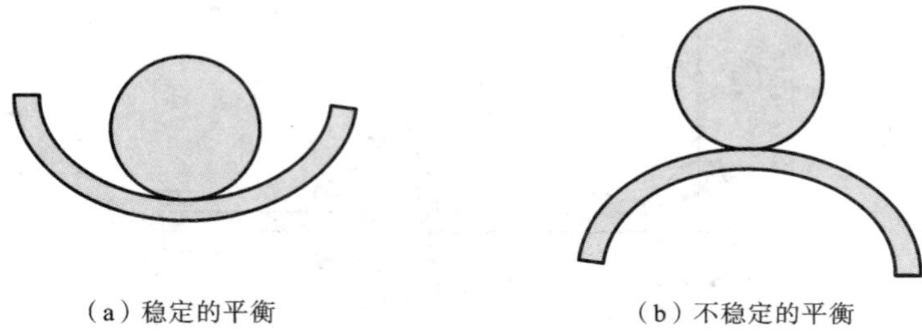

图 9.1　稳定的平衡和不稳定的平衡

在前面的章节中，我们讨论了杆件的强度和刚度问题，本章我们将讨论轴向受压杆件的稳定性问题。

9.1　两端铰支的细长压杆

如图 9.2(a)所示的细长直杆，两端分别受固定铰支座和活动铰支座约束。压力 $\boldsymbol{F}$ 沿杆件轴线。以受固定铰支座约束的一端为原点，沿杆件轴线方向为 x 轴。假设杆件受到横向扰动作用后处于微弯平衡状态，则在距离原点 x 处的杆件横截面上将有轴力 F_N 和弯矩 M 两种内力，如图 9.2(b)所示。显然，有

$$F_N = -F, \quad M = -Fy$$

因此，梁的挠曲线微分方程为

$$y'' = -\frac{F}{EI}y \tag{9.1}$$

式中：I 是杆件横截面对垂直于横向扰动力的中性轴的惯性矩。由于横向扰动作用是随机的，杆件总是最容易绕惯性矩最小的轴发生失稳，因此 I 应取横截面最小的惯性矩。令

$$k^2=\frac{F}{EI} \tag{9.2}$$

则梁的挠曲线微分方程可以简化为

$$y''+k^2y=0 \tag{9.3}$$

这是一个二阶常系数齐次微分方程。它的通解为

$$y=C_1\sin kx+C_2\cos kx \tag{9.4}$$

式中：C_1 和 C_2 为积分常数。

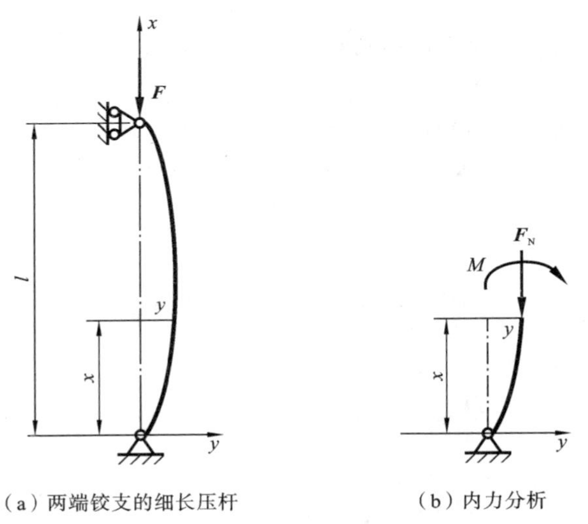

（a）两端铰支的细长压杆　（b）内力分析

图 9.2　两端铰支的细长压杆的稳定性

根据边界条件，有：当 $x=0$ 时，$y=0$；当 $x=l$ 时，$y=0$。将其代入式(9.4)，得到

$$C_2=0 \tag{9.5}$$

$$C_1\sin kl=0 \tag{9.6}$$

为了满足式(9.6)，要求 C_1 或 $\sin kl$ 等于零。考虑到 C_2 为零，如果 C_1 也等于零，则式(9.4)毫无意义。因此，只有

$$\sin kl=0 \tag{9.7}$$

由此得到解

$$k=\frac{n\pi}{l},\quad n=0,\ 1,\ 2,\cdots \tag{9.8}$$

将式(9.8)代入式(9.2)得到

$$F=\frac{n^2\pi^2 EI}{l^2} \tag{9.9}$$

由于 n 可以取非负的任意整数，从理论上来说，能使压杆保持曲线平衡的压力是多值的。当 $n=1$ 时，得到最小的非零压力，即

$$F_{cr}=\frac{\pi^2 EI}{l^2} \tag{9.10}$$

这就是保持两端铰支的细长压杆稳定的**临界压力**(critical load)。式(9.10)称为计算两端铰支的细长压杆临界压力的**欧拉公式**。

将式(9.5)和式(9.8)代入式(9.4)，并取 $n=1$，得

$$y=C_1\sin\frac{\pi}{l}x \tag{9.11}$$

可见，两端铰支的细长压杆达到临界状态时的挠曲线为一条正弦曲线，其最大挠度 C_1 取决于杆件微弯的程度。

例 9.1 直径 $d=20$ mm，长度 $l=800$ mm 的圆形截面直杆的两端铰支。已知材料的弹性模量 $E=200$ GPa，屈服强度 $\sigma_s=240$ MPa，试求其临界压力和屈服载荷。

解 (1) 临界压力。

截面惯性矩为

$$I=\frac{\pi d^4}{64}=\frac{\pi\times 20^4}{64}=7854\ (\text{mm}^4)$$

根据式(9.10)，临界压力为

$$F_{cr}=\frac{\pi^2 EI}{l^2}=\frac{\pi^2\times 200\times 10^3\times 7854}{800^2}=2.42\times 10^4(\text{N})$$

(2) 屈服载荷。

根据压杆的屈服条件 $\sigma=\frac{F}{A}=\sigma_s$，屈服载荷为

$$F_s=\sigma_s A=240\times\frac{\pi\times 20^2}{4}=7.54\times 10^4(\text{N})$$

所以，当轴向压力达到 F_{cr} 时，杆将首先发生屈曲失稳。

例 9.2 如图 9.3 所示，两端铰支的矩形截面细长压杆的材料为 Q235 钢，$E=206$ GPa，试按欧拉公式计算其临界压力。

解 由杆件的截面形状可以知道，$I_y<I_z$，因此杆件容易在 Oxz 平面内发生屈曲失稳。

$$I=I_y=\frac{40\times 20^3}{12}=2.67\times 10^4(\text{mm})$$

根据式(9.10)，临界压力为

$$F_{cr}=\frac{\pi^2 EI}{l^2}=\frac{\pi^2\times 206\times 10^3\times 2.67\times 10^4}{1000^2}=5.43\times 10^4(\text{N})$$

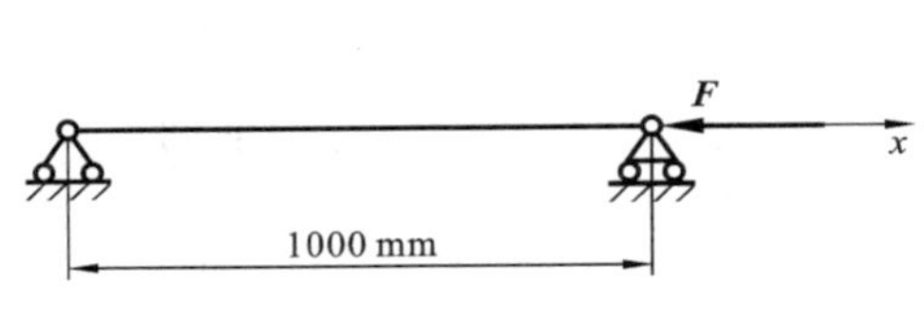

(a) 两端铰支的细长压杆

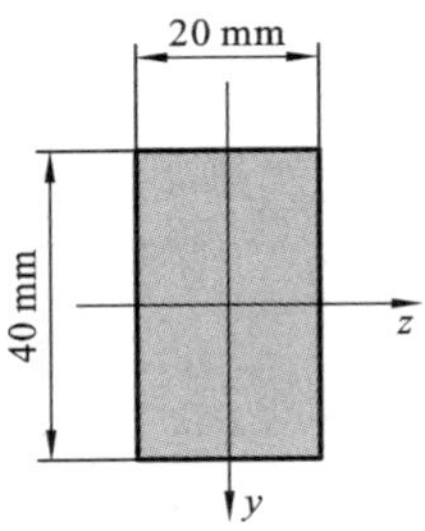

(b) 杆件截面尺寸

图 9.3　例 9.2 图

9.2　其他约束情况下的细长压杆

除了两端铰支的情况以外，细长压杆还有其他的约束情况。一般来说，约束情况不同，临界压力的表达式也不完全相同。利用与上节类似的分析方法，可以获得在其他约束情况下的细长压杆临界压力的表达式。

对于图 9.4(a)所示的一端自由、一端固定的细长压杆，临界压力的表达式为

$$F_{cr}=\frac{\pi^2 EI}{(2l)^2} \tag{9.12}$$

对于图 9.4(b)所示的一端铰支、一端固定的细长压杆，临界压力的表达式为

$$F_{cr}=\frac{\pi^2 EI}{(0.7l)^2} \tag{9.13}$$

而对于图 9.4(c)所示的两端固定的细长压杆，临界压力的表达式为

$$F_{cr}=\frac{\pi^2 EI}{(0.5l)^2} \tag{9.14}$$

可以看出，式(9.10)、式(9.12)～式(9.14)可以统一表示为

$$F_{cr}=\frac{\pi^2 EI}{(\mu l)^2} \tag{9.15}$$

这是针对所有约束情况的**欧拉公式的统一表达式**。式中，μ 称为**长度因数**(factor of length)，反映杆端约束对细长压杆临界压力的影响；μl 是把不同约束压杆折算成两端铰支杆时的长度，称为**相当长度**(equivalent length)。显然，对于两端铰支的情况，$\mu=1$；对于一端自由、一端固定的情况，$\mu=2$；对于一端铰支、一端固定的情况，$\mu=0.7$；对于两端固定的情况，$\mu=0.5$。很明显，约束条件越苛刻，长度因数越小，计算长度越短，临界压力越大，压杆的稳定性会越高。

在工程实际中，受压杆件两端的实际约束情况往往比较复杂，需要结合具体情况分析其约束类型。在桁架结构中，杆件与节点的连接常采用焊接或铆接方式，它们对杆件在连接处的转动约束不强，因此可以偏于安全地将它们简化成铰接。如果杆件

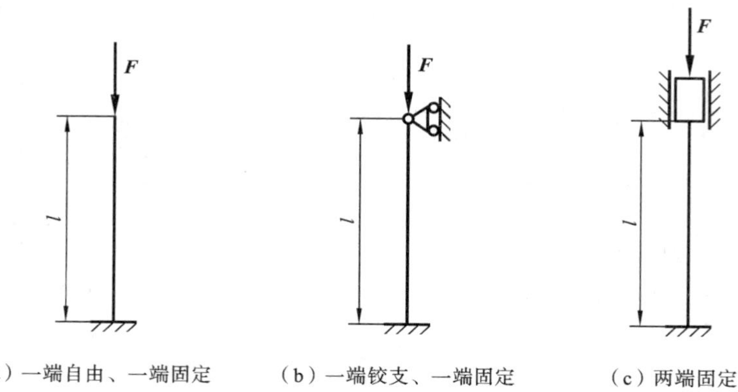

(a) 一端自由、一端固定　　(b) 一端铰支、一端固定　　(c) 两端固定

图 9.4　其他约束条件下的细长压杆的稳定性

与接头之间采用圆柱销钉连接，则杆件在连接处可以绕销钉转动。因此在绕销钉的方向，连接可以看作铰接，但在绕垂直于销钉的方向，杆件在连接处的转动受到完全约束，连接应该处理成固定端。

例 9.3　如图 9.5 所示的圆形截面承压杆件，直径 $d=20$ mm，材料为 Q235 钢，弹性模量 $E=200$ GPa，屈服应力 $\sigma_s=235$ MPa，试计算压杆的临界载荷。

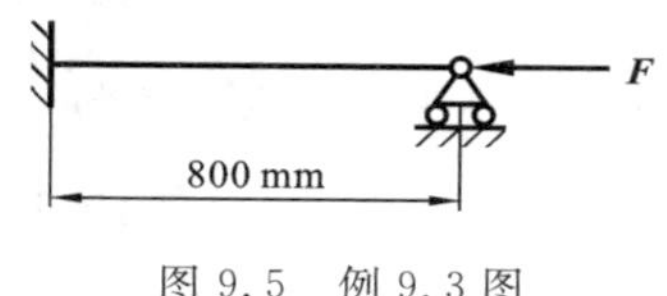

图 9.5　例 9.3 图

解　杆件一端固定、一端铰支，因此 $\mu=0.7$。根据式(9.15)，杆件失稳的临界压力为

$$F_{cr}=\frac{\pi^2 EI}{(\mu l)^2}=\frac{\pi^2\times 200\times 10^3\times \pi\times 20^4}{(0.7\times 800)^2\times 64}=4.9\times 10^4\,(\text{N})$$

另外，根据屈服条件，能使压杆屈服的轴向压力为

$$F_s=A\sigma_s=\frac{\pi\times 20^2}{4}\times 235=7.38\times 10^4\,(\text{N})$$

可见，压杆更容易发生失稳，因此它的临界载荷为 $F_{cr}=4.9\times 10^4$ N。

例 9.4　如图 9.6(a)所示的矩形截面压杆，$b=0.12$ m，$h=0.2$ m，$l=8$ m，受圆柱销钉约束。已知材料的弹性模量 $E=10$ GPa，试求在图 9.6(b)、(c)两种销钉约束方向下杆的临界载荷。

解　(1) 约束方向一。

考虑杆件在 Oyz 平面内的失稳情况。此时，杆件两端可以视为固支，截面的惯性矩为

$$I=I_x=\frac{b\times h^3}{12}=\frac{(0.12\times 10^3)\times(0.2\times 10^3)^3}{12}=8\times 10^7\,(\text{mm}^4)$$

因此，临界压力为

$$F_{cr1}=\frac{\pi^2 EI}{(\mu l)^2}=\frac{\pi^2\times10\times10^3\times8\times10^7}{(0.5\times8000)^2}=4.94\times10^5(\mathrm{N})$$

再考虑杆件在 Oxy 平面内的失稳情况。此时，杆件两端可以视为铰支，截面的惯性矩为

$$I=I_z=\frac{h\times b^3}{12}=\frac{(0.2\times10^3)\times(0.12\times10^3)^3}{12}=2.88\times10^7(\mathrm{mm}^4)$$

因此，临界压力为

$$F_{cr2}=\frac{\pi^2 EI}{(\mu l)^2}=\frac{\pi^2\times10\times10^3\times2.88\times10^7}{(1\times8000)^2}=4.44\times10^4(\mathrm{N})$$

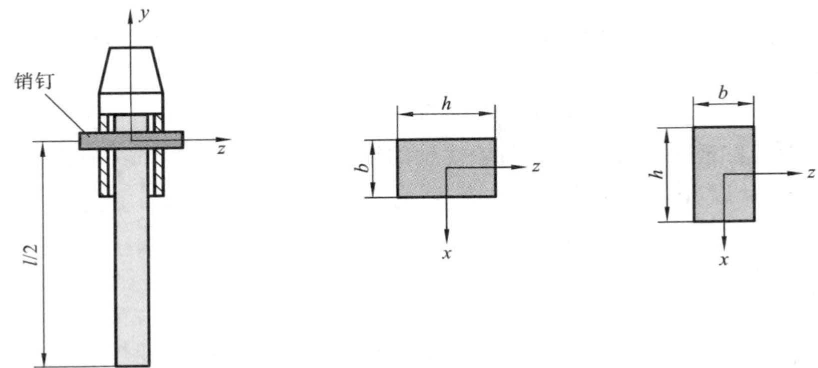

(a) 受销钉约束的矩形截面压杆　　(b) 约束方向一　　(c) 约束方向二

图 9.6　例 9.4 图

(2) 约束方向二。

考虑杆件在 Oyz 平面内的失稳情况。此时，杆件两端可以视为固支，截面的惯性矩为

$$I=I_x=\frac{h\times b^3}{12}=\frac{(0.2\times10^3)\times(0.12\times10^3)^3}{12}=2.88\times10^7(\mathrm{mm}^4)$$

因此，临界压力为

$$F_{cr3}=\frac{\pi^2 EI}{(\mu l)^2}=\frac{\pi^2\times10\times10^3\times2.88\times10^7}{(0.5\times8000)^2}=1.78\times10^5(\mathrm{N})$$

再考虑杆件在 Oxy 平面内的失稳情况。此时，杆件两端可以视为铰支，截面的惯性矩为

$$I=I_z=\frac{b\times h^3}{12}=\frac{(0.12\times10^3)\times(0.2\times10^3)^3}{12}=8\times10^7(\mathrm{mm}^4)$$

因此，临界压力为

$$F_{cr4}=\frac{\pi^2 EI}{(\mu l)^2}=\frac{\pi^2\times10\times10^3\times8\times10^7}{(1\times8000)^2}=1.23\times10^5(\mathrm{N})$$

(3) 临界载荷的确定。

通过比较可以看出，杆件采用如图 9.6(b)所示的销钉约束方向时，在 Oxy 平面内发生的失稳有最小的临界载荷：

$$F_{cr}=F_{cr2}=4.44\times10^4\ \mathrm{N}$$

9.3 压杆的柔度

根据细长压杆临界压力的一般公式(9.15)，可以得到临界应力：

$$\sigma_{cr}=\frac{F_{cr}}{A}=\frac{\pi^2EI}{(\mu l)^2A} \tag{9.16}$$

式中：A 为杆件的横截面面积。惯性矩 I 可以表示为杆件横截面面积 A 与某长度平方的乘积，即

$$I=Ai^2 \tag{9.17}$$

式中：i 为杆件横截面相对于弯曲中性轴的**惯性半径**(radius of inertia)。

将式(9.17)代入式(9.16)，并令

$$\lambda=\frac{\mu l}{i} \tag{9.18}$$

可以得到

$$\sigma_{cr}=\frac{\pi^2E}{\lambda^2} \tag{9.19}$$

式中：λ 为无量纲量，称为压杆的**柔度**或**长细比**(slenderness ratio)。它集中反映了压杆长度、杆端约束、截面尺寸和形状对临界应力的影响。当杆端约束条件一定(即给定 μ)时，杆件越长或截面惯性半径越小，则 λ 越大，杆件越细长，临界应力越小，越容易发生屈曲失稳。

由于欧拉公式是在线弹性条件下获得的，因此由式(9.19)给出的临界应力必须不大于材料的比例极限 σ_p，即

$$\sigma_{cr}=\frac{\pi^2E}{\lambda^2}\leqslant\sigma_p \tag{9.20}$$

由此可得

$$\lambda\geqslant\pi\sqrt{\frac{E}{\sigma_p}}=\lambda_p \tag{9.21}$$

因此，只有当 $\lambda\geqslant\lambda_p$ 时，临界压力公式(9.15)和临界应力公式(9.19)才成立。我们称柔度 $\lambda\geqslant\lambda_p$ 的压杆为**细长杆**或**大柔度杆**。λ_p 仅与材料的弹性模量和比例极限有关。

如果杆件的柔度或长细比略小于 λ_p，那么压杆就不会在比例极限 σ_p 范围内发生屈曲失稳。当杆件发生屈曲失稳时，有 $\sigma_p<\sigma_{cr}<\sigma_s$，这里 σ_s 是材料的屈服应力。如果杆件材料不是延性材料而是脆性材料，则 σ_s 可以用压缩极限应力 σ_{cu} 来替换。由于 $\sigma_{cr}>\sigma_p$，材料不再是线弹性的，而是进入非线性弹性阶段，甚至局部进入屈服阶段，因

此计算临界应力的欧拉公式已经不再适用。工程上，大多采用直线式的经验公式来计算临界应力：

$$\sigma_{cr}=a-b\lambda \tag{9.22}$$

式中：a 和 b 为与材料相关的常数，单位为 MPa。当 $\sigma_{cr}=\sigma_s$ 或 σ_{cu} 时，$\lambda=\lambda_s=\dfrac{a-\sigma_s}{b}$ 或 $\lambda=\lambda_s=\dfrac{a-\sigma_{cu}}{b}$。$\lambda_s$ 是采用式(9.22)计算压杆临界应力的 λ 的下限值，它与材料的压缩屈服应力 σ_s 或压缩极限应力 σ_{cu} 有关。表 9.1 列出了几种常用工程材料的稳定性参数。

表 9.1　几种常用工程材料的稳定性参数

材料	a/MPa	b/MPa	λ_p	λ_s
低碳钢	310	1.14	100	60
优质碳钢	461	2.57	100	60
硅钢	577	3.74	100	60
铬钼钢	980	5.29	55	
硬铝	372	2.14	50	
灰口铸铁	331.9	1.453	80	
木材	28.7	0.19	110	

我们称柔度满足 $\lambda_s\leqslant\lambda<\lambda_p$ 的压杆为**中长杆**或**中柔度杆**。

如果 $\lambda<\lambda_s$，那么压杆就属于**短粗杆**或**小柔度杆**。在此情况下，杆件的临界应力完全由压缩强度决定，即

$$\sigma_{cr}=\sigma_s \tag{9.23}$$

根据式(9.20)、式(9.22)和式(9.23)，可以绘出压杆临界应力随其柔度变化的曲线，如图 9.7 所示，称为**压杆临界应力总图**。

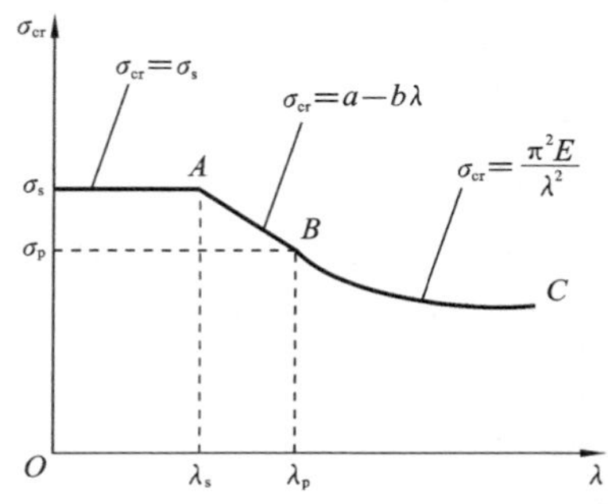

图 9.7　压杆临界应力总图

例 9.5 低碳钢压杆两端铰支，杆直径 $d=40$ mm，已知 $\sigma_s=242$ MPa，$E=200$ GPa，若杆长 $l_1=1.5$ m，$l_2=0.8$ m，$l_3=0.5$ m，试计算各杆的临界应力和临界载荷。

解 (1) 确定低碳钢的各种参数。

由表 9.1 可以知道，对于低碳钢：

$$\lambda_p=100,\quad \lambda_s=60,\quad a=310\ \text{MPa},\quad b=1.14\ \text{MPa}$$

(2) 计算杆的柔度。

由式(9.17)可以得到圆形截面杆的惯性半径：

$$i=\sqrt{\frac{I}{A}}=\sqrt{\frac{\pi d^4/64}{\pi d^2/4}}=\frac{d}{4}=10\ \text{mm}$$

压杆两端铰支，$\mu=1$，所以各杆的柔度为

$$\lambda_1=\frac{\mu l_1}{i}=\frac{1.5\times 10^3}{10}=150$$

$$\lambda_2=\frac{\mu l_2}{i}=\frac{0.8\times 10^3}{10}=80$$

$$\lambda_3=\frac{\mu l_3}{i}=\frac{0.5\times 10^3}{10}=50$$

(3) 计算各杆的临界应力和临界载荷。

杆 1：$\lambda_1=150>\lambda_p=100$，所以杆 1 为大柔度杆，由式(9.19)，杆 1 的临界应力和临界载荷分别为

$$\sigma_{cr1}=\frac{\pi^2 E}{\lambda^2}=\frac{\pi^2\times 200\times 10^3}{150^2}=87.73\ (\text{MPa})$$

$$F_{cr1}=\sigma_{cr1}A=87.73\times \pi d^2/4=1.10\times 10^5\ \text{N}$$

杆 2：$\lambda_s=60<\lambda_2=80<\lambda_p=100$，所以杆 2 为中柔度杆，由式(9.22)，杆 2 的临界应力和临界载荷分别为

$$\sigma_{cr2}=a-b\lambda=310-1.14\times 80=218.8\ (\text{MPa})$$

$$F_{cr2}=\sigma_{cr2}A=218.8\times \pi d^2/4=2.75\times 10^5\ \text{N}$$

杆 3：$\lambda_3=50<\lambda_s=60$，所以杆 3 为小柔度杆，由式(9.23)，杆 3 的临界应力和临界载荷分别为

$$\sigma_{cr3}=\sigma_s=242\ \text{MPa}$$

$$F_{cr3}=\sigma_{cr3}A=242\times \pi d^2/4=3.04\times 10^5\ \text{N}$$

例 9.6 如图 9.8 所示的矩形截面压杆，$b=40$ mm，$h=60$ mm，$l=2$ m，两端采用圆柱销钉铰接。已知压杆材料为低碳钢，弹性模量 $E=200$ GPa，试求它的临界载荷。

解 (1) 计算杆件柔度。

在 Oxy 平面内：

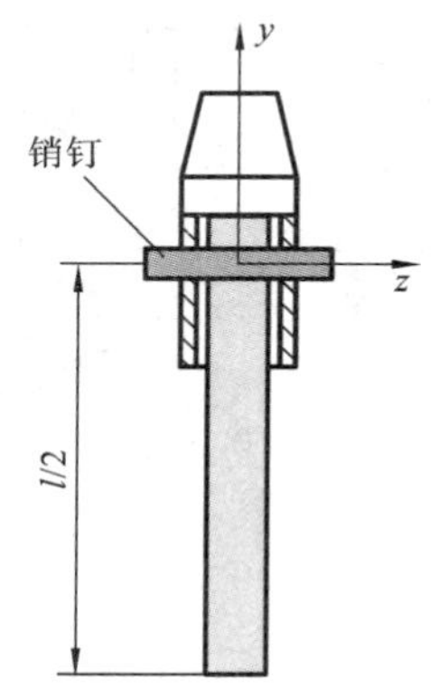

(a) 受销钉约束的矩形截面压杆

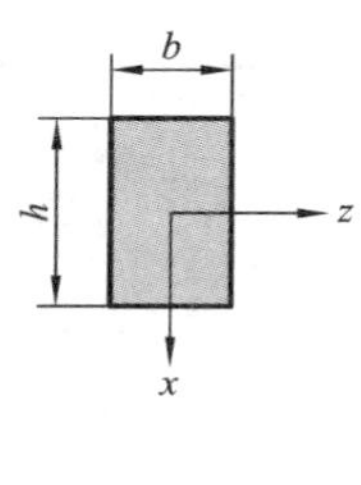

(b) 杆件截面尺寸

图 9.8　例 9.6 图

$$i_z=\sqrt{\frac{I_z}{A}}=\sqrt{\frac{bh^3/12}{bh}}=\frac{h}{\sqrt{12}}=17.32\ \text{mm}$$

杆件两端铰支，$\mu=1$，所以杆件柔度为

$$\lambda_z=\frac{\mu l}{i_z}=\frac{2\times10^3}{17.32}=115.5$$

在 Oyz 平面内：

$$i_x=\sqrt{\frac{I_x}{A}}=\sqrt{\frac{b^3h/12}{bh}}=\frac{b}{\sqrt{12}}=11.55\ \text{mm}$$

杆件两端固支，$\mu=0.5$，所以杆件柔度为

$$\lambda_x=\frac{\mu l}{i_x}=\frac{0.5\times2\times10^3}{11.55}=86.6$$

(2) 计算临界载荷。

因为 $\lambda_z>\lambda_x$，所以杆件将首先在 Oxy 平面内发生失稳。对于低碳钢，$\lambda_p=100$。由于 $\lambda_z>\lambda_p$，杆件为大柔度杆。根据式(9.19)，可以求得

$$\sigma_{cr}=\frac{\pi^2E}{\lambda^2}=\frac{\pi^2\times200\times10^3}{115.5^2}=148\ (\text{MPa})$$

$$F_{cr}=\sigma_{cr}A=148\times40\times60=3.55\times10^5(\text{N})$$

例 9.7　如图 9.9 所示的活塞杆，杆径 $d=40$ mm，最大外伸长度为 $l=1$ m。杆件采用硅钢制作，弹性模量 $E=200$ GPa，$\lambda_p=100$，试确定它的临界载荷。

解　(1) 计算活塞杆的柔度。

当活塞杆靠近缸体左侧顶盖时，活塞杆外伸部分最长，稳定性最低。另外，活塞杆可以看作一端固定、一端自由的压杆，$\mu=2$。因此，有

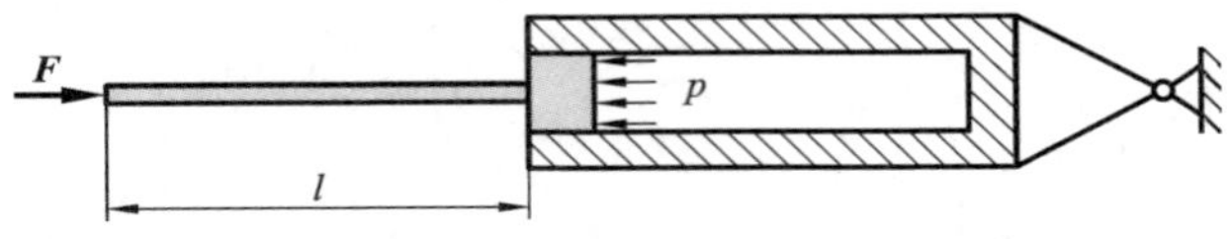

图 9.9 例 9.7 图

$$i=\sqrt{\frac{I}{A}}=\sqrt{\frac{\pi d^4/64}{\pi d^2/4}}=\frac{d}{4}=10\ \text{mm}$$

$$\lambda=\frac{\mu l}{i}=\frac{2\times 1\times 10^3}{10}=200$$

(2) 计算活塞杆的临界载荷。

由于 $\lambda>\lambda_p$,活塞杆为大柔度杆,其临界应力为

$$\sigma_{cr}=\frac{\pi^2 E}{\lambda^2}=\frac{\pi^2\times 200\times 10^3}{200^2}=49\ (\text{MPa})$$

因此,它的临界载荷为

$$F_{cr}=\sigma_{cr}A=49\times\pi\times 40^2/4=6.16\times 10^4\,(\text{N})$$

9.4 压杆的稳定性条件与稳定性设计

9.4.1 稳定性条件

受压杆件的屈曲失稳是在其截面应力小于压缩屈服极限或压缩极限应力的条件下发生的。对于大柔度杆,发生失稳的临界应力按照欧拉公式计算,而对于中柔度杆,临界应力则按照直线式的经验公式来计算。考虑到约束简化、载荷估计、杆件尺寸等方面的误差,以及材料性质的分散性,进行压杆稳定性设计时,需要预留必要的安全裕量。

引入**稳定安全因数** n_{st},为了保证杆件在轴向压力作用下不会发生失稳,要求满足

$$F\leqslant\frac{F_{cr}}{n_{st}}=[F_{st}] \tag{9.24}$$

式中:$[F_{st}]$为满足稳定性要求的**许用压力**。

将式(9.24)等号两边同时除以杆件的横截面面积,得到

$$\sigma\leqslant\frac{\sigma_{cr}}{n_{st}}=[\sigma_{st}] \tag{9.25}$$

式中:$[\sigma_{st}]$为满足稳定性要求的**许用应力**。

式(9.24)和式(9.25)是**压杆稳定性条件**的两种表现形式。稳定安全因数一般大

于强度安全因数，其值可以从有关设计规范与手册中查得。表 9.2 列出了几种常见压杆的稳定安全因数。

表 9.2　几种常见压杆的稳定安全因数

常见压杆	金属结构中的压杆	矿山、冶金设备中的压杆	机床丝杠	精密丝杠	水平长丝杠	磨床油缸活塞杆	低速发动机挺杆	高速发动机挺杆
n_{st}	1.8～3.0	4～8	2.5～4	>4	>4	2～5	4～6	2～5

9.4.2　稳定性设计

利用稳定性条件，可以进行压杆稳定性设计。压杆的合理设计，需要从以下三个方面进行考虑。

(1) 合理选择杆件材料。大柔度压杆的临界应力与材料的弹性模量有关。弹性模量越高，越有利于提高压杆的稳定性。不过，由于各种钢和合金钢弹性模量大致相同，仅从稳定性的角度考虑，选择高强度的合金钢材料制作大柔度压杆没有必要。中柔度压杆的临界应力与材料的比例极限、压缩屈服应力或压缩极限应力等有关，因此选择高强度材料制作中柔度压杆对提高稳定性是有利的。

(2) 合理选择截面形状。对于大柔度和中柔度压杆，柔度越小，临界应力越高。根据 $\lambda=\frac{\mu l}{i}=\mu l\sqrt{\frac{A}{I}}$，对于一定长度和约束方式的压杆，在横截面面积保持一定的情况下，惯性矩越大，柔度越小，越有利于提高稳定性。另外，考虑到压杆总是在稳定性最弱的方向失稳，因此理想的设计是在考虑不同方向的约束条件以后，使各个方向具有近似相等的柔度。

(3) 合理选择约束方式和杆件长度。对于大柔度压杆，失稳临界压力与相当长度的平方成反比，因此增强对压杆的约束和合理选择杆件长度，可以显著提高压杆的稳定性。

例 9.8　如图 9.10 所示的千斤顶，最大顶升高度 $l=350$ mm，最大顶升力 $F=80$ kN。千斤顶的圆形截面丝杆采用优质碳钢制成，直径 $d=40$ mm。若规定的许用稳定安全因数 $n_{st}=4$，试校核其稳定性。

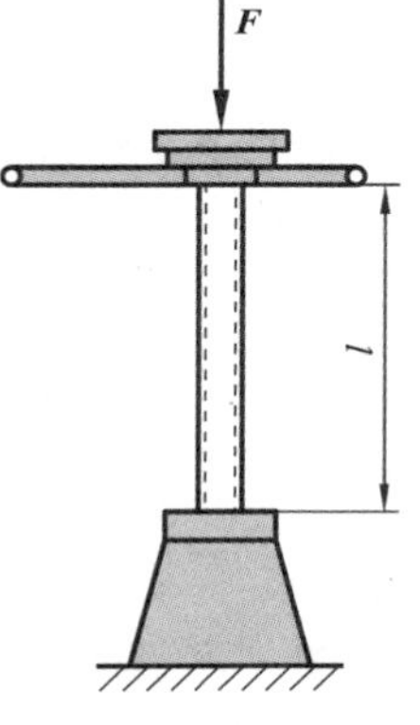

图 9.10　例 9.8 图

解　(1) 确定稳定性参数。

由表 9.1 可以知道，对于优质碳钢，有：$\lambda_p=100$，$\lambda_s=60$，$a=461$ MPa，$b=2.57$ MPa。

(2) 计算丝杆的柔度。

丝杆可以简化为下端固定、上端自由的压杆，因此 $\mu=2$，且

$$i=\sqrt{\frac{I}{A}}=\sqrt{\frac{\pi d^4/64}{\pi d^2/4}}=\frac{d}{4}=10\ \text{mm}$$

$$\lambda=\frac{\mu l}{i}=\frac{2\times 350}{10}=70$$

(3) 判断杆的类型,计算杆的临界压力。

由于$\lambda_s=60<\lambda=70<\lambda_p=100$,因此丝杆为中柔度杆。根据式(9.22),丝杆的临界应力和临界压力分别为

$$\sigma_{cr}=a-b\lambda=461-2.57\times 70=281.1\ (\text{MPa})$$

$$F_{cr}=\sigma_{cr}A=281.1\times\pi\times 40^2/4=3.53\times 10^5\ (\text{N})=353\ (\text{kN})$$

(4) 稳定性校核。

根据式(9.24),可以得到

$$[F_{st}]=\frac{F_{cr}}{n_{st}}=\frac{353}{4}=88.25\ (\text{kN})$$

所以,$F=80\ \text{kN}<[F_{st}]=88.25\ \text{kN}$。这表明丝杆是稳定的。

例 9.9 如图 9.11 所示的活塞杆,直径$d=40$ mm,最大外伸长度$l=1$ m。活塞杆材料为铬钼钢,有$\sigma_s=780$ MPa,$E=210$ GPa。若许用稳定安全因数$n_{st}=6$,试确定其许用压力$[F_{st}]$。

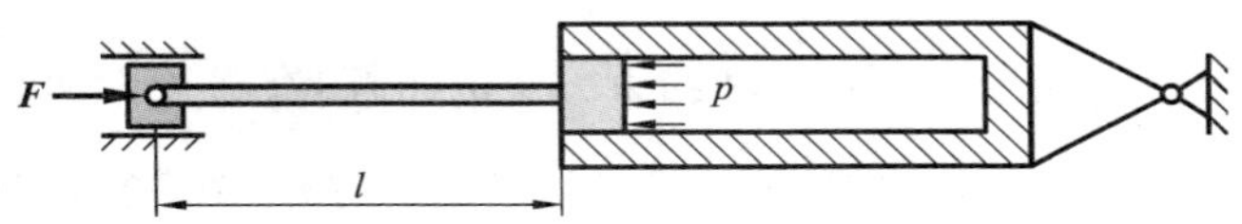

图 9.11 例 9.9 图

解 (1) 确定铬钼钢的稳定性参数。

根据表 9.1,对于铬钼钢,有:$\lambda_p=55$,$a=980$ MPa,$b=5.29$ MPa。

由$\sigma_s=a-b\lambda_s$,可以得到

$$\lambda_s=(a-\sigma_s)/b=(980-780)/5.29=37.8$$

(2) 计算杆的柔度。

活塞杆可以看作一端固定、一端铰支的压杆,因此$\mu=0.7$,且

$$i=\sqrt{\frac{I}{A}}=\sqrt{\frac{\pi d^4/64}{\pi d^2/4}}=\frac{d}{4}=10\ \text{mm}$$

$$\lambda=\frac{\mu l}{i}=\frac{0.7\times 1\times 10^3}{10}=70$$

(3) 判断杆的类型,计算杆的临界载荷。

由于$\lambda>\lambda_p$,活塞杆为大柔度杆,其临界应力和临界压力分别为

$$\sigma_{cr}=\frac{\pi^2 E}{\lambda^2}=\frac{\pi^2\times 210\times 10^3}{70^2}=423\ (\text{MPa})$$

$$F_{cr}=\sigma_{cr}A=423\times\pi\times40^2/4=5.32\times10^5(\text{N})$$

(4) 确定许用压力。

根据式(9.24),可以得到

$$[F_{st}]\leqslant\frac{F_{cr}}{n_{st}}=\frac{5.32\times10^5}{6}=8.87\times10^4(\text{N})$$

所以,活塞杆的最大许用压力为88.7 kN。

例9.10　图9.12(a)所示结构受集中力$F=12$ kN作用。斜撑杆BD为空心圆形截面杆件,其外径$D=45$ mm,内径$d=36$ mm。若已知稳定安全因数$n_{st}=2.5$,材料为Q235钢,试校核斜撑杆的稳定性。

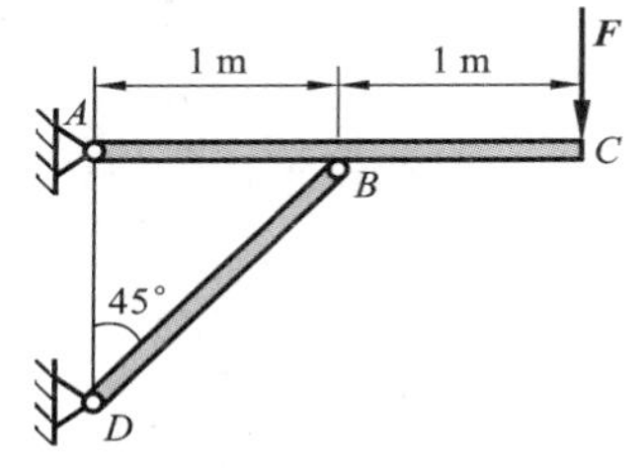

(a) 受集中力作用的结构

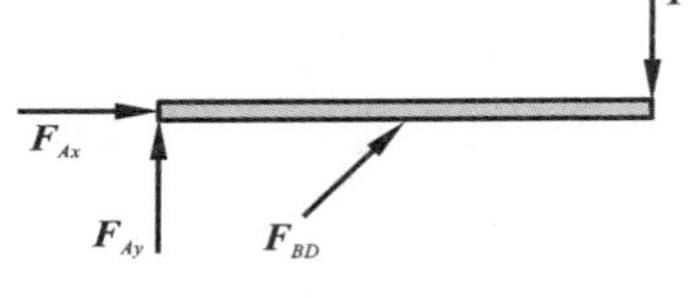

(b) 杆件AC的受力

图9.12　例9.10图

解　(1) 分析斜撑杆BD的受力。

以杆件AC为研究对象,其受力如图9.12(b)所示。根据以A点为矩心的平衡方程:

$$\sum M_A=0,\quad 2F-F_{BD}\cos45^\circ=0$$

可以求得斜撑杆BD的内力:

$$F_{BD}=24\sqrt{2}\ \text{kN}\ (\text{压力})$$

(2) 确定斜撑杆BD的稳定性参数。

由表9.1可以知道,对于低碳钢,有:$\lambda_p=100$,$\lambda_s=60$,$a=310$ MPa,$b=1.14$ MPa。

(3) 计算斜撑杆BD的柔度。

斜撑杆可以看作两端铰支的压杆,因此$\mu=1$,且

$$i=\sqrt{\frac{I}{A}}=\sqrt{\frac{\pi(D^4-d^4)/64}{\pi(D^2-d^2)/4}}=\frac{\sqrt{D^2+d^2}}{4}=14.4\ \text{mm}$$

$$\lambda=\frac{\mu l}{i}=\frac{\sqrt{2}\times10^3}{14.4}=98.2$$

(4) 判断压杆类型,计算压杆临界载荷。

由于$\lambda_s=60<\lambda=98.2<\lambda_p=100$,丝杆为中柔度杆。根据式(9.22),斜撑杆的临

界应力和临界载荷分别为

$$\sigma_{cr}=a-b\lambda=310-1.14\times98.2=198.1\ (\text{MPa})$$

$$F_{cr}=\sigma_{cr}A=198.1\times\pi\times(45^2-36^2)/4=1.13\times10^5(\text{N})=113\ (\text{kN})$$

(5) 稳定性校核。

根据式(9.24),可以得到

$$[F_{st}]=\frac{F_{cr}}{n_{st}}=\frac{113}{2.5}=45.2\ (\text{kN})$$

所以,$F=24\sqrt{2}$ kN$<[F_{st}]=45.2$ kN。这表明斜撑杆是稳定的。

例 9.11 在图 9.13(a)所示的结构中,梁 AB 为工字形钢梁,截面尺寸如图 9.13(b)所示,杆 CD 为圆形截面直杆,直径 $d=20$ mm。梁 AB 和杆 CD 都采用 Q235 钢制成。已知 B 点作用的集中力 $F=25$ kN,材料的屈服应力 $\sigma_s=235$ MPa,弹性模量 $E=200$ GPa,强度安全因数 $n_s=1.45$,稳定安全因数 $n_{st}=1.8$,试校核该结构是否安全。

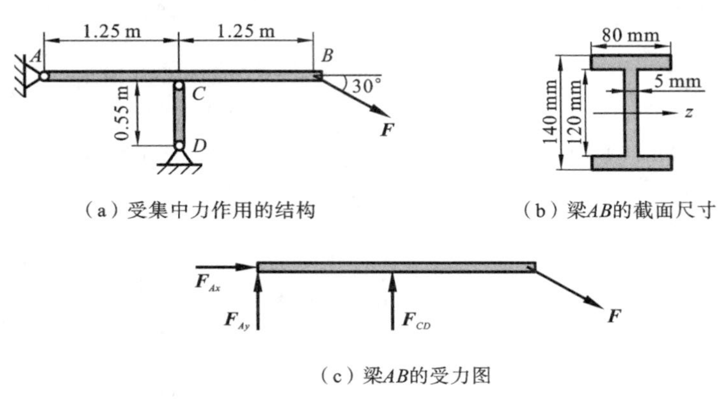

(a) 受集中力作用的结构

(b) 梁AB的截面尺寸

(c) 梁AB的受力图

图 9.13 例 9.11 图

解 (1) 求约束反力。

以梁 AB 为研究对象,其受力如图 9.13(c)所示。列平衡方程:

$$\sum M_A=0,\quad 2.5F\sin30^\circ-1.25F_{CD}=0$$

$$\sum F_x=0,\quad F_{Ax}+F\cos30^\circ=0$$

$$\sum F_y=0,\quad F_{Ay}+F_{CD}-F\sin30^\circ=0$$

联立求解,可得

$$F_{CD}=25\ \text{kN},\quad F_{Ax}=-\frac{25\sqrt{3}}{2}\ \text{kN},\quad F_{Ay}=-12.5\ \text{kN}$$

(2) 梁 AB 的强度分析。

根据图 9.13(c)所示的受力图可知,梁 AB 承受拉弯组合变形,并且弯矩的最大

值发生在 C 截面处。截面轴力和最大弯矩分别为

$$F_N=-F_{Ax}=\frac{25\sqrt{3}}{2}\ \text{kN}$$

$$M_{max}=|F_{Ay}|\times1.25=15.625\ \text{kN}\cdot\text{m}$$

根据图 9.13(b)所示的截面尺寸,可以计算得到

$$I_z=\frac{80\times140^3}{12}-\frac{75\times120^3}{12}=7.49\times10^6(\text{mm}^4)$$

$$W_z=\frac{I_z}{70}=1.07\times10^5\ \text{mm}^3$$

$$A=140\times80-120\times75=2.2\times10^3(\text{mm}^2)$$

因此,梁 AB 上的最大正应力为

$$\sigma_{max}=\frac{F_N}{A}+\frac{M_{max}}{W_z}=\frac{25\sqrt{3}\times10^3}{2\times2.2\times10^3}+\frac{15.625\times10^6}{1.07\times10^5}=155.9\ (\text{MPa})$$

材料的许用应力为

$$[\sigma]=\frac{\sigma_s}{n_s}=\frac{235}{1.45}=162\ (\text{MPa})$$

显然,有 $\sigma_{max}<[\sigma]$。因此,梁 AB 的强度满足要求。

(3) 杆 CD 的强度分析。

杆 CD 受轴向压力作用,截面正应力为

$$\sigma=\frac{F_{CD}}{A}=\frac{25\times10^3}{\pi\times20^2/4}=79.6\ (\text{MPa})$$

因为 $\sigma=79.6$ MPa$<[\sigma]=162$ MPa,所以杆 CD 的强度满足要求。

(4) 杆 CD 的稳定性分析。

杆 CD 可以看作两端铰支,$\mu=1$,且

$$i=\sqrt{\frac{I}{A}}=\sqrt{\frac{\pi d^4/64}{\pi d^2/4}}=\frac{d}{4}=5\ \text{mm}$$

$$\lambda=\frac{\mu l}{i}=\frac{0.55\times10^3}{5}=110$$

对于低碳钢,有:$\lambda_p=100$,$\lambda_s=60$,$a=310$ MPa,$b=1.14$ MPa。因此,杆 CD 为大柔度杆,其临界载荷为

$$\sigma_{cr}=\frac{\pi^2EA}{\lambda^2}=\frac{\pi^2\times200\times10^3}{110^2}=163\ (\text{MPa})$$

满足稳定性要求的许用应力为

$$[\sigma_{st}]=\frac{\sigma_{cr}}{n_{st}}=\frac{163}{1.8}=90.6\ (\text{MPa})$$

由于 $\sigma=79.6$ MPa$<[\sigma_{st}]=90.6$ MPa,因此,杆 CD 的稳定性满足要求。

习　题

9.1　两端铰支的四根细长压杆，具有相同的横截面面积，如果它们有图 9.14 所示的不同横截面，试比较它们的临界压力大小。

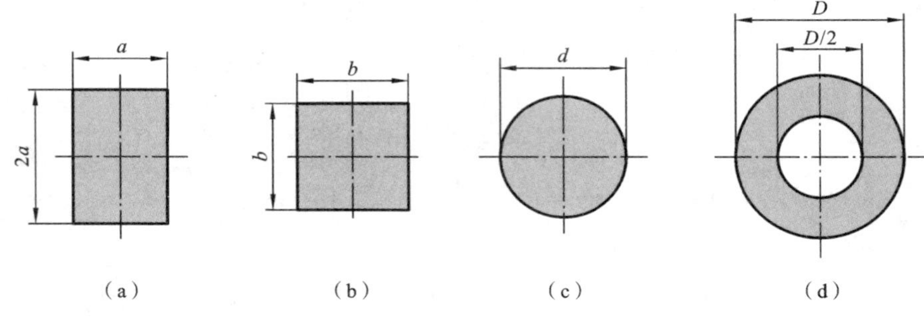

图 9.14　题 9.1 图

9.2　如图 9.15 所示的压杆，直径 $d=160$ mm，材料为 Q235 钢，弹性模量 $E=205$ GPa，求压杆的临界载荷。

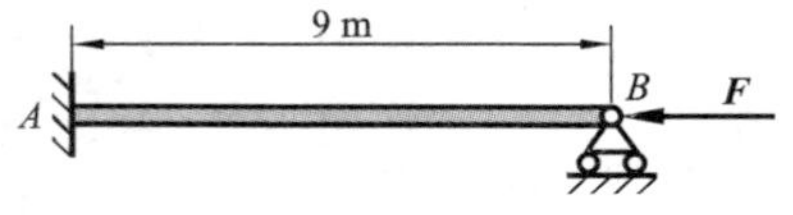

图 9.15　题 9.2 图

9.3　如图 9.16 所示的结构，AB 段为截面边长 $a=70$ mm 的方杆，BC 段为直径 $d=80$ mm 的圆杆，两杆可以各自独立发生弯曲变形。如果两杆材料相同，$E=205$ GPa，$\sigma_p=200$ MPa，试求临界载荷 F_{cr}。

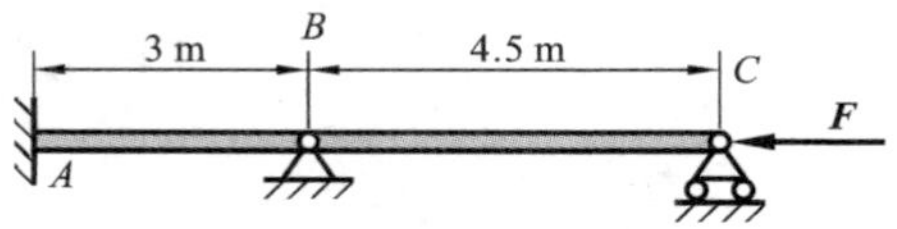

图 9.16　题 9.3 图

9.4　Q235 钢制成的矩形截面杆的两端约束及所承受的载荷如图 9.17 所示，在 A、B 处通过销钉连接，$h=60$ mm，$b=40$ mm，材料弹性模量 $E=205$ GPa，试求此杆的临界载荷。

9.5　如图 9.18 所示的简单托架，已知 $q=60$ kN/m，撑杆 AB 为直径 $d=100$ mm 的实心圆形截面钢杆，不计杆重，杆材料为 Q235 钢，弹性模量 $E=210$ GPa，许用稳定安全因数 $n_{st}=2.5$。试校核撑杆 AB 的稳定性。

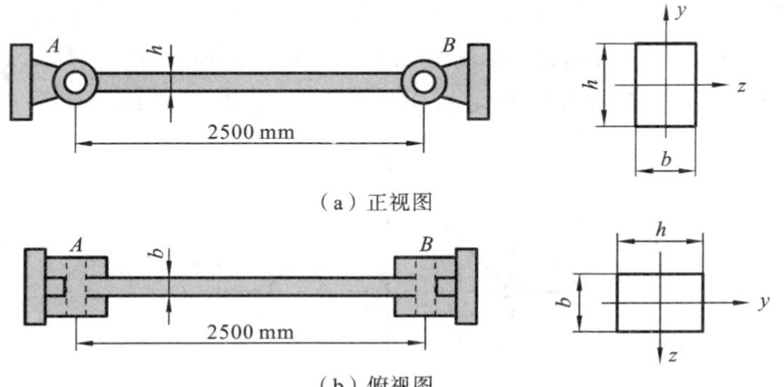

图 9.17　题 9.4 图

9.6　如图 9.19 所示结构，杆 AB、CB 均为直径 $d=40$ mm 的圆杆，两杆材料相同，弹性模量 $E=210$ GPa，$\sigma_p=280$ MPa，$\sigma_s=350$ MPa，$a=461$ MPa，$b=2.568$ MPa，材料的许用应力$[\sigma]=180$ MPa，许用稳定安全因数 $n_{st}=2.5$，试求临界载荷 F_{cr}。

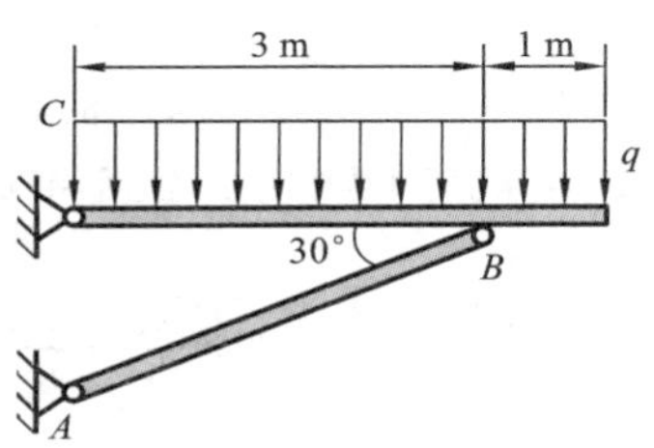

图 9.18　题 9.5 图

9.7　两端铰支的圆形截面直杆的杆长 $l=250$ mm，直径 $d=8$ mm，材料弹性模量 $E=210$ GPa，比例极限 $\sigma_p=240$ MPa，承受轴向压力 $F=1.8$ kN，许用稳定安全因数 $n_{st}=2.5$。试校核杆的稳定性。

9.8　某铬钼钢压杆一端固定、一端铰支，直径 $d=8$ mm，$l=150$ mm。已知铬钼钢的弹性模量 $E=210$ GPa，$\sigma_s=780$ MPa，$\lambda_p=55$，$a=980$ MPa，$b=5.29$ MPa，若规定的许用稳定安全因数 $n_{st}=4$，试确定杆的许用压力$[F_{st}]$。

9.9　如图 9.20 所示，$F=200$ kN，杆 AB 的直径 $D=100$ mm，材料弹性模量 $E=210$ GPa，比例极限 $\sigma_p=200$ MPa，屈服极限 $\sigma_s=200$ MPa，$a=235$ MPa，$b=1.12$ MPa，稳定安全因数 $n_{st}=2.5$，钢缆 AC 的直径 $d=45$ mm，$[\sigma]=150$ MPa，试校核该结构的安全性。

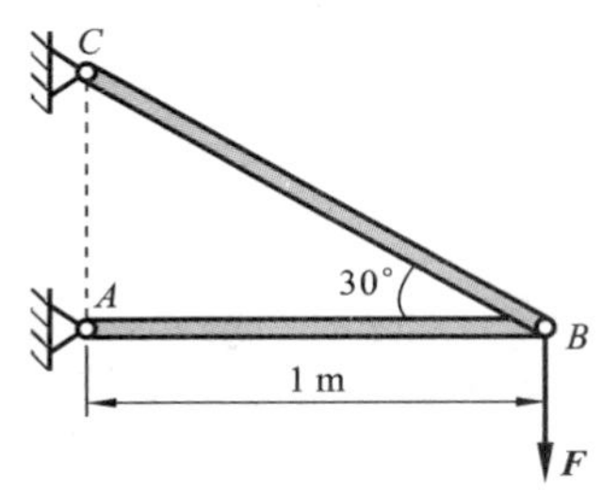

图 9.19　题 9.6 图

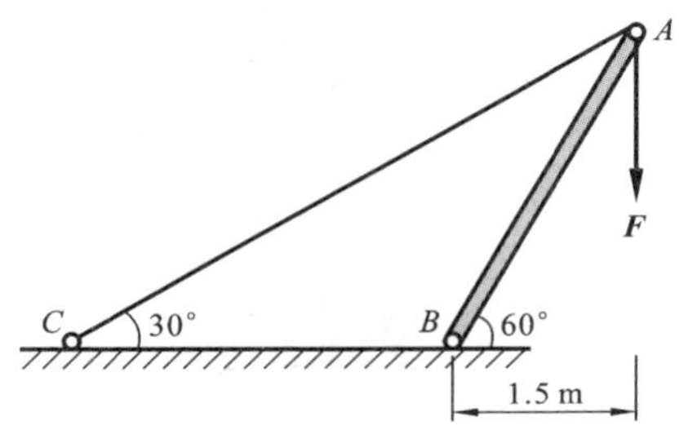

图 9.20　题 9.9 图

9.10　图 9.21 所示的边长 $a=1$ m 的正方形桁架结构，由五根圆形截面钢杆组成，各杆直径均为 $d=40$ mm，弹性模量 $E=205$ GPa，$[\sigma]=150$ MPa，$\lambda_p=100$，$\lambda_s=60$，$a=461$ MPa，$b=2.57$ MPa，稳定安全因数 $n_{st}=2$，试求该结构的许用压力。

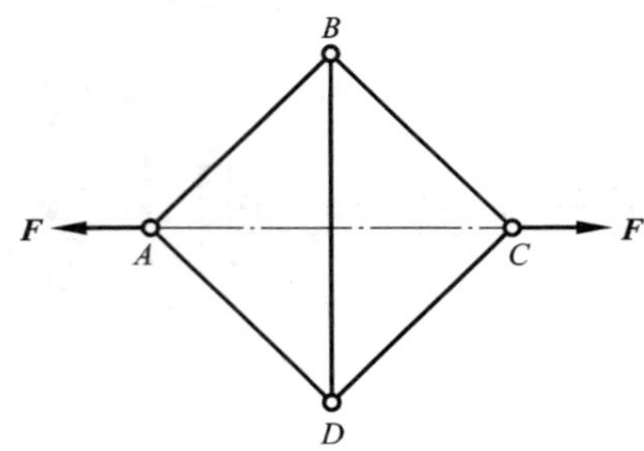

图 9.21　题 9.10 图

9.11　图 9.22 所示的活塞杆由优质碳钢制成，$E=210$ GPa，$d=40$ mm，$l=1$ m。若规定的稳定安全因数 $n_{st}=5$，试确定最大许用压力。

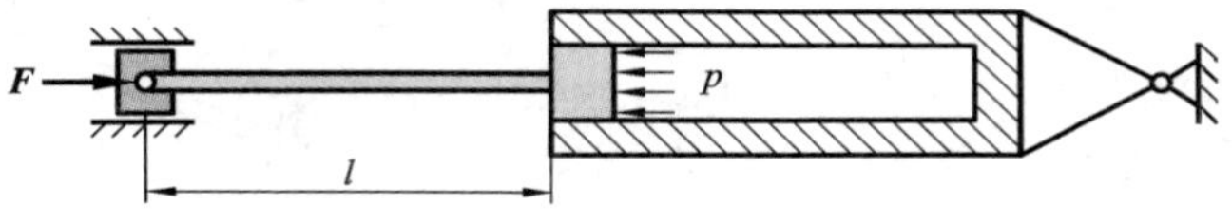

图 9.22　题 9.11 图

参 考 文 献

[1] 陈传尧. 工程力学基础[M]. 武汉:华中理工大学出版社,1999.

[2] 陈传尧. 工程力学[M]. 北京:高等教育出版社,2006.

[3] 单辉祖,谢传锋. 工程力学(静力学与材料力学)[M]. 2 版. 北京:高等教育出版社,2021.

[4] 严圣平,马占国. 工程力学(静力学和材料力学)[M]. 2 版. 北京:高等教育出版社,2019.

[5] 奚绍中,邱秉权. 工程力学教程(静力学和材料力学)[M]. 4 版. 北京:高等教育出版社,2019.

[6] 唐静静,范钦珊. 工程力学(静力学和材料力学)[M]. 3 版. 北京:高等教育出版社,2017.

[7] 哈尔滨工业大学理论力学教研室. 理论力学(I)[M]. 6 版. 北京:高等教育出版社,2002.

[8] 何锃. 理论力学[M]. 武汉:华中科技大学出版社,2007.

[9] 范钦珊,刘燕,王琪. 理论力学[M]. 北京:清华大学出版社,2004.

[10] 李明宝. 理论力学[M]. 武汉:华中科技大学出版社,2007.

[11] 范钦珊,殷雅俊. 材料力学[M]. 北京:清华大学出版社,2004.

[12] 单辉祖. 材料力学[M]. 北京:高等教育出版社,1999.